CHRIS FERRIE
Wade David Fairclough | Byrne LaGinestra

42 GRÜNDE DAS UNIVERSUM ZU HASSEN

und warum wir es trotzdem lieben

Wissenschaftliche Erkenntnisse
über das Leben, die Galaxie und den ganzen Rest

Aus dem Englischen übersetzt von Max Limper

WILHELM HEYNE VERLAG
MÜNCHEN

Die Originalausgabe erschien 2024 unter dem Titel
42 Reasons to Hate the Universe bei Sourcebooks.

Der Verlag behält sich die Verwertung der urheberrechtlich
geschützten Inhalte dieses Werkes für Zwecke des Text- und
Data-Minings nach § 44 b UrhG ausdrücklich vor.
Jegliche unbefugte Nutzung ist hiermit ausgeschlossen.

Penguin Random House Verlagsgruppe FSC® N001967

Deutsche Erstausgabe 03/2025
Copyright © 2024 by Chris Ferrie,
Wade David Fairclough and Byrne LaGinestra
Published by Arrangement with
SOURCEBOOKS LLC, NAPERVILLE, IL 60563 USA
© der deutschsprachigen Ausgabe 2025 by
Wilhelm Heyne Verlag, München,
in der Penguin Random House Verlagsgruppe GmbH,
Neumarkter Straße 28, 81673 München
produktsicherheit@penguinrandomhouse.de
(Vorstehende Angaben sind zugleich
Pflichtinformationen nach GPSR)

Alle Rechte vorbehalten.
Dieses Werk wurde vermittelt durch die
Literarische Agentur Thomas Schlück GmbH, 30161 Hannover.
Redaktion: Evelyn Boos-Körner
Umschlaggestaltung: wilhelm typo grafisch, Zürich, unter Verwendung
eines Motivs von https://shutterstock.com/ (Luma creative)
Satz: Satzwerk Huber, Germering
Druck: GGP Media GmbH, Pößneck
Printed in Germany
ISBN: 978-3-453-60703-3

www.heyne.de

INHALT

Einführung: Warum das Universum hassen?................ 9

TEIL I: DAS UNIVERSUM HAT ES AUF DICH ABGESEHEN
Grund Nr. 1: Niemand sonst hat es bis hierher geschafft........ 17
Grund Nr. 2: Radikaler Sauerstoff will dich umbringen......... 23
Grund Nr. 3: Durchgeknallte Milliardäre sind die einzige
　Hoffnung im Kampf gegen den Klimawandel............... 29
Grund Nr. 4: Die Umwelt ist zerbrechlich wie eine
　Christbaumkugel... 35
Grund Nr. 5: Die Menschheit erwürgt sich selbst............. 41
Grund Nr. 6: Du bist darauf programmiert, ein egoistisches
　Arschloch zu sein 48

TEIL II: TECHNISCHER FORTSCHRITT IST NICHT DIE RETTUNG
Grund Nr. 7: Winzige Roboter könnten dich von innen heraus
　auffressen... 57
Grund Nr. 8: Nur ein Knopfdruck trennt uns von der
　Selbstzerstörung... 63
Grund Nr. 9: Die mikrobielle Kriegsmaschinerie rückt vor...... 68
Grund Nr. 10: Den Robotern sind wir nur im Weg 74

TEIL III: DU BIST EIN HINFÄLLIGER HAUFEN FLEISCH
Grund Nr. 11: Unsichtbare Strahlen grillen deine Gene 83
Grund Nr. 12: Schlechte Sachen schmecken gut............... 90

Grund Nr. 13: In dir plant eine Armee eine Meuterei 95
Grund Nr. 14: Du bist ein alternder Mutant 101
Grund Nr. 15: Überall lauern winzige Attentäter 108
Grund Nr. 16: Buchstäblich alles ist giftig 115
Grund Nr. 17: Sex ist scheiße 122
Grund Nr. 18: Die Menschheitsgeschichte ist wahrscheinlich
    schon halb vorüber.................................. 128

TEIL IV: DIESER PLANET IST NICHT SO TOLL
Grund Nr. 19: Dein bester Freund ist auch dein Feind 137
Grund Nr. 20: Der Boden könnte jeden Moment nachgeben 143
Grund Nr. 21: Die Erde ist mit explosiven Pickeln übersät...... 149
Grund Nr. 22: Selbst bewohnbare Orte sind scheiße........... 156
Grund Nr. 23: Wasser ist meistens tödlich.................... 162
Grund Nr. 24: Die ganze Natur ist gegen dich................. 168
Grund Nr. 25: Alles wird irgendwann ersticken 174

TEIL V: WOANDERS IST AUCH SCHEISSE
Grund Nr. 26: Der Mars ist ein unbewohnbares Drecksloch 181
Grund Nr. 27: Raumfahrt kommt nicht infrage................ 187
Grund Nr. 28: Die Sonne ist ein wütender, Plasma speiender
    Drache 192
Grund Nr. 29: Wir sind völlig allein im Kosmos................ 197
Grund Nr. 30: Quasare beschießen uns mit Strahlen aus purer
    Energie... 204
Grund Nr. 31: All die Sternlein werden sterben 209
Grund Nr. 32: Ständig hagelt es riesige Weltraumfelsen........ 215

TEIL VI: AM ENDE GEWINNT DAS UNIVERSUM
Grund Nr. 33: Die Sonne wird sterben und uns mit sich reißen.. 225

Grund Nr. 34: Jederzeit könnte ein schwarzes Loch auftauchen
und uns zerfetzen 230
Grund Nr. 35: Das gesamte Universum wird sich in nichts
auflösen 236
Grund Nr. 36: Das expandierende Universum könnte uns
Atom für Atom zerrupfen 242

TEIL VII: LANGSAM WIRD'S IRRE
Grund Nr. 37: Du könntest zu seltsamer Materie werden 251
Grund Nr. 38: Das Universum könnte im nächsten Augenblick
weg sein 256
Grund Nr. 39: Wir stecken in der beschissensten Version des
Films »Matrix« 262
Grund Nr. 40: Womöglich hast du gerade ein kleines schwarzes
Loch in der Hose 267
Grund Nr. 41: Dunkle Materie hat die Dinosaurier umgebracht
und du bist als Nächstes dran 275
Grund Nr. 42: Im kosmischen Maßstab sind wir ein Nichts 281

Der einzige Grund, das Universum nicht zu hassen 287

Quellen 293
Über die Autoren 319

EINFÜHRUNG

Warum das Universum hassen?

Weißt du, wie viel Sternlein stehen ...

Als Kinder sangen wir dieses Lied, wenn wir die winzigen Lichtpunkte am Nachthimmel sahen, die uns Staunen und Ehrfurcht vor der Schönheit und dem Zauber des Universums einflößten. Heute flößen uns die Sterne natürlich weniger Staunen ein. Die Wissenschaft hat uns neue Ausblicke ins Universum eröffnet, weit über das hinaus, was unsere Augen erkennen. Wir müssen noch viel mehr über das Universum lernen, das ein Ort unendlicher Möglichkeiten zu sein scheint. Es ist ein Ort der Wunder. Es ist ein Ort der Geheimnisse. Es ist ein Ort der Schönheit, der Liebe und der Hoffnung. Und auch wenn die Reise der Wissenschaft jenseits der Sterne weitergeht, sind diese funkelnden Lichtflecken der Ort, an dem alles begann.

Deine Eltern haben dir wahrscheinlich erzählt, dass die Sterne dicke Kugeln aus brennendem Gas sind – was nicht stimmt – und dass unser Lieblings-Stern, die Sonne, unter den Millionen von Sternen im Universum etwas Besonderes ist – was er nicht ist – und dass dieser besondere Stern nur für dich leuchtet, weil auch du etwas Besonderes bist – was du nicht bist.

Trotzdem gibt es Schönheit in der Welt, so scheint es zumindest. Wenn wir einen strahlenden Sonnenuntergang sehen, einen

Blick auf eine Sternschnuppe erhaschen oder unseren ersten Kuss bekommen, schüttet das Gehirn Endorphine aus – *die* Wohlfühl-Hormone. Unser Optimismus lässt uns glauben, das Universum habe diese Momente extra für uns erschaffen. Doch das ist leider eine Illusion. Zwar liegt dem Universum durchaus etwas an dir, aber nur insofern, als es dir den Tod wünscht. Wenn du die rosa Brille abnimmst, merkst du schnell, dass das Universum überhaupt nichts mit dir zu tun haben will und oft alles daransetzt, dich umzubringen. Dass wir die Welt so sehen können, wie sie wirklich ist, also die ungeschminkte Realität, verdanken wir der Macht der Wissenschaft. Aber was genau sagt die Wissenschaft über unsere Existenz oder – was für dieses Buch wichtiger ist – über unseren Weg ins Grab?

Stell dir vor, du bist nur eine Gruppe von Atomen, die auf eine bestimmte Art und Weise strukturiert sind, und zwar gerade lange genug, um das, was wir Existenz nennen, vielleicht zu verstehen. Diese Atome wurden im Herzen eines riesigen, längst vergangenen Sterns gebildet und in den Kosmos geschleudert, als der Stern in einer gewaltigen Explosion dahinschied. In unzähligen wechselnden Formen gehörten sie womöglich zu Nebeln, Asteroiden oder vielleicht sogar anderen Planeten, bevor sie ihren Weg in unser Sonnensystem und dann zur Erde fanden und schließlich ein Teil von dir wurden.

Aber diese Atome sind nichts Besonderes und hätten genauso gut zu der Hundescheiße werden können, die du gerade aus deiner Profilsohle kratzt. Die idyllische und poetische Vorstellung, wir entstammten irgendeiner göttlichen Fügung im Universum, ist eine Lüge. Das Universum hat die Regeln für das Spiel des Überlebens geschrieben, und die einzige unumstößliche Regel lautet: »Niemand gewinnt.« Diese Regel bedeutet Zerfall und besagt, dass du und ich und alles andere irgendwann zu Staub zerfallen und sich in einem kalten, toten Universum verdünnisieren. Aber keine Sorge: Bevor das passiert, kann dich das Universum noch auf andere Art erwischen.

Nimm zum Beispiel Wasser – schön, malerisch, Musik in den Ohren und natürlich ein wichtiger Baustein des Lebens. Da kann man es doch nur als ein kostbares Geschenk des Universums ansehen: das Kräuseln auf einem stillen Teich, die Wellen am weißen Sandstrand, Sprühregen an einem heißen Tag oder eine warme Dusche an einem kalten. Tatsächlich sind aber 99,97 Prozent allen Wassers auf der Erde entweder unzugänglich oder extrem krank machend. Und was ist mit der Quelle all unserer Energie, der Sonne? Sie wird seit Jahrtausenden verehrt und ist die Grundlage für alle unsere Nahrung hier auf Erden. Sie kann doch nur gut für uns sein, oder? Leider nein. Sie ist zwar für den leckeren Döner verantwortlich, den du dir für die Mittagspause gekauft hast, in der du dieses Buch lesen wolltest, aber auch für die meisten Hautkrebsfälle. Offenbar sind also selbst die unentbehrlichsten Gaben des Universums mit gravierenden Nachteilen verbunden.

All das wäre vielleicht erträglicher, wenn wir unser Leid mit anderen intelligenten Wesen teilen könnten. Wir haben in den Kosmos hinausgerufen und auf Lebenszeichen gehorcht. Zugegeben, unsere Botschaft enthielt dezente Nacktbilder, die nicht unbedingt zu einer Antwort ermutigen. Aber vielleicht ist da draußen einfach niemand. Vielleicht ist das Universum einfach so grausam, dass es uns in einer beliebigen Galaxis neben einem unscheinbaren Stern auf einem einsamen Planeten absetzt, dem jederzeit die jähe Vernichtung droht.

Wir sind im Grunde allein und in einem winzigen Winkel einer Leere gefangen, in der wir nicht überleben würden, selbst wenn wir aus unserem blassblauen kleinen Käfig (mit Namen Erde) entkommen könnten. In dieser Leere sind wir entweder zu weit von einem Stern entfernt und erfrieren, oder wir sind zu nah dran und werden von elektromagnetischer Glut gegrillt. Was wir jenseits der von uns verehrten Sterne und Galaxien nicht sehen können, ist unvorstellbar schrecklich. Inmitten der Schönheit der Sternbilder und des kosmischen Staubs gibt es schwarze Löcher, die uns mit ihrer immensen Schwerkraft zerreißen können, oder Teilchen aus dunkler Materie, die ein fußballgroßes Loch durch uns hindurch sengen würden.

Natürlich wäre es unheimlich zynisch, zu behaupten, das Universum sei nicht erstaunlich, ehrfurchtgebietend und herrlich komplex – aber wegen solcher Gemeinplätze hast du dieses Buch ja nicht gekauft. Du hast dieses Buch gekauft, weil du wissen wolltest, was das Universum für ein Arschloch ist – und glaub uns, du hast keine Ahnung, was es alles in petto hat. Das Universum ist finster, kalt und grausam. Also halt dich fest und mach dich bereit für die schonungsloseste Entzauberung des Universums seit »Eine kurze Geschichte der Zeit«.

Wenn du gern etwas Inspirierendes hättest, das du auf einer Party erzählen oder auf Instagram posten kannst, damit du schön intellektuell wirkst, dann kauf dir lieber ein Hörbuch von Richard David Precht. Falls du gern zynisches Gemecker hörst und Rechtfertigungen dafür suchst, wie unfair dein Leben ist, wirst du auch das hier nicht finden – hör dir lieber einen Podcast an. In diesem Buch soll es um das Düsterste gehen, was die Wissenschaft je aufgedeckt hat – um die dunklen und beunruhigenden Seiten des Universums.

Ach, und falls du das Universum bist, dann fühl dich hiermit ertappt – wir prangern dich an! Artensterben, mörderische künstliche Intelligenz, Kollaps von Raum und Zeit – du hast doch den Arsch offen! Na gut, vieles von der Scheiße, die du uns zumutest, ist vermeidbar und es hat etwas pervers Schönes, in die Schwärze deiner unendlichen Tiefen zu starren. Mit deinem Sternenglanz und deinem goldenen Schnitt schaffst du es, die Leute zu blenden, aber das ist alles nur Fassade. Wir wissen Bescheid und wir haben dich im Auge, Freundchen.

TEIL I

DAS UNIVERSUM HAT ES AUF DICH ABGESEHEN

Du hast gedacht, dieses Buch handelt nur vom Weltraum, stimmt's?

GRUND

Niemand sonst hat es bis hierher geschafft

Wenn man einmal von den Aufputschmitteln, der Selbstgerechtigkeit, der Eitelkeit und der physischen und psychischen Gewalt absieht, könnte man die Oscar-Verleihung auch als eine Feier des Könnens bezeichnen. Solange die Gewinner nicht auf die Bühne springen und den Moderator ohrfeigen, nehmen sie Preise für ihre Fähigkeit entgegen, so zu tun, als wären sie etwas, das sie nicht sind. Sie stehen da in all ihrer Makellosigkeit und in Kleidern, die Tausende kosten, und sagen uns allen Ernstes: »Follow your dreams.« Was sie nicht sagen, ist, dass die große Mehrheit von uns nie so erfolgreich sein wird wie sie, egal ob wir unseren Träumen folgen oder nicht.

Da scheint es doch irgendeine Art Filter zu geben, der dafür sorgt, dass Menschen wie du und ich dieses Niveau nie erreichen werden. Vielleicht sehen wir unpassend aus, haben die falsche Stimme oder sind nicht gutmenschenhaft genug. Für unsere lieben Stars mag es ein Schock sein, aber sehr wahrscheinlich ist im Universum noch ein viel größerer Filter am Werk. Dieser Filter hat mit der Existenz des Lebens und des Universums zu tun und lässt Hollywood so einladend wirken wie ein Rekrutierungsbüro in Kriegszeiten.

Die Theorie des Großen Filters wurde vom Ökonomen Robin Hanson als Erklärung dafür entwickelt, warum nirgendwo sonst im Kosmos Zivilisationen zu finden sind – oder überhaupt irgendeine Form von Leben. Der Große Filter ist eine hypothetische Barriere, die den Aufstieg von technologisch fortgeschrittenen Zivilisationen verhindert, und als eine solche bezeichnen wir uns dreisterweise. Eine solche Barriere muss es geben, denn sonst würden wir längst mit intergalaktischer Werbepost zugemüllt werden. Was wir nicht wissen, ist, ob diese Barriere in der Vergangenheit liegt und wir sie überwunden haben oder ob unsere Spezies erst noch auf sie stoßen muss. Halte kurz inne und überlege, was dir lieber wäre. Kleiner Tipp: Beides wäre scheiße.

Der Große Filter ist eine mögliche Lösung für das berühmte Fermi-Paradoxon, das die Frage stellt, warum wir auf nur einem von schier unendlich vielen Planeten im Universum Leben feststellen können. Auf diesem Planeten, der zwar in der Feindseligkeit des Weltraums wie eine Oase wirkt, aber alles andere als ein Fünf-Sterne-Ferienclub ist, findet sich überall Leben. Lebewesen gedeihen an fast jedem Ort der Erde, an dem man nach ihnen sucht. »Extremophil« nennt die Wissenschaft jene Lebensformen, die an den abgefucktesten Orten überleben. (Und nein, wir reden nicht von Neukölln.) Nimm zum Beispiel das Bärtierchen: ein mikroskopisch kleiner Organismus, der im antarktischen Eis, auf Berggipfeln und in heißen Quellen gefunden wurde und sogar im Weltraum überleben kann. Aber auf dem Mond, dem Mars oder anderen Planeten gibt es keine Bärtierchen. Das ist überraschend – oder paradox, wenn man so will. Denn allein in unserer Galaxis gibt es schätzungsweise dreihundert Millionen bewohnbare Planeten. Gibt es im Universum eine Art Barriere, einen Filter sozusagen, der das Leben verhindert?

Um die Seltenheit von Leben im Universum zu verstehen, müssen wir zunächst einmal begreifen, wie schwer Leben überhaupt entsteht. Zwischen einem Planeten, der Leben beherbergen kann, und demselben Planeten mit entwickelten Organismen liegen hohe Hürden, und von Wesen, die »Technosignaturen« erzeugen, reden wir noch gar nicht. Eine Technosignatur ist im Fachjargon ein Anzeichen dafür, dass auf einem Planeten fortgeschrittene Technologien im Gebrauch sind.

Dass die Menschheit so weit gekommen ist, *könnte* darauf hindeuten, dass wir die Erschwernisse überwunden haben, die anderswo im Universum die Entstehung von Leben verhindern. Unser Sternen- und Planetensystem ist offensichtlich so angelegt, dass es die Entstehung von Leben und den Übergang von einfachen Einzellern zu komplexeren Organismen mit funktionierendem Innenleben ermöglichte. Zudem hat unser Platz im Universum dem Leben auch die sexuelle Fortpflanzung ermöglicht, auch wenn viele immer noch damit hadern. Dies ermöglichte die Ausbildung mehrzelliger Organismen, die ein gewisses Maß an Intelligenz besitzen und in der Lage sind, Werkzeuge und Smartphone-Apps zu benutzen.

Laut Hanson befindet sich die Menschheit derzeit auf der zweithöchsten Stufe eines neunstufigen Evolutionspfads. Um den Zusammenhang zwischen diesen Stufen zu begreifen, muss man wissen, dass die ersten fünf Stufen dadurch erreicht werden, dass sich Einzeller auf einem Planeten mit geeignetem Sternensystem vermehren. Erst auf der fünften Stufe (sexuelle Fortpflanzung) wird die Sache etwas anspruchsvoller. Als Nächstes folgt die Entwicklung mehrzelliger Organismen. Vor etwa 2,6 Millionen Jahren, als die Menschen erstmals Werkzeug benutzten und Intelligenz an den Tag legten, erreichten wir Stufe sieben. Laut Hanson befinden wir uns derzeit auf Stufe acht. Ehrlich gesagt existiert diese Stufe nur, um uns von den Schimpansen abzugrenzen, die mithilfe von Schilfrohr ihren After von Parasiten säubern.

Unsere Zivilisation bewegt sich auf die höchste Stufe zu, auf die »explosive Kolonisierung«. Explosive Kolonisierung bedeutet, dass wir uns erst im Sonnensystem und dann in der Galaxis ausbreiten. Wir verfügen bereits über die Technik, um Roboter zur Besiedlung auf andere Planeten zu schicken. Da ist es doch verwunderlich, dass wir uns nicht die Mühe machen, das Gewicht von acht Blauwalen abzuschießen, um einen Menschen dorthin zu bringen (warum, wird dir klar, wenn du zu Grund Nr. 26 kommst). Zukünftige Generationen von Milliardären werden genau wie die kühnen Weltreisenden alter Zeiten ganz wild darauf sein, in allen Ecken unserer Galaxis Selfies zu machen, denn das bringt bestimmt Insta-Follower.

Lass uns ein Gedankenspiel machen. Stell dir vor, wir finden da draußen im Kosmos tatsächlich Leben. Die Entdeckung von außerirdischem Leben würde als die größte Entdeckung in der Geschichte der Menschheit gefeiert werden. Sie würde die Antwort auf eine der tiefgründigsten Fragen liefern, die je mit Pro-Sieben-Stimme gestellt wurde, während eine Drohnenkamera von der wellenumspülten Felsküste am Sonnenuntergang vorbei ins Dunkle schwenkt und uns einen existenziellen Schauer über den Rücken jagt: »Sind wir allein?« Wenn wir im Kosmos nach intelligentem Leben Ausschau halten, finden wir – äh – nichts. Also ja, offenbar sind wir allein.

Ob du es glaubst oder nicht, die Abwesenheit von intelligenten Lebewesen da draußen könnte durchaus etwas Gutes sein. Fänden wir ausgestorbene außerirdische Zivilisationen, die fortschrittlicher waren als unsere eigene, könnte dies bedeuten, dass der Große Filter vor uns liegt und dass noch allerhand Schlimmes auf die Menschheit wartet. Fairerweise muss man sagen, dass dies wohl eine gute Nachricht für Leute wäre, die im Netz am liebsten GIFs von brennenden Mülltonnen posten.

Betrachten wir einige noch zu unseren Lebzeiten mögliche – und vielleicht sogar wahrscheinliche – Ereignisse und ihre Bedeutung für die Menschheit. Dazu müsstest du dich bitte einen Moment lang auf etwas anderes als dich selbst konzentrieren, was uns nicht oscarprämierten Einfaltspinseln ja oft schwerfällt. Stell dir vor, die Menschheit hat das entdeckt, was als die wahrscheinlichste Form außerirdischen Lebens gilt: einen einfachen einzelligen Organismus, der auf dem Jupitermond Europa lebt. Was würde das über den Platz der Menschheit im großen Plan des Universums sagen? Anders, als du vielleicht vermutest, würde die plausible – wenn auch fiktive – Entdeckung einer seltenen, aber sehr einfachen Lebensform auf Europa darauf hindeuten, dass es für das Leben unglaublich schwierig ist, über die Phase als Einzeller hinauszukommen.

Der »Endosymbionten-Theorie« zufolge hat vor etwa drei Milliarden Jahren ein Einzeller einen anderen Einzeller »verschluckt«, aber anstatt dass der eine zum Frühstück des anderen wurde, fanden die beiden Zellen heraus, wie sie zusammenarbeiten könnten. Wissenschaftler sehen darin die Ur-Ur-Ur-Liebesgeschichte, aus der schließlich die Mitochondrien und andere weniger viral gehende Organellen hervorgingen.

Sowohl die Endosymbionten-Theorie als auch eine Entdeckung von einfachen Lebensformen auf Europa oder anderswo im Sonnensystem würde bedeuten, dass der Filter hinter uns liegt, dass wir also durch irgendein Wunder den Großen Filter bereits durchschritten haben. Das wäre eine großartige Nachricht, denn es würde bedeuten, dass wir Herrschende über unser eigenes Schicksal wären – hurra! Manche glauben dagegen, das beste Ergebnis unserer Suche nach E. T. wäre, überhaupt nichts zu finden. Das wäre zwar ziemlich dürftig, würde aber bedeuten, dass unser Planet der einzige Ort im Universum wäre, auf dem das Leben aus purem Glück den Großen Filter durchbrochen hat. Das könnte an einem extrem unwahrscheinlichen Ereignis in unserer evolutionären Vergangenheit liegen, dank dessen wir eine Hürde schafften, an der alle anderen Lebensformen im Universum gescheitert sind.

Vielleicht liegt der Große Filter aber auch noch vor uns. Das Universum ist ein gigantisches Ungeheuer, und zu glauben, wir hätten gründlich genug gesucht, um einwandfrei festzustellen, dass außerirdisches Leben tatsächlich so selten ist, wäre dumm. Falls es einmal intelligente Wesen im Kosmos gab, scheinen sie ausgestorben zu sein – oder sie sind weit von diesem Drecksloch von Universum weggezogen. Hoffentlich haben sie dort Internet-Memes, aber wer weiß das schon. Vielleicht wurden sie von einem schwarzen Loch verschlungen, von einer Supernova zergliedert, von einer Seuche ausgerottet, von ihrer eigenen Technologie ausradiert – oder sie haben einfach mit den Tentakeln gezuckt und ihr Bewusstsein in den Kosmos ausgestrahlt, um in fremde Wesen zu schlüpfen.

Dass wir uns von einfachen Einzellern zu komplexen Primaten entwickelt haben – mit einem ungesunden Maß an Bewunderung für Artgenossen, die sich besonders gut verstellen können –, ist eine erstaunliche Leistung. Oder auch nur ein Zufall, bei dem ein hirnloser Keim aus Versehen etwas gefressen hat, das ihm bei der Fortpflanzung half. Aber diesen Teil erwähnst du lieber nicht in deiner Dankesrede. Jedenfalls sieht es von unserem Platz im kosmischen Theatersaal so aus, als wären wir die Einzigen, die in einer obskuren Oscar-Kategorie antreten, die niemanden interessiert.

GRUND

Radikaler Sauerstoff will dich umbringen

Konzentriere dich und atme tief ein. Schließe die Augen ... Moment, tu das nicht. Lass die Hände da, wo wir sie sehen können. Fangen wir noch einmal an ...

Konzentriere dich und atme tief ein. Atme ein ... und jetzt atme aus. Atme wieder ein ...

Nein, nicht so viel! Bist du verrückt? Weißt du was? Hör einfach auf. Nein, hör nicht auf zu atmen! Das wäre ja Leichtsinn. Versuch einfach, dieses Kapitel zu schaffen, bevor du ohnmächtig wirst. Achte nur darauf, dass du genau die richtige Menge atmest. Vielleicht ist es am besten, wenn du nicht zu viel darüber nachdenkst.

Den Sauerstoff entdeckte 1774 Joseph Priestley, der sich nur zu gerne an seiner eigenen Entdeckung berauschte. Mit einer weiteren seiner Entdeckungen, dem Distickstoffoxid, besser bekannt als Lachgas, hätte er bestimmt auch Spaß gehabt. Aus naheliegenden Gründen experimentiere er wahrscheinlich lieber mit Lachgas als mit Sauerstoff. Er wusste jedenfalls nicht, dass er mit dem Sauerstoff ein für unsere Existenz sehr wichtiges Molekül entdeckt hatte. Wie wichtig es ist, konnte sich Priestley selbst im Rausch nicht erträumen.

Sauerstoff stellen wir uns im Allgemeinen als etwas unmittelbar Lebensnotwendiges vor, dessen Ausbleiben nach wenigen Minuten den sicheren Tod bedeutet. Dieses lebensspendende Molekül wird mit Gesundheit in Verbindung gebracht, nicht nur mit unserer, sondern auch mit der anderer Lebewesen. Vor etwa dreihundert Millionen Jahren gab es über 10 Prozent mehr Sauerstoff in der Erdatmosphäre. Die Wissenschaft geht davon aus, dass Insektenarten, die mehr Energie in ihre Atemorgane investierten, dank des zusätzlichen Sauerstoffs viel größer werden konnten als die, die wir heute kennen. Stell dir Tausendfüßler vor, so groß wie Basketballspieler; Skorpione, so groß wie richtige Hunde (oder wie drei Möpse); und Libellen, die es mit einem Riesenadler hätten aufnehmen können. All das existierte auf der Zeitskala des Universums nur haarscharf vor uns. Aber sei nicht enttäuscht, dass du die Gelegenheit verpasst hast, eine Riesenlibelle zu zähmen, sie »Falkor« zu nennen und rittlings gegen ein Heer von Riesenskorpionen zu kämpfen. Diese Viecher hätten dich zum Frühstück eingeatmet.

Grundsätzlich durchlaufen wir und so ziemlich jedes andere Tier auf Erden einen Prozess namens Atmung, bei dem wir Sauerstoff einsaugen und Kohlendioxid ausstoßen. Aber hast du dich jemals gefragt, warum du Sauerstoff brauchst? Nein, hast du nicht. Kein Problem – das haben wir nämlich auch nicht, ehe wir einen Buchvertrag hatten und darüber schreiben mussten. Wie auch immer, die Antwort ist offenbar ganz einfach. Auf der Zellebene braucht man Sauerstoff, um Energie zu produzieren, die man wiederum für lauter wichtige Sachen benötigt, beispielsweise um vornübergebeugt durch Facebook zu scrollen – vorausgesetzt, man ist über vierzig.

Mit dem Körper ist es so wie mit einer brennenden Kerze, deren Flamme verlischt, wenn sie nicht ständig mit Sauerstoff versorgt wird. Das heißt, man stirbt. Grob vereinfacht ausgedrückt verbindet sich der Sauerstoff in einer unnötig komplizierten und langweiligen Reihe von biochemischen Reaktionen mit dem Zucker aus der Nahrung zu Adenosintriphosphat, kurz ATP. ATP ist das, was deine Kerze am Brennen hält. Vielleicht bist du ja im Biounterricht genau zum richtigen Zeitpunkt aus dem Schlaf geschreckt, als die Lehrerin die Mitochondrien begeistert als »Kraftwerk der Zelle« bezeichnete. Und falls du es verschlafen hast, müsstest du dennoch durch Internet-Memes aufgeklärt sein. In den Mitochondrien wird der größte Teil unseres ATP gebildet, sie sind also kleine Kraftwerke. Was nicht bedeutet, dass sie als Industrial-Band in den 1970ern den Grundstein der Techno-Musik gelegt haben, sondern dass sie Energie produzieren.

Ohne jede Frage ist Sauerstoff für unser Überleben unerlässlich. Die meisten Menschen können nur etwa drei Minuten ohne ihn auskommen, bevor ernsthafte, irreparable Komplikationen eintreten. Aber das Universum steckt Sauerstoffmoleküle auf alle möglichen Arten zusammen, als wären sie Legosteine, und wer schon einmal barfuß auf einen Legostein getreten ist, weiß, dass die Dinger tückisch sind.

Wenn du wissen willst, wie und warum dir der Sauerstoff nach dem Leben trachtet, musst du erst ein bisschen Anfängerchemie verstehen. Halt, stopp! Bevor du jetzt sagst: »Chemie mag mich nicht« und zum nächsten Kapitel blätterst, hör ganz kurz zu. Es geht um eine Gruppe von Chemikalien namens freie Radikale. Hört sich das nicht cool an?

Es gibt viele Arten von Radikalen, aber die schädlichsten scheinen alle Sauerstoff zu enthalten – genau deswegen sehen wir Sauerstoff so kritisch. Sauerstoff ist ein Elektronendieb und schnappt sich gerne Elektronen, die ihm nicht gehören. Dadurch entstehen unausgeglichene Moleküle, umgeben von Elektronen, die sich nach verlorenen Partnern sehnen. Elektronen (die negativ geladenen Teilchen, die ein Atom umkreisen) möchten nämlich gerne mit anderen Elektronen gepaart werden. Diese freien Radikale auf Sauerstoffbasis werden sehr instabil, da die ungepaarten Elektronen verzweifelt nach neuen Partnern suchen. Ähnlich wie ein frisch geschiedener Fünfundvierzigjähriger in einem vollen Nachtclub reagieren sie mit allem, was ihnen begegnet. In einem Organismus können dies Zellmembranen, Proteine und DNA sein. Bei Radikalen besteht also die Gefahr, dass sie irgendetwas anrempeln und beschädigen, von dem sie sich lieber fernhalten sollten.

Ironischerweise benutzt der Körper freie Radikale, um Krankheitserreger abzuwehren, und zwar im Rahmen der sogenannten Phagozytose, bei der Immunzellen schädliche Fremdkörper »fressen«. Die Fresszellen erzeugen durch chemische Reaktionen freie Radikale, die genau die Teile der fremden Zellen angreifen und zerstören, um die wir uns noch im vorigen Absatz gesorgt haben, nämlich Zellmembranen, Proteine und DNA.

Aber es gibt noch mehr gute Nachrichten: Stoffe, die diese freien Radikale bekämpfen, sind überall verfügbar und werden sogar im Körper hergestellt. Diese Stoffe werden Antioxidantien genannt, und wer regelmäßig Sport treibt und sich gesund ernährt, hat genug davon, um mit allen natürlich vorkommenden freien Radikalen fertigzuwerden. Für den Rest von uns gibt es eine schlechte Nachricht. Aufgrund von Rauchen, Trinken, Naschen und übermäßigem Sonnenbaden – mit anderen Worten: Spaß – kann sogenannter oxidativer Stress aufkommen. Dabei handelt es sich um eine Schwemme von freien Radikalen, die der Körper nicht mehr loswird. Diese Flut von freien Radikalen spielt eine große Rolle bei vielen chronischen Verfallserscheinungen wie Krebs, Autoimmunerkrankungen, Alterung und Alzheimer, um nur einige zu nennen.

Wahrscheinlich denkst du jetzt: »Ja, aber was ist mit den Antioxidantien in meinem naturbelassenen Bio-Ziegenmilchjoghurt aus Weidehaltung?« Schön wär's, wenn man die Bombardierung mit freien Radikalen ausgleichen könnte, indem man sich nach dem langen Wochenende genug Antioxidantien einwirft. Wenn man einfach einen Smoothie mit Goji-Beeren und Grünkohl trinken könnte, um wie Benjamin Button beim Altwerden den Rückwärtsgang einzulegen. Aber sorry, auf diesen Trick fällt das Universum nicht rein.

Wie eigentlich alle Diät-Trends sind auch Antioxidantien in Überdosis nicht die Lösung. Der übermäßige Verzehr von Antioxidantien wird mit einem erhöhten Krebsrisiko in Verbindung gebracht und wirkt sogar pro-oxidativ. Glaub bloß nicht, dass alles, was als reich an Antioxidantien angepriesen wird, irgendwie besser für dich ist. Es ist nicht nahrhafter als normales Obst und Gemüse. Kurz gesagt: Superfoods sind ein Haufen Schwachsinn, der den Leuten vorgaukelt, gesunde Ernährung müsse superteuer sein. Muss sie gar nicht. Ziemlich teuer reicht schon.

Aber was hat das alles mit dem Universum zu tun? Nun, weder haben wir den Verlauf der Evolution bestimmt noch haben wir uns ausgesucht, was uns am Leben hält. Warum hat also das Universum unsere Existenz zu einem so feinen Balanceakt gemacht? Nehmen wir uns kurz Zeit, um eine Begebenheit nachzustellen, die viele für plausibler halten als die Darwin'sche Evolution: ein Gespräch zwischen Adam und Gott.

»Hier, das wirst du brauchen«, sagt Gott.

»Was ist das?«, entgegnet Adam.

»Das …? Ach, das ist Sauerstoff. Achte darauf, dass du davon pro Minute eineinhalb Liter einatmest.«

»Wow. Das ist eine Menge«, sagt Adam mit verwirrtem Gesichtsausdruck.

»Ja, aber wenn du nicht genug davon aufnimmst, könnte das ein kleines Problem ergeben.«

»Was für ein kleines Problem soll das sein?«, fragt Adam.

Gott senkt ihre Stimme zu einem Flüstern: »Ähm ... Tod.«

»Tod?!«, antwortet Adam etwas schärfer.

»Okay, hör zu, das ist ein kleines Versehen meinerseits.«

»Ein kleines Versehen? Ich würde ja sagen, ein großes Versehen.«

»Wenn du das schon schlimm findest, dann wird's ja lustig, wenn ich Eva das mit dem Gebären erklären muss«, murmelt Gott und zeigt mit dem Daumen auf die ahnungslose Eva. »Okay, Adam, du musst jetzt mal ganz tief einatmen. Einen ganz tiefen Atemzug. Komm schon, schaffst du das?«

Adam atmet ein.

»Nein, das reicht nicht. Du wirst blau. Oje, du wirst ohnmächtig!«

Adam gerät in Panik und atmet so heftig er kann.

»Nein. Das ist zu viel. Hör auf! Au weia ...«

»Was ist los?«, fragt Adam besorgt.

»Du hast dir gerade einen myoklonischen epileptischen Anfall geholt«, sagt Gott, dreht sich weg und murmelt: »Schrott.«

»Was war das?«, fragt Adam empört.

»Nichts«, antwortet Gott. »Hier, iss einen Apfel. Die Antioxidantien wirst du brauchen.«

GRUND

Durchgeknallte Milliardäre sind die einzige Hoffnung im Kampf gegen den Klimawandel

Hast du echt geglaubt, du könntest ein Buch über den drohenden Untergang der Menschheit lesen, ohne dass der Klimawandel erwähnt wird? Shame on you. Aber zu deinem Glück und im Sinne einer »unparteiischen und ausgewogenen« Berichterstattung werden wir beide Standpunkte darstellen, obwohl es für Menschen mit funktionierendem Gehirn nur einen logisch möglichen gibt.

Lass dir als Erstes von einer hart arbeitenden, ehrlichen Sorte von Menschen erzählen, die Milliardäre genannt werden. Diese Menschen haben wirklich hart gearbeitet (härter als alle anderen im Lande) und sind durch Ehrlichkeit, Großzügigkeit und Beharrlichkeit unglaublich reich geworden. Sie waren sogar so großzügig, dass viele von ihnen nicht einmal Steuern zahlen wollten. Diese tapferen Milliardäre deckten auf, dass in Zehntausenden von extern überprüften Forschungsarbeiten, die auf zig verschiedene Beweisverfahren bauten und von Tausenden voneinander unabhängigen Wissenschaftlern stammten, offenbar über einhundert Jahre lang Daten manipuliert worden sein mussten.

Zum Glück entlarvten die Milliardäre die gierigen Übeltäter, die sich Wissenschaftler nannten, und deren eigennützige Machenschaften. Das wahre Motiv hinter dem Schwindel? Die Wissenschaftler wollten einfach nur schickere Lastenräder haben und alle anderen zurück in die Steinzeit schicken – ach ja, und natürlich Weihnachten abschaffen. Diese Sichtweise der Geschichte ist logisch und selbsterklärend und wir haben versucht, sie unvoreingenommen – wenn auch leicht sarkastisch – zu präsentieren. Wie fandest du's? Trotzdem ist es doch fair von uns, dass wir auch die entgegengesetzte Sichtweise erwähnen.

Der Weltklimarat IPCC ist eine Organisation der Vereinten Nationen, die sich mit der Klimaforschung beschäftigt. Alle sieben Jahre beauftragt sie rund zweihundertvierzig Wissenschaftlerinnen und Wissenschaftler damit, mehr als vierzehntausend Forschungsarbeiten in einem einzigen Bericht zusammenzufassen, der den aktuellen Zustand des Klimas wiedergibt. Und wie es derzeit aussieht, ist unser Klima wissenschaftlich ausgedrückt »total am Arsch«.

Wie in einem Horrorfilm, wo mehrere Teenager ein verstaubtes Ouija-Brett auf dem Dachboden finden und einen Dämon heraufbeschwören, beschwören wir tote Pflanzen und Tiere (fossile Brennstoffe) mit einer ebenso altmodischen Technik (Sachen anzünden) herauf, und man fragt sich: »Wer hat uns das Ouija-Brett überhaupt überlassen?« Im Fall der fossilen Brennstoffe war es natürlich das verfluchte Universum!

Wenn wir künftige Generationen vor den negativen Auswirkungen des Klimawandels schützen wollen, müssen wir unsere Weltwirtschaft umkrempeln und gleichzeitig in neue Technologien investieren, damit sich die Menschheit nicht selbst erwürgt. Wegen der begrenzten Ressourcen, die uns das Universum zur Verfügung stellt (und überhaupt und ganz und gar nicht wegen der Ausbeutung durch die Industrieländer), sind die ärmeren Länder nicht in der Lage, die notwendigen Veränderungen zur Verringerung der globalen Emissionen vorzunehmen. Das bedeutet, dass sie Hilfe brauchen, um sich an die Veränderungen anzupassen und die unausweichlichen Klimawandelfolgen abzumildern. Aber keine Sorge: Zum Glück für die Entwicklungsländer sind die wohlhabenden Nationen dafür bekannt, dass sie Wissen und Ressourcen immer gerne abgeben. Wie bitte? Ja, stimmt – vergiss den letzten Teil.

Die Folgen des Klimawandels werden gerne in schrecklichen Bildern ausgemalt, etwa indem die Wohnfläche eines Eisbären auf WG-Zimmer-Größe schrumpft, aber die Realität ist viel unterschwelliger. Es ist nicht so, dass sich die Erde im Hollywood-Stil von einem Tag auf den anderen katastrophal aufheizt – nein, sie erhitzt sich langsam. Auf der Zeitskala unseres Alltagslebens fallen die kleinen Erhöhungen der globalen Durchschnittstemperatur weniger auf als die großen Schwankungen zwischen den Tages- und Jahreszeiten. Es müsste hoch qualifizierte Leute geben, die so etwas messen könnten und die Folgen mithilfe von Mathematik und Computermodellen ausrechnen würden ... ach ja, die Scheiß-Wissenschaftler. Ach ja, und die haben genau das getan. Aber wir haben nicht auf sie gehört, und nun tritt das von ihnen Vorhergesagte ein: die Schrumpfung der Eisdecke, die Veränderung der Meeresströmungen, der Anstieg des Meeresspiegels und immer extremere Wetterereignisse. Weitere, noch schlimmere Vorhersagen stehen noch aus.

Man könnte meinen, dass die Auswirkungen des Klimawandels rückgängig gemacht werden könnten, wenn jedes Land seinen Beitrag leisten würde. Doch nach solchen Regeln spielt das Universum leider nicht. Trotz »allem«, was wir zur Emissionsreduzierung »getan« haben, steuert die Menschheit bis 2050 auf eine Erwärmung von 1,5 Grad Celsius über dem vorindustriellen Niveau zu. 1,5 Grad klingt nach wenig, was macht das für einen Unterschied? Nehmen wir zum Beispiel den menschlichen Körper. Die Durchschnittstemperatur des Körpers liegt bei 37 Grad, aber wenn ein Thermometer rektal 38 Grad anzeigt, bedeutet das: Fieber. Nur ein Grad Unterschied! Die Erde erwartet ein Temperaturanstieg von 1,5 Grad – das heißt, die Erde hat Fieber und wir sitzen mit Thermometern im Hintern herum. Wie dem auch sei: Hätten wir es geschafft, diesen Anstieg der Erdtemperatur zu vermeiden, hätten wir die Zahl der Hitzewellen (die sich in den USA in den letzten sechzig Jahren verdreifacht hat) und die Schwere der Dürren verringern und gleichzeitig mehr Süßwasser und eine höhere Artenvielfalt erhalten können.

Die Zeiten, in denen wir den Klimawandel als irgendein Umweltproblem betrachteten, sind längst vorbei. In den letzten zehn Jahren wurden wir mit düsteren Nachrichten und Vorhersagen über die Auswirkungen eines sich rapide wandelnden Klimas bombardiert. Das prognostizierte Aussterben von rund 40 Prozent aller Pflanzen- und Tierarten und die Zunahme extremer Wetterereignisse werden für viele Länder auf der ganzen Welt sehr kostspielig werden. Schätzungen zufolge werden die Auswirkungen des Klimawandels die Vereinigten Staaten am Ende des Jahrhunderts zwei Billionen Dollar pro Jahr kosten. Es ist offensichtlich, dass sich die Spielregeln verändert haben. Die Menschheit kann den Klimawandel nicht mehr als Umwelt- oder Wirtschaftsproblem betrachten. Wir müssen ihn als das betrachten, was er geworden ist: ein Schlamassel von globalem Ausmaß.

Überall auf der Welt wird es zu Nahrungsmittelengpässen kommen, wie man sie jetzt schon beobachten kann, da Fischgründe und Weideflächen verloren gehen. Verändertes Wetter begünstigt die Ausbreitung von Krankheiten wie Malaria, was die

Gesundheitssysteme unter Druck setzen wird. Und als Schmankerl für unsere gutherzige, weltoffene politische Führungsschicht gibt es weltweit mehr Armut und Massenmigration. Meeresspiegelanstieg, Dürren, Nahrungsmittelknappheit und andere Bedrängnisse werden vor allem ärmere Menschen dazu zwingen, in Weltgegenden umzuziehen, wo sie den Einheimischen die Arbeitsplätze wegnehmen können.

Nehmen wir mal an, wir erreichen wie durch ein Wunder in jedem Land die derzeit vereinbarten Emissionsziele. Selbst dann würden wir es nicht schaffen, viele der derzeit beobachtbaren Veränderungen rückgängig zu machen, wie das Abschmelzen der Eisschilde und den Anstieg des Meeresspiegels, um nur ein paar kleine Beispiele zu nennen. Und als ob uns das Universum nicht schon genug hassen würde, werden beschissene Dinge, die früher selten passierten, immer häufiger vorkommen: verheerende Unwetter, der Zusammenbruch ganzer Ökosysteme – und das sind nur die Katastrophen, von denen wir wissen! Wissenschaftlerinnen haben keine Kristallkugel, mit der sich jedes Ereignis vorhersagen ließe. Sie interpretieren lediglich die Daten, die ihnen vorliegen. Es gibt immer noch Dinge, die wir nicht vorhersagen können. Um Donald Rumsfeld zu zitieren:

> *Es gibt das bekannt Bekannte. Das ist alles, von dem wir wissen, dass wir es wissen. Es gibt das bekannt Unbekannte. Das wäre dann das, von dem wir wissen, dass wir es nicht wissen. Aber es gibt auch das unbekannt Unbekannte. Es gibt manches, von dem wir nicht wissen, dass wir es nicht wissen.*

Wir sind ziemlich sicher, dass er nicht wusste, was er überhaupt wusste, was nicht viel war, aber sein Ausspruch war überraschend tiefgründig. Wie dem auch sei, es ist noch nicht alle Hoffnung verloren. Auch wenn die Auswirkungen unumkehrbar sind, haben wir noch die Chance, die Menschheit auf einen Kurs zu bringen, auf dem wir das Ausmaß der Erwärmung in den Griff bekommen und die vorhergesagten negativen Auswirkungen eindämmen können, zumindest teilweise.

Der Klimawandel ist nichts, womit die Menschheit leichtfertig umgehen sollte. Das Universum kann und wird diesen Konflikt zweifelsohne gewinnen. Es gibt keine Wundermaschine und keinen Impfstoff, die uns vor dem retten könnten, worauf wir zusteuern. Wir spielen ein gefährliches Spiel mit dem Universum, bei dem wir nicht gewinnen können. Uns bleibt nichts übrig, als uns anzuschnallen und zu hoffen, dass unser Toyota Prius gute Airbags hat.

GRUND

Die Umwelt ist zerbrechlich wie eine Christbaumkugel

Die Fragilität der Ökosysteme ist so gut dokumentiert und das Informationsangebot zu diesem Thema ist so reichhaltig, dass wir dieses Kapitel mit verbundenen Augen und einem schlaffen Selleriestängel als Tipphilfe schreiben könnten. Gherr sarecvjkhg jkhg gfdiu jhu asdf tyhrenb io dssaifd …

Leider lagen wir damit falsch – mit dem Sellerie, nicht mit den Ökosystemen. Die sind tatsächlich im Arsch. Aber muss man denn eine zerbrechliche, aber perfekt ausbalancierte Erde gleich hassen? Sie liefert die Nahrung, die wir brauchen, die Luft, die wir atmen, und räumt sogar oftmals hinter uns her, wenn wir eine Schweinerei angerichtet haben. Nein. Wir finden, dass das Problem nicht bei der Erde liegt, sondern bei dem Regelwerk, nach dem die Erde erschaffen wurde.

Mit dem Begriff Resilienz wird in der Wissenschaft beschrieben, wie gut ein Ökosystem in der Lage ist, Veränderungen zu überstehen. Hohe Resilienz bedeutet, dass Störungen wie gelegentliche Brände oder Überschwemmungen das Ökosystem wahrscheinlich nicht nachhaltig verändern. Das Problem ist, dass viele der Ökosysteme, die wir für resilient hielten, es leider doch nicht sind.

Nehmen wir als Beispiel für ein gesundes Ökosystem das australische Buschland, bevölkert von Giftpflanzen, augenauspickenden Vögeln, menschenfressenden Krokodilen, tödlichen Schlangen, kickboxenden Kängurus, Riesenspinnen und natürlich Killer-Koalas. An und für sich ist der Busch ein sehr robustes, stabiles und widerstandsfähiges Ökosystem. Aber wenn man ihn sich selbst überlässt, stirbt der Busch oft ab und verwandelt sich langsam in Grasland. Tatsächlich muss das australische Buschland hin und wieder sterben, um zu leben. Das klingt wie eine Theorie, mit der sich ein ertappter Vampir herausreden würde. Der Busch braucht nämlich Feuer. Seine Pflanzen sind wie Phönixe, die aus der Asche auferstehen, um sich zu vermehren und ihre Samen zu verbreiten. Der australische Busch hat eine eher ungesunde Beziehung zum Universum: Das Universum versetzt ihm ab und zu einen Blitzschlag, und im Gegenzug gebiert der Busch allerlei giftiges Kroppzeug zur Bekämpfung von Schädlingen (wie dir).

Unter Resilienz stellt man sich nicht unbedingt vor, dass ein Buschbrand Buschland im Ausmaß von zehn kolumbianischen »Kaffeeplantagen« verkohlt, aber überraschenderweise besteht Resilienz genau darin und überraschenderweise exportieren diese Plantagen gar keinen Kaffee. In jedem Waldgebiet der Erde können Blitzeinschläge Brände verursachen. Dieses wiederkehrende Muster von Wachsen und Abbrennen mag extrem erscheinen, ist aber Teil des natürlichen Lebenskreislaufs. Mit der Zeit können sich die Umweltbedingungen jedoch ändern. Heute vollziehen sich diese Veränderungen an vielen Orten der Welt in rasantem Tempo. Grund dafür ist die Erwärmung der Atmosphäre und der Ozeane – und die wird von Mächten verursacht, die sich unserer Kontrolle entziehen und ganz bestimmt nicht unsere Schuld sind! Oder vielleicht doch, aber dann sind wir einfach dem Beispiel des Universums gefolgt.

In den letzten zweihundertfünfzig Jahren sind etwa 40 Prozent des australischen Buschs durch Bebauung, Landwirtschaft und Industrialisierung verloren gegangen. Aber das ist nicht ungewöhnlich. Vielen Weltgegenden ist es ganz ähnlich ergangen. Interessanterweise hängt eine solche Entwicklung meist mit europäischer Besiedlung zusammen ... tja. Mehr als die Hälfte der Korallenriffe ist in den letzten siebzig Jahren verschwunden, und nur etwa 40 Prozent der globalen Regenwaldfläche sind noch intakt. Sogar die borealen Wälder, die sich quer über Nordamerika ziehen und das größte zusammenhängende Waldgebiet der Welt ergeben, schrumpfen mit alarmierender Geschwindigkeit. Klar, der Mensch ist ein großer Teil des Problems und vielleicht sind wir diejenigen, die bei den meisten dieser Umweltveränderungen das sprichwörtliche ökologische Pendel zum Schwingen gebracht haben. Aber wer konnte denn ahnen, dass das Pendel am Ende herumschlackert wie ein schlaffer Selleriestängel in einem Hurrikan?

Selbst wenn wir uns um die Wiederherstellung der Ökosysteme bemühen, sorgt die unbeständige Natur des Universums dafür, dass unsere hehren Pläne immer wieder scheitern. Bei mehr als vierhundert Ökosystem-Wiederherstellungs-Initiativen aus jüngster Zeit, darunter Aufforstungsprojekte oder Maßnahmen gegen Ölpestrückstände, hat keines der Ökosysteme den Ausgangszustand erreicht und zwischen Kostenaufwand und Erholungsergebnis gab es keinen Zusammenhang. Schlimmer noch: Die Erholung verlangsamt sich im Laufe der Zeit immer weiter. Das bedeutet, dass sich ein Ökosystem umso langsamer erholt, je näher es einer vollständigen Erholung kommt. Das ist im Grunde genau so, wie wenn man in Hundekacke tritt. Zuerst wischt man den Schuh gründlich ab und entfernt das meiste davon, aber je weniger Scheiße im Profil verbleibt, desto schwieriger wird es, die letzten Quellen des Gestanks herauszukratzen. Am Ende gibt man auf und lässt die Schuhe im Regen stehen. Vielleicht müsste man sie einfach abbrennen und hoffen, dass sie nachwachsen. Vielleicht ist das ganze Resilienz-Gerede auch nur ein Haufen Unsinn.

Manche Ökosysteme sind so zerbrechlich, dass ihr Fortbestehen vom Überleben einer einzigen Art abhängt. Eine solche Spezies wird als Schlüsselart bezeichnet, und wenn sie aus dem Ökosystem verschwindet, bricht es zusammen. Beispiele für Schlüsselarten sind Bienen als Bestäuber oder Großraubtiere als Regulatoren von Pflanzenfresser-Populationen. Nehmen wir den Yellowstone-Nationalpark, der weniger ein Park als vielmehr ein Riesenvulkan von der Größe Luxemburgs ist (ja, du solltest dich fürchten – siehe Grund Nr. 21). Dieser Vulkan, äh, Park hat in den 1920ern durch die Jagd seine Wolfspopulation verloren, aber 1995 wurden vierzig Wölfe dort wieder angesiedelt. In nur fünfundzwanzig Jahren fraßen die hungrigen Biester Tausende von Wapiti-Hirschen. Dass die Anzahl der Hirsche um mehr als die Hälfte zurückgegangen ist, mag sich zwar schlecht anhören, hat aber den Effekt, dass es mehr Bäume gibt, was wiederum mehr Vögel, mehr Biber, mehr kleinere Raubtiere, mehr Bären, mehr Büffel und so weiter mit sich brachte. Dadurch wurden sogar die Flussufer im gesamten Nationalpark stabilisiert. Kurz gesagt: Ein paar Dutzend Wölfe haben die Dynamik eines Gebiets, das sechsmal so groß ist wie alle Kaffeeplantagen in Kolumbien, komplett verändert. Welches ernst zu nehmende Ökosystem hängt denn von vierzig großen grauen Hunden ab? Und ist die Tatsache, dass durch die Straßen von Bogotá dreihundertfünfzigtausend Hunde und Katzen streunen, nicht auch ein ökologisches Wunder?

Störfaktoren wie Klimawandel, Verstädterung, invasive Arten, Lebensraumzerschneidung, Umweltverschmutzung und Ausbeutung führen dazu, dass selbst unsere stabilsten Ökosysteme Anzeichen des Zusammenbruchs aufweisen. Natürlich tragen wir Menschen einen Teil der Schuld dafür, aber wir sollten das Universum nicht aus der Verantwortung entlassen. Es hat Parameter für das Überleben von Ökosystemen festgelegt, die so wenig Raum lassen, dass ein schlaffer Selleriestängel in der Wüste bessere Überlebenschancen hätte – die übrigens bald das vorherrschende Ökosystem sein wird, wenn es so weitergeht wie bisher.

Jede Stufe in der Entwicklung eines Ökosystems ist notwendig, da sie die Voraussetzungen für die nächste Stufe schafft. Aber manchmal gibt es einfach nicht genug Wasser oder Nährstoffe für einen bestimmten Prozess, oder sie wurden für den menschlichen Bedarf »gewonnen«. Damit es sich nicht nach menschlichem Versagen anhört, sondern nach etwas Unausweichlichem, haben wir der Sache einen schicken wissenschaftlichen Namen gegeben: Wüstenbildung. Wüsten sind trocken, und zwar knochentrocken. Du denkst wahrscheinlich an die Kalahari oder an arabische Sanddünen, aber Wüsten gibt es auch in der Antarktis und der Arktis. Sie zeichnen sich durch das Fehlen von flüssigem Wasser aus, müssen also nicht heiß sein. Falls es dir in der letzten Galileo-Doku noch nicht aufgefallen ist: In Wüsten gibt es nur sehr wenig Leben. Wenn es kein Leben gibt, bekommt man Orte wie den Mars, der ein Drecksloch von einem Wüstenplaneten ist (Näheres dazu unter Grund Nr. 26). Der Mars hätte eine wunderschöne Oase sein können, wenn dort Leben entstanden wäre und sich fortentwickelt und die Umwelt beeinflusst hätte ..., um sie dann wahrscheinlich zu ruinieren.

Dieser Wechsel zwischen Wüsten, Wäldern, Flüssen und Ozeanen findet auf der Erde schon seit Millionen von Jahren statt, und das Universum scheint alles daranzusetzen, dass unser heute existierendes Ökosystem nicht mehr lange mitmacht. Wenn es den Garten Eden jemals wirklich gegeben hat, ist er jetzt entweder eine sandige Einöde oder ein moskitoverseuchter Sumpf namens Florida. Ökosysteme ändern ihr Erscheinungsbild häufiger als Lady Gaga während ihres Superbowl-Auftritts. Wir sitzen indessen im Publikum, ein Bier in der einen und einen schlaffen Selleriestängel in der anderen Hand, und fragen uns, was die Scheiße soll.

GRUND

Die Menschheit erwürgt sich selbst

Das Universum hat dafür gesorgt, dass wir auf diesem Planeten festsitzen und in absehbarer Zukunft keinen Ausweg haben (wir können nirgendwo anders hin – siehe Grund Nr. 26). Wir sind wie ein Goldfisch in einem mit Algen bewachsenen Glas, das so schnell niemand putzen wird. Wir sind wie der Welpe eines verwöhnten Kindes (namens Universum), das uns im Schaufenster der Tierhandlung gesehen hat und uns – Ehrenwort! – jeden Tag baden, füttern und Gassi führen wollte, nur um uns komplett zu vernachlässigen, sobald wir einmal auf den Teppich gekackt haben. Dreieinhalb Milliarden Jahre später sind wir genau wie der Welpe: übergewichtig, depressiv, mit Rückenproblemen und Kacke im Fell.

Jetzt haben wir keine andere Wahl mehr, als in dem von uns angehäuften Dreck zu leben. Wie der von dem faulen Balg vernachlässigte alte Bello fragen wir uns: Wollte das Universum, dass wir so leben? Sind wir ihm nicht mehr niedlich genug? Liegt es daran, dass wir es mal gebissen haben, oder daran, dass wir unseren Hintern immer am Teppich abputzen?

Die meisten Lebewesen sind so unfähig wie ein gehäkeltes Kondom, wenn es darum geht, mit unserem Dreck fertigzuwerden. Zum Glück gibt es Organismen, die unseren Abfall lieben – beispielsweise die ölfressenden Mikroben, die wir immer wieder ins Meer kippen müssen, damit sie uns bei der Beseitigung von Ölteppichen helfen. Im Jahr 2010 gelangten dreihundertzwölf olympische Schwimmbecken voller Rohöl in den Golf von Mexiko, nur wegen der Unachtsamkeit eines gewissen britischen Petroleum-Konzerns ... aber wir wollen keine Namen nennen, nur Initialen. Letztendlich war das Öl von BP zu viel für unsere kleinen Mikrobenfreunde. Bei dem Unfall kamen elf Bohrinselarbeiter ums Leben, über 25 000 Kilometer Küste wurden schwer verschmutzt, unzählige Meerestiere verreckten, und BP zahlte über 60 Milliarden Dollar für Aufräumarbeiten und Gerichtskosten. Sogar die armen Chefs von BP mussten leiden: Zwei von ihnen erhielten in jenem Jahr nur 130 000 Dollar an Boni, was nur 98 858 Dollar über dem damaligen Durchschnittseinkommen in den USA lag.

So wie das Rohöl auf dem Panzer eines Schildkrötenbabys in allen Regenbogenfarben schillert, nimmt auch die Umweltverschmutzung die unterschiedlichsten Formen und Farben an. Leider wäre es unmöglich, sie alle in einem Kapitel zu erwähnen. Beschränken wir uns also auf einige wenige interessante Fakten und Zahlen darüber, wie beschissen es ist, im eigenen Dreck zu leben. Fakten und Zahlen, mit denen du die Stimmung auf deiner nächsten Party auflockern wirst. Fangen wir mit der Luftverschmutzung an.

Nach Schätzungen der Weltgesundheitsorganisation tötet die Luftverschmutzung etwa sieben Millionen der insgesamt fünfzig Millionen Menschen, die jedes Jahr das Zeitliche segnen. In Anbetracht der Tatsache, dass etwa fünf Millionen Menschen pro Jahr am Rauchen sterben, sollte dies durchaus beunruhigen. Genau, jedes Jahr sterben zwei Millionen mehr Menschen durch das unabsichtliche Einatmen von dreckiger Luft als durch das absichtliche Einatmen von dreckiger Luft. Aber du hast dieses Buch nicht gekauft, um zu erfahren, was Menschen falsch machen, sondern um die Schuld bei jemandem oder etwas anderem als dir selbst zu suchen, genau wie der inkompetente Kollege, den jeder kennt, der aber niemand sein will. Lass uns dabei helfen. Zwar verursachen wir Menschen die Verschmutzung, aber das Universum ist dafür verantwortlich, dass sie sich verbreitet.

Welcher Schadstoff wäre besser geeignet, um dies zu verstehen, als unser aller liebster Horrorschadstoff: die radioaktive Kontaminierung. Von Three Mile Island über Tschernobyl bis hin zu Fukushima – radioaktive Kontaminierung trifft uns mitten in die Psyche und nährt tiefsitzende Ängste. Kernenergie muss für PR-Leute ein übles Kopfzerbrechen sein. Es gab jedoch Zeiten, in denen die Kernenergie von vielen als die Zukunft der Energieerzeugung gepriesen wurde. Investiert in neue Technologien, sagten sie. Unerschöpfliche Energie, sagten sie. Mit dieser Technologie kann man Bomben bauen, äh, die Luftqualität verbessern, sagten sie.

Im Großen und Ganzen ist die moderne Kernenergie relativ sicher und effizient, und vermutlich kann sie kurzfristig zur Verringerung der weltweiten Treibhausgasemissionen beitragen. Manche hoffen, dass sie uns auch bei der größten Herausforderung helfen könnte, vor der wir je standen, nämlich die Staats- und Regierungschefs davon zu überzeugen, keine Spenden mehr von Fossilfirmen anzunehmen. Leider hatte das Universum 2011 andere Pläne und tat, was es am besten kann: Es knallte Japan einen Tsunami vor die Ostküste. Dieses Ungetüm von einer Welle war über 40 Meter hoch, so hoch wie die Freiheitsstatue (ohne Sockel) oder wie Godzilla, um Lokalkolorit zu bemühen. Sie rauschte mit 700 Kilometern pro Stunde – der halben Schallgeschwindigkeit – über 10 Kilometer landeinwärts und riss neunzehntausend Menschen und ein Kernkraftwerk mit sich. Die Kernschmelze im Kernkraftwerk Fukushima Daiichi vertrieb einhundertfünfzigtausend Menschen aus ihrer Heimat und machte ein Gebiet von der Größe Okinawas für mindestens ein halbes Jahrhundert unbewohnbar.

Als besonnene, langfristig denkende Erdenbewohner begannen wir mit der Stilllegung unserer Atomkraftwerke und griffen auf eine beliebte kurzfristige Lösung zurück – fossile Brennstoffe. Dadurch gingen die Emissionen in die Höhe und uns blieb trotzdem das Problem, die radioaktiven und nicht radioaktiven Materialien aus den Kraftwerken zu entsorgen. Aber wenn du glaubst, du bekämst weniger Strahlung ab, wenn in der Nähe ein Kohlekraftwerk gebaut wird, liegst du falsch.

In manchen Fällen können Kohlekraftwerke ihre Umgebung einer hundertmal höheren Strahlenbelastung aussetzen als ein Kernkraftwerk mit der gleichen Energieleistung. Zwar sind in Braun- und Steinkohle radioaktive Stoffe wie Uran und Thorium nur in Spuren enthalten, aber durch die Verbrennung konzentrieren sich diese Spuren in einem Feinstaub, der Flugasche genannt wird. Die Flugasche wird von der Anlage ausgespuckt und landet in der Umgebung. Aber keine Sorge, die Strahlungswerte sind relativ niedrig und verursachen wahrscheinlich keine gesundheitlichen Schäden. Die Hintergrundstrahlung, mit der dich das Universum im Laufe eines Jahres zuballert, ist immer noch höher. Auch wenn der Gesamteffekt nur geringfügig ist, liegt darin doch eine hübsche Ironie.

Nicht alle Umweltverschmutzung ist schlecht ...

[Wir schauen mal in die Notizen:] Alle Umweltverschmutzung ist schlecht.

Was sonst noch? Kernkraftwerke, Wasserkraftwerke, Papierfabriken, Straßenbeläge und Kläranlagen erzeugen allesamt Wärmeverschmutzung. Bei dieser Form der Umweltverschmutzung wird etwas erzeugt oder eingeleitet, das die Temperatur des umgebenden Lebensraums verändert. Am häufigsten geschieht dies, wenn die Industrie gekühltes oder erhitztes Wasser in Gewässer einleitet. Diese Temperaturveränderung bringt die biotischen und abiotischen Faktoren in diesem Ökosystem durcheinander und bestimmt, was dort leben kann und was nicht. Auch wenn es irgendwie gut klingt, bestimmen zu können, was in einem Ökosystem leben kann und was nicht, ist es fast immer schlecht und fällt uns früher oder später vor die Füße.

In Zeichentrickfilmen sieht Umweltverschmutzung immer so aus, dass grünlicher Schlick in ein Bächlein geleitet wird, woraufhin den Fischen zusätzliche Augen und Gliedmaßen wachsen. Aber auch Wärme kann als Schadstoff gelten. Dadurch, dass Naturflächen durch Straßen und Häuser verdrängt werden, die die Wärme sehr gut absorbieren und speichern können, werden Städte zu Wärmeinseln. Da der Klimawandel die Häufigkeit und Schwere von Hitzewellen erhöht, trägt diese Form der Wärmeverschmutzung zu den jährlich tausenddreihundert Hitzetoten bei, die schätzungsweise in den Vereinigten Staaten anfallen.

Der wahre stille Killer ist die Lärmverschmutzung. Die Weltgesundheitsorganisation schätzt, dass jeder fünfte Einwohner Europas einer Lärmbelastung ausgesetzt ist, die die Gesundheit erheblich beeinträchtigen kann. Die WHO geht außerdem davon aus, dass allein der Verkehrslärm einen von drei Menschen gesundheitlich schädigt. Abgesehen von offensichtlichen Folgen wie Hörverlust oder Tinnitus verursacht Lärmverschmutzung nachweislich Bluthochdruck, Schlaflosigkeit, Depressionen, kognitive Beeinträchtigungen und Herz-Kreislauf-Erkrankungen und verändert sogar die Art und Weise, wie wir mit anderen umgehen. Und trotz alledem hat kaum jemand von diesen Problemen gehört. Es mag so klingen, als machten wir auf Kosten der Betroffenen Wortspiele, aber wir können das Thema doch nicht totschweigen ... Danke, wir finden selbst raus.

Als ob die Verschmutzung des Planeten selbst nicht schon genug wäre, haben wir derzeit auch noch etwa zweitausend aktive Satelliten in der Umlaufbahn. Allerdings stellen diese Objekte derzeit keine große Gefahr für die Erde oder andere orbitale Objekte dar. Eher werden uns die siebenundzwanzigtausend Trümmerteile in der Umlaufbahn, die mit einer Durchschnittsgeschwindigkeit von 25 000 Kilometer pro Stunde unterwegs sind, in die Scheiße reiten. Und im Jahr 2021 haben sie damit angefangen.

Im März 2021 kollidierte ein Stück Weltraumschrott mit dem chinesischen Wettersatelliten Yunhai 1-02 und riss ihn entzwei. Es wird vermutet, dass der Weltraumschrott von einer alten russischen Rakete aus dem Jahr 1996 stammte. Und es handelte sich definitiv um Weltraumschrott und nicht um einen gezielten Angriff, denn so treffsicher war zu dieser Zeit niemand, außer vielleicht der »Abspritzkönig« Peter North (Pornodarsteller). Beunruhigenderweise ist das kein ungewöhnlicher Vorfall. Die Internationale Raumstation musste bereits neunundzwanzig Trümmerausweichmanöver durchführen, um sich vor orbitalen Objekten wegzuducken. Solche Manöver sind nötig, wenn die Wahrscheinlichkeit eines Zusammenstoßes größer als 1 zu 100 000 ist. Das klingt zwar eher unwahrscheinlich, aber wenn ein milliardenschweres Weltraumhaus durch immer mehr Weltraumschrott fliegt, steigt die Wahrscheinlichkeit eines Zusammenstoßes auf jeden Fall, und dieser Schrott fliegt schneller, als das Auto des Freunds der Babysitterin um 21:59 Uhr deine Einfahrt verlässt.

Jetzt denkst du wahrscheinlich: »Hey! Ich dachte, in diesem Kapitel geht es darum, wie scheiße das Universum ist, und nicht darum, wie scheiße die Menschen sind.« Wir stimmen dir zu: Menschen sind wirklich furchtbar, aber wenn du in Hundescheiße trittst, solltest du den Hundebesitzer beschimpfen und nicht den Hund.

GRUND

Du bist darauf programmiert, ein egoistisches Arschloch zu sein

In diesem Kapitel sprechen wir über einige der fiesesten Löcher im Universum. Nein, nicht über schwarze Löcher (die findest du in Grund Nr. 40). Wir reden auch nicht über den dunklen Fleck auf der Oberfläche des Uranus, obwohl er uns durchaus suspekt ist. Wir reden von Arschlöchern, und mit Arschlöchern meinen wir dich. Wir wissen, du denkst jetzt: »Pfff ... ihr kennt mich doch gar nicht. Ich [Ausrede einfügen, warum du kein Arschloch bist]!« Aber warte mal. Wir behaupten nicht, es wäre schlecht, ein Arschloch zu sein. Wir sind sogar der Meinung, dass es etwas Gutes sein kann – wenn du erfolgreich sein, Beziehungen aufbauen, einen Partner finden und, na ja, nicht sterben möchtest.

Was hat das Arschlochsein also mit dem Universum zu tun? Na ja, alles! Du bist Teil einer ununterbrochenen Abstammungslinie, die mit den allerersten Lebensformen auf einem Planeten beginnt, der nur existiert, weil bestimmte physikalische Gesetze es zulassen. Wir sind also hier, weil das Universum es möglich gemacht hat. Das heißt, wir sind Arschlöcher, weil das Universum uns dazu gemacht hat, um unser Überleben zu sichern. Aber die eigentliche Frage ist, wie und warum es entschieden hat, dass wir solche Schweinehunde sein sollen.

Weil es uns gelungen ist, die Regeln des Universums zu verstehen und zu manipulieren, haben wir viele der Umwelteinflüsse gemildert, denen unsere Vorfahren ausgesetzt waren – durch den Bau von Häusern und Wolkenkratzern oder durch die Programmierung von Robotern, die mit uns Sex haben, wenn kein anderer Mensch es will. Wir haben echt erstaunliche Leistungen vollbracht, aber in unseren Schädeln steckt immer noch das gleiche Höhlenbewohner-Affengehirn wie bei unseren Vorfahren. Deshalb fallen uns Verarschung und Selbstverarschung immer noch genauso leicht wie unseren Urmenschen-Urahnen.

Da wäre erstens die »moralische Lizenzierung«, ein unterbewusster Denkprozess, der vor einer Entscheidung zwischen richtig und falsch alles Gute und Schlechte abwägt, was man bisher getan hat. Stell dir vor, du gehst mit dem Hund spazieren und er kackt deiner Nachbarin ins Blumenbeet. Der Logik aus dem vorherigen Kapitel zufolge bist du jetzt für die Kacke verantwortlich. Sie liegt nicht auf dem Bürgersteig, also kann niemand hineintreten, aber du weißt, dass Eva diese Azaleen liebt und mit Sicherheit auf den mehr oder weniger trockenen Kackmuffin stoßen wird, je nachdem, wann sie das nächste Mal jätet. Aber dann fällt dir ein, dass du neulich den Müll für sie rausgebracht hast, also lässt du das Häufchen liegen. Sie kann es ja beim nächsten Zurückschneiden entsorgen; das scheint dir ein fairer Tausch. Das ist ein Beispiel für moralische Lizenzierung: Deinem Affenhirn erscheint es akzeptabel, etwas Übles zu tun, weil du bereits etwas Tugendhaftes getan hast. Forschungen haben sogar ergeben, dass moralische Lizenzierung auch vorbeugend wirkt. Man handelt also unmoralisch, weil man weiß, dass man irgendwann in der Zukunft etwas Gutes tun wird oder es zumindest vorhat. Kurz gesagt, du hast dir heute das richtige Kapitel zum Lesen ausgesucht, Arschloch.

Moralische Lizenzierung ist nur eine der unwillkürlichen, unterbewussten mentalen Turnübungen, die sich auf viele Aspekte unseres Lebens auswirken. Wir geben gerne anderen die Schuld … Korrektur: Wir geben zwanghaft anderen die Schuld, wenn etwas schiefläuft. Aber vielleicht sollten wir eher dem Universum die Schuld geben, denn es hat uns durch die Mechanismen der Evolution ein paar kognitive Tricks mitgegeben, dank derer wir uns, nachdem wir Scheiße gebaut haben, besser fühlen dürfen, obwohl wir die falsche Entscheidung getroffen haben. Unser größer gewordenes Affenhirn möchte einfach für jede Entscheidung lobend getätschelt werden, egal ob wir eine Doktorarbeit fertiggestellt oder die richtige Zahnpasta gekauft haben. Tipp: Es gibt keine richtige Zahnpasta, alle sind gleich gut.

Wir wollen damit nicht die Komplexität des Gehirns herunterspielen. Es ist das Kronjuwel der Evolution. Das Leben hat rund dreieinhalb Milliarden Jahre gebraucht, um sich auf einem Planeten zu entwickeln, der erst vor rund viereinhalb Milliarden Jahren entstanden ist. Wir haben uns von Einzellern mit simpelster Funktionsweise zu Wesen entwickelt, die Raketen auf den Mond schicken und sexy Roboter bauen. Wenn du das nicht für Fortschritt hältst, dann hast du noch nie mit maschineller Hilfe masturbiert. Leider kamen diese Triumphe des Fortschritts lange nach Darwin und seiner berühmten Theorie der Evolution durch natürliche Auslese. Er hätte bestimmt gerne eine Taxonomie von Sexrobotern erstellt und von einer Reise zum Mond geträumt, vielleicht gibt's dort ja Finken.

Charles Darwin war fasziniert davon, wie sich die sozialen und persönlichen Verhaltensweisen beim Menschen entwickelt haben könnten. Manche behaupten, dass alle unsere psychologischen Mechanismen auf die Evolution zurückzuführen sind. Darwins Arbeiten über unser soziales und persönliches Verhalten hatten nicht denselben Einfluss wie seine früheren Projekte. Aber um fair zu sein: Eines dieser früheren Projekte gilt als die größte Idee, die je erdacht wurde – im Vergleich dazu sind dann alle nachfolgenden Arbeiten eher unbedeutend. So wie die jüngeren drei Brüder von Alec Baldwin, die auch alle Schauspieler sind. Oder waren es vier? Ach, wen kümmert's. Aber genau wie die Baldwin-Brüder sorgten diese Arbeiten für Kontroversen, auch wenn dabei keine Fotografen geboxt wurden. Es bleibt umstritten, wie viel Einfluss unsere Umwelt und unsere Gene auf unsere Psyche haben.

Die Entwicklung unseres Gehirns von einem primitiven Nervenbündel zu einem weichen Brei aus schrumpeligem Fleisch ist sicherlich weniger spannend als die Evolution von Schlangengift oder Haigebissen. Aber im Hinblick darauf, dass unser Alltagsverhalten in der Evolution wurzelt, wird es faszinierend, über unsere Urahnen nachzudenken. Wie haben sie vor Hunderttausenden von Jahren ihre Gefühle ausgedrückt, getrauert, um Partner gebuhlt oder im Lockdown alle weichen Blätter für sich gehortet, sodass sich alle anderen in der Höhle nicht den Hintern abwischen konnten?

Das Leben in diesem Universum ist wie ein Pakt mit dem Teufel. Wir erleben Liebe, Glück, Freude, Mitgefühl und sonstige Emotionen, die ein Kribbeln in der Herzgegend verursachen. Aber diese Emotionen lösen im Kopf oft alles Mögliche aus, nicht zuletzt die Ahnung, dass wir über die Vorgänge im Oberstübchen nicht wirklich das Sagen haben. Aber wir sollten bestimmte Verhaltensweisen nicht dem Unterbewusstsein in die Schuhe schieben – wir können auch bewusst arschig sein.

Es gibt viele Lebenslagen, in denen wir es gerne in Kauf nehmen, von anderen missbilligt zu werden. Nimm als Beispiel den Toilettenpapiermangel, der in vielen Ländern während der COVID-19-Pandemie eintrat. Vielen Menschen war es egal, ob andere sich den Po abwischen konnten, solange sie selbst zehn 24er-Packungen dreilagiges, ultraweiches Toilettenpapier ergattern konnten. Und das, obwohl sie schon etliche Rollen zu Hause hatten und überall zu hören bekamen, dass es genug davon gäbe ... ja, egal, ob man's knüllt oder faltet. Diese Art des Denkens nennt sich Nullrisiko-Verzerrung und ist wahrscheinlich ein Instinkt, der in Phasen der Knappheit für das Überleben unserer Urahnen wichtig war. Wie nützlich dieser Denkprozess heute noch ist, ist fraglich. Aber mit sauberen Hintern lässt es sich bequem darüber spekulieren.

Die Nullrisiko-Verzerrung besteht im Wesentlichen daraus, dass Menschen im Angesicht eines bedrohlichen und unbeherrschbaren Risikos gerne andere, weniger bedrohliche, aber beherrschbare Risiken vollständig eliminieren. Auf den ersten Blick hört sich das gut an, aber oft bringt uns diese Denkweise tatsächlich in noch größere Gefahr und wir wären besser dran gewesen, wenn wird das größere Risiko verringert hätten, anstatt das kleine zu eliminieren. Was hat das damit zu tun, dass du dich damals mit einer Socke abputzen musstest? Nun, Toilettenpapier ist billig, und es war leicht und risikoarm, die letzte Rolle im Regal zu kaufen, auch wenn das nicht gegen Corona half. Ein Vorrat an Klopapier vermittelte das Gefühl von Sicherheit – abgesehen von der Möglichkeit des Burgenbaus – und schaltete in einer chaotischen Zeit immerhin eine Bedrohung aus: dass man nichts hat, um sich den Arsch abzuwischen.

Du kannst das Ganze natürlich komisch finden – es sei denn, du wischst dir gerade mit einer verkrusteten Sportsocke den Hintern. Aber es zeigt auch einen beunruhigenden Fehler in unserem Risikomanagement, vor allem im Hinblick auf größere, ernstere Probleme. Der Nullrisiko-Denkfehler kann auch bei Entscheidungen mitmischen, die letztlich die Gesundheit und Sicherheit anderer betreffen, und das alles nur, weil wir das Gefühl brauchen, die Lage im Griff zu haben – unabhängig davon, ob dieses Gefühl berechtigt ist oder nicht. Anders kommen wir mit der Ungewissheit und dem Chaos des Universums nicht klar.

Aber es ist nicht alles schlecht – Egoismus und Arschigkeit haben auch Vorteile. Untersuchungen haben ergeben, dass es nicht nur für einen selbst von Vorteil ist, im Büro ein Arschloch zu sein, sondern auch für die Kolleginnen und Kollegen. Klingt zu schön, um wahr zu sein, oder? Ist aber wahr. Klatsch und Ausgrenzung können tatsächlich positive Auswirkungen haben, indem sie Mobber zum Besseren bekehren und verhindern, dass nette Leute ausgenutzt werden. So wird die Zusammenarbeit in der Gruppe gefördert. Durch Tratschen oder Lästern kann das Verhalten anderer erklärt werden und eine Angleichung der Werte entstehen. Dies hält alle von ähnlichen Handlungen ab, die sonst in Zukunft die Stabilität der Gruppe gefährden könnten. Mach dir also keine Vorwürfe, weil du bei der Arbeit über Frank lästerst, weil er Klopapier aus der Herrentoilette geklaut hat – typisch Frank eben. Je mehr Leuten du davon erzählst, desto geringer ist die Wahrscheinlichkeit, dass alle zu klauen anfangen und die Hygiene am Arbeitsplatz leidet.

Wir Menschen sind das Produkt einer Jahrmilliarden dauernden Evolution, die uns dieses Verhalten aufgezwungen hat. Wir wollen so etwas nicht tun. Wenn es nach uns ginge, würden wir wahrscheinlich das wollen, was in jedem Reihenhaus auf irgendeinem billigen Dekostück steht: »leben, lachen, lieben« oder ähnlicher Scheiß. Aber so funktioniert das Universum nicht. Also finde dich damit ab und sei stolz darauf, dass deine Urahnen so krass drauf waren! Wenn »krass« bedeutete, ein komplettes Arschloch zu sein, um mehr Nahrung, Lebensraum und Sex ergattern und dadurch die eigenen Gene an zukünftige Arschloch-Generationen weiterzugeben, die das Gleiche tun würden, dann hatte das seinen Sinn. Das ist es, was das Universum wollte.

Das Universum hat uns einen genetischen Werkzeugkasten zum Überleben mitgegeben und eines der Werkzeuge ist das Bedürfnis, arschig zu sein. Sicher, einige von uns sind das öfter und eher als andere. Aber ob es dir gefällt oder nicht, es scheint eine sehr erfolgreiche Eigenschaft zu sein, wenn es darum geht, das Leben zu meistern ... oder wegen einer Packung Dreilagigem eine alte Dame wegzudrängeln.

TEIL II

TECHNISCHER FORTSCHRITT IST NICHT DIE RETTUNG

Er macht alles sogar noch schlimmer.

GRUND

Winzige Roboter könnten dich von innen heraus auffressen

Wenn es irgendetwas gibt, das Menschen über alles lieben, dann ist es Kleinscheiß. Alles auf der Welt wird entweder zu Fetischporno verarbeitet oder miniaturisiert. Manchmal auch beides. Aber beschränken wir uns auf das Letztere. Denk mal drüber nach. Telefone sind nützlich, aber noch nützlicher, wenn man sie in der Tasche tragen kann. Fernseher sind geil, also gucken wir Serien auf winzigen Bildschirmen, die auch super als Babysitter taugen. Hunde sind cool, also züchten wir sie auf Handtaschenformat. Trends wie Kabinenroller oder Minischweinchen lassen vermuten, dass die Miniaturisierung die ganze Welt erobert – und das ist nur das, was man mit bloßem Auge sehen kann!

Im Inneren deines Smartphones stecken Milliarden von Bauteilen, die Transistoren genannt werden. Auf ihnen fußt die Rechenleistung deines Handys und im Grunde die der gesamten modernen Welt. Dies wurde jedoch erst durch den Prozess der Miniaturisierung möglich. Der erste Transistor wurde 1947 gebaut und war so groß wie ein Ein-Cent-Stück. Wäre dein Handy aus solchen antiken Transistoren gebaut, wäre es so groß wie ein

Fußballfeld. Statt mit dem Finger nach links zu wischen, müsstest du einen Pass aus der Tiefe des Raums schießen.

Das allererste Endprodukt mit Transistor war das tragbare Hörgerät. Es enthielt jedoch nur ein paar Transistoren und sah eher aus wie ein Walkman. Heutzutage ist ein Hörgerät ein vollwertiger Computer, der so klein ist, dass er ins Ohr passt. Damals konnte niemand ahnen, wie viele Anwendungsgebiete die Transistoren haben würden, vor allem, weil niemand ahnte, dass sie so klein sein würden, dass man sie nicht einmal sieht. Damals haben führende Köpfe der Technologiebranche berühmt-berüchtigte Vorhersagen über die Zukunft gemacht. Der Chef von IBM soll gesagt haben, es werde auf der Welt ungefähr einen Bedarf an fünf Computern geben. Man kann sich ja mal irren ...

Offensichtlich haben wir heute mehr Computer, als wir überhaupt zählen können. In einem einzigen Auto von heute befinden sich mehr als eintausend. Du könntest wahrscheinlich nicht mal annähernd erraten, wo sie alle sind – während dir einer vielleicht gerade den Hintern wärmt! Wie sind wir also von Hörgeräten zu Heizkissen gekommen? Nun, im Jahre 2022 sind Transistoren nur noch ein paar Nanometer breit. Das ist ein Milliardstel eines Meters. Anders ausgedrückt: Ein moderner Transistor hat die Breite einer zweistelligen Anzahl von Atomen. Das bedeutet, dass etwa zehntausend davon quer auf ein menschliches Haar passen, je nachdem, wo es gepflückt wurde. Gegenstände, die in diesem Maßstab gebaut werden, werden als Nanotechnologie bezeichnet.

Wie bei allen neuen Technologien sind wir uns über die Folgen des Fortschritts nicht im Klaren. Womöglich öffnen wir damit die Büchse der Pandora – nur dass daraus nicht ein mythischer Fluch entfleucht, sondern ein Heer winziger, unsichtbarer Maschinchen, die unsagbare Schmerzen und Leiden über uns bringen können. Also doch so wie bei der Büchse der Pandora. Natürlich bringt die Gefahr auch etwas Gutes mit sich – sonst würden wir den Fortschritt (wahrscheinlich) nicht mitmachen. Von Nanomaterialien verspricht man sich Anwendungsmöglichkeiten in allen Branchen, vor allem in der Medizin. Nanopartikel sind von der Größe her vergleichbar mit Proteinen, die im Grunde genommen winzige biologische Maschinen sind. Das bedeutet, dass Nanopartikel fehlerhafte Proteine ersetzen oder sogar die Funktion der im Körper vorhandenen Proteine verbessern könnten. Natürlich könnte auch das genaue Gegenteil der Fall sein. Nanopartikel könnten giftig sein, was schlecht wäre (nicht klar warum? Siehe Grund Nr. 15). Aber einfach nur einen Haufen giftiges Zeug herzustellen, ist langweilig – es sei denn, du bist Anwalt und kannst jemanden dafür verklagen, aber in dem Fall bist du es, der langweilig ist. Alle, die kreativer sind als ein Anwalt, können sich leicht ausmalen, welche verheerenden Schäden die ungebremste Nanotechnologie anrichten kann. Lasst uns fortfahren.

Das ultimative Ziel der Nanotechniker ist der Bau von Robotern in Nanogröße – sozusagen Nanobots. Die extremste Vision sieht Roboter vor, die einzelne Moleküle bauen können, indem sie unterschiedliche Atome nach Bedarf zusammenfügen. Im Grunde genommen könnte ein solcher Roboter alles bauen, auch Dinge, die jenseits unserer schwachen Vorstellungskraft liegen. Natürlich könnte der Roboter nicht zaubern – er könnte keine Atome aus dem Nichts erschaffen. Er müsste sie von irgendwoher beziehen, und dieses Irgendwoher könntest du sein! Ja, so ein biologischer Nanoroboter könnte dich Atom für Atom auseinandernehmen, um das zu bauen, wozu er programmiert wurde. Ganz schön gruselig.

Aber winzige Dinge sind doch so niedlich! Warum würden die Roboterchen das tun wollen? Nun, da sie kleiner sind als eine

Nervenzelle, ist es nicht so, dass sie intelligent wären. Wir können sie nicht vermenschlichen wie den Terminator, ein muskelbepackter Synthroid, dem aus irgendeinem Grund ein österreichischer Akzent einprogrammiert wurde. Offensichtlich haben die maschinellen Herrscher der Zukunft zu viel Weltkriegsdokus gebinged. Aber anders als der Terminator und österreichische Klone hegen die Nanobots keinen Groll gegen dich. Sie folgen nur einem Programm. Sie können nicht zwischen deinen Atomen und den Atomen der Handtasche unterscheiden, in der dein Chihuahua steckt. Währenddessen sieht das Universum untätig zu, wie die schlichte Hardware die Kontrolle übernimmt.

Das war die Vorspeise. Und jetzt kommt der Nachschlag. Was wäre, wenn der hypothetische Nanoroboter so programmiert wäre, dass er Kopien von sich selbst erstellt? Wahn. Sinn. In den Kreisen der Weltuntergangspropheten spricht man von *gray goo*, »grauer Schmiere«, aus selbstreplizierenden Nanobots, die alles auf der Erde auffressen, um sich unendlich zu vermehren. Graue Schmiere hat nichts mit Seniorentheater zu tun – der Begriff wurde vom Futuristen Kim Eric Drexler bereits 1986 in einem Buch geprägt. In all den Jahren, die seitdem vergangen sind, wurde die Möglichkeit nicht ausgeschlossen, also könnte etwas dran sein. Die hypothetischen Roboterchen waren nie als grau oder gar schmierig gedacht. Der Begriff sollte vielmehr verdeutlichen, dass diese Maschinchen so langweilig sein könnten wie ein Klumpen grauer Schmiere oder ein mit Siebzigjährigen besetztes Boulevardstück. Und der Klumpen wäre dank des sogenannten »exponentiellen Wachstums« nicht von schlechten Großeltern.

Angenommen, unsere kleinen Roboterreplikanten bräuchten nur eine Minute, um eine Kopie von sich selbst zu erstellen. Nach einer Minute gäbe es zwei Maschinchen. Jede von ihnen würde in der nächsten Minute eine Kopie von sich selbst machen, sodass wir vier Nanobots hätten. Keine große Sache. Nach drei Minuten gäbe es acht Apparätchen. Nach vier Minuten wären es sechzehn und so weiter, wobei sich ihre Zahl jede Minute verdoppelt. Nach zwei Stunden haben die Roboter alle 6 500 000 000 000 000 000 000 000 000 Atome deines Körper in Kopien von sich selbst verwandelt. In weniger Zeit, als man braucht, um einen Film von Peter Jackson zu gucken, wäre die gesamte Erde verschwunden, weil sich die winzigen Roboter im Kosmos verteilen und alles auffressen, was ihnen unterkommt. Eine solche fortlaufende Verdoppelung wird als exponentielles Wachstum bezeichnet, denn wenn man aus der Anzahl der Roboter auf dem Zeitstrahl einen Graphen macht, biegt sich die Linie wie eine Skate-Rampe nach oben. Und genau wie bei einer Skate-Rampe gilt: Je höher man kommt, desto wahrscheinlicher ist es, dass man hinfällt und sich übel verletzt.

Angesichts dieses existenziellen Risikos fragst du dich vielleicht, wie hoch die Wahrscheinlichkeit ist, dass ein solches Ereignis eintritt. Es ist fast unvermeidlich, dass irgendjemand Nanoroboter mit zumindest einigen altruistischen Absichten erschafft. Aber ein einziger Nanoroboter könnte vom rechten Weg abkommen, und dann wäre im Wesentlichen das Universum am Zug, das, wenn du richtig mitliest, nicht wirklich unser Bestes im Sinn hat. Ehrgeizige Wissenschaftler sind bekannt für ihre Arroganz gegenüber den gewaltigen Kräften der Natur und für ihr Urvertrauen darin, dass sie ihre Schöpfungen unter Kontrolle haben. Graue Schmiere könnte am Ende der Liste mit schlechten Ideen stehen, gleich unter FCKW, Plastiktüten, radioaktivem Wasser, Contergan, DDT, Zigaretten, Dynamit, Asbest, Teflon, Heroin, Mercurochrom, Atombomben, verbleitem Benzin, verbleitem Lack und Bleiwasserrohren, radioaktiven Kondomen, Benzol,

Subprime-Hypotheken, Wasserstoff-Luftschiffen, Agent Orange, Bomberjacken, Transfetten, dem Farbstoff E123, Styropor, Landminen, Solarien, Auto-Tune, Lobotomien und Twitter. Wenn du dann die Hybris der Wissenschaft anprangern wollen würdest, müsstest du dich beeilen. Das Universum hätte bereits seine miniaturisierte Miliz und würde sie mit Sicherheit gegen dich einsetzen.

Andererseits sollten wir vielleicht mehr unternehmen, um graue Schmiere zu erzeugen. Eines, was du in diesem Buch lernen wirst, ist, dass das Universum wild entschlossen ist, auf irgendeine von vielen möglichen ungeheuerlichen Arten unseren Untergang herbeizuführen. Vielleicht ist es dann gar nicht so schlecht, eine sich selbst reproduzierende Armee von Maschinchen zu erschaffen, die das Universum von innen heraus auffrisst. Das könnte unsere einzige Verteidigung sein – das ultimative Fuck you in Form einer gegenseitigen Zerstörungsandrohung. Willst du dich uns anschließen und unsere neuen schmierigen Gebieter willkommen heißen?

GRUND

Nur ein Knopfdruck trennt uns von der Selbstzerstörung

»Ich bin der Tod geworden, der Zerstörer der Welten.« Das ist kein Albumtitel einer norwegischen Nachwuchs-Deathmetal-Band, die sich »Necrotic Decay« nennt. Nein, diese Worte sprach J. Robert Oppenheimer am 16. Juli 1945, dem Tag, an dem die allererste Atombombe auf dem Trinity-Testgelände in der Wüste von New Mexico gezündet wurde. Er war Leiter des Projekts und wurde unter einem Beinamen bekannt, auf den er wohl lieber verzichtet hätte: »Vater der Atombombe«.

Die Quelle des Zitats ist eine hinduistische Schrift über den Gott Vishnu, der einen adligen Krieger namens Arjuna an seine heilige Pflicht erinnert, nämlich Freunde und Verwandte in der gegnerischen Armee niederzumetzeln. Wer weiß, vielleicht hatte Oppenheimer Spaß an Hindu-Theologie oder mochte einfach Bollywood-Filme. Was auch immer ihn inspiriert hat, es ist auf jeden Fall die krasseste Line, die ein Physiker je gedroppt hat. Zugegeben, viel Konkurrenz gibt es nicht.

Laut Oppenheimer erregte das Spektakel bei den anderen Zuschauern alle möglichen menschlichen Emotionen: Lachen, Tränen oder sogar Totenstille. Nur einundzwanzig Tage später wurde die erste Atombombe auf Hiroshima abgeworfen, die zweite Bombe auf Nagasaki, und mehr als einhunderttausend Menschen kamen ums Leben. Die Welt war danach nicht mehr dieselbe und innerhalb weniger Jahre hatten einzelne Staaten nicht nur die Möglichkeit, ihre Feinde zu vernichten, sondern die ganze Welt. Und nichts sagt so sehr »Pass bloß auf« wie die Zusage gegenseitiger Vernichtung.

In jahrzehntelanger unermüdlicher Arbeit hatten Atomphysiker eines der großen Geheimnisse des Universums aufgedeckt, eine fundamentale Eigenschaft der Materie, mit der man den Energiebedarf der Welt hätte decken, den Klimawandel rechtzeitig verhindern und eine fast unbegrenzte Energieversorgung für Milliarden von Menschen ermöglichen können. Und was hat man mit dem neu gewonnenen Wissen gemacht? Eine verdammte Bombe gebaut. Und was hat man mit der Bombe gemacht? Eine Nachricht draufgeschrieben, die am Ziel niemand hätte lesen können. Dann hat man die Bombe mit dem Bild einer Frau im Bikini an ein Flugzeug geschnallt. Ganz ehrlich ... was für eine perverse Scheiße.

Unsere bescheidene Meinung ist, dass das Universum daran schuld ist. Wir sind in dieser Lage, *weil* das Universum es so will. Niemand gibt einem Kleinkind eine Pistole ... na ja, die meisten von uns würden das nicht tun. Warum also schenkt uns das Universum eine so mächtige Technologie und tut überrascht, wenn wir damit herumspielen? Wenn Eltern ein Kind mit etwas Gefährlichem spielen lassen, bekommen sie die Schuld, und da wir die Kinder des Kosmos sind, geben wir dem Universum die Schuld.

Zum Glück wollen die meisten Leute keine Atomwaffen einsetzen. Die allermeisten wollen überhaupt keine Atomwaffen. Zum Glück haben wir die Dinger den ehrwürdigsten, vernünftigsten und intelligentesten Mitgliedern der Gesellschaft anvertraut: unseren Politikern ... Mist.

Die Verbreitung von Atomwaffen erreichte 1986 ihren Höhepunkt, als es etwa siebzigtausend Atomsprengköpfe gab. Heute gibt es »nur« noch etwa dreizehntausend Atomwaffen und davon sind über dreitausendsiebenhundertfünfzig scharf. Aber die Sache ist die: Atomwaffen sind so mächtig, dass es eigentlich egal ist, ob es dreizehntausend oder fünfhunderttausend sind. Wir haben immer noch genug, um die Menschheit zu ficken. Tatsächlich haben wir derzeit genug Atomwaffen, um so ziemlich jede einzelne Stadt auf der Erde zu zerstören, manche sogar mehrfach – Las Vegas böte sich an.

Auf dem Trinity-Testgelände, auf dem die erste Atombombe gezündet wurde, gibt es ein einzigartiges Material namens Trinitit – benannt nach dem einzigen Ort auf der Erde, an dem es vorkommt. Trinitit ist eine grüne, glasige Substanz, die überall in der Detonationszone zu finden ist. Gebildet wurde sie, als der Turm, in dem sich die Bombe befand, verdampfte und in der Hitze mit dem aufgewirbelten Sand zu einer völlig neuen Chemikalie verschmolz.

Das war nur eine kleine Bombe. Was geschähe, wenn wir alle Atomwaffen, die es derzeit gibt, in einer einzigen gigantischen Explosion zünden würden? Nun, eine Menge – sowohl sehr schnell als auch sehr langsam. Die Zündung von über dreizehntausend Atomsprengköpfen entspricht dem Ausbruch von etwa einem Dutzend Krakatau-Vulkanen auf einmal. Die Explosion ergäbe einen Feuerball von der doppelten Größe New Yorks und einen 10 Kilometer breiten Krater. Alles im Umkreis von etwa 2 000 Kilometern würde verdampfen – das ist ungefähr die Küstenlänge von Florida, zufällig die Heimat einer der zähsten und leider nicht vom Aussterben bedrohten Tierart auf Erden: des Florida-Einwohners.

Wovon sprachen wir gerade? Ach ja ... von über dreizehntausend Atomwaffen, die wir gerade in die Luft gejagt haben. Eine Fläche von der Größe Kaliforniens würde in Brand gesetzt werden. Trümmer und Staub würden in die obere Atmosphäre geschleudert – und hier wird es ernst. Die Wissenschaft hat sich auch mit den klimatischen Auswirkungen eines solchen Ereignisses beschäftigt. Vielleicht hast du schon einmal den Begriff »nuklearer Winter« gehört. Darunter versteht man den Effekt, dass die Auswirkungen eines Atomkriegs die Erde abkühlen würden, ähnlich wie es in der Vergangenheit bei einigen Vulkanausbrüchen der Fall war. Das Jahr, in dem der Krakatau ausbrach, wurde als »das Jahr ohne Sommer« bekannt und zog vier Jahre mit unterdurchschnittlichen Temperaturen nach sich, aber das ist ein Klecks im Vergleich zu einem nuklearen Winter. Das Problem ist, dass bei einem Atomkrieg noch ganz andere Stoffe in die Atmosphäre geschleudert werden – und wir reden hier nicht nur von den Stoffen, die bei der ersten Atomexplosion entstehen.

Die Klimaforschung hat simuliert, wie sich ein Atomkrieg auf das Klima der Erde auswirken würde – und wie fast alles, was mit Klima zu tun hat, ist es total deprimierend. Sie gingen davon aus, dass eine Atomexplosion am wahrscheinlichsten in einem großen Ballungsraum stattfinden würde. Das klimatechnische Problem dabei wäre, dass die schiere Hitze der Explosion alles in Brand setzen würde – sogar den Asphalt. Durch die extreme Hitze und die Masse an Material würden große Mengen an schwarzem Kohlenstoff entstehen. Schwarzer Kohlenstoff ist der Hauptbestandteil von Ruß und entsteht, wenn Städte, Autos und Mülltonnen brennen, und er breitet sich sehr schnell und sehr weit aus. Klimamodelle zeigen, wie sich der durch einen amerikanisch-russischen Atomkrieg erzeugte schwarze Kohlenstoff auf die Erdatmosphäre auswirken würde. Demnach würden die Rußemissionen eines solchen Ereignisses in nur zwei Wochen die Südhalbkugel erreichen. Schwarzer Kohlenstoff eignet sich prima zum Abblocken der Sonneneinstrahlung, also von Wärme und Licht, was zu einer Abkühlung führen würde.

Den Modellen zufolge würden die Temperaturen weltweit um etwa 10 Grad sinken. Das würde zu einem 90-prozentigen Rückgang der landwirtschaftlichen Produktion und damit zu verheerendem Nahrungsmittelmangel führen, ganz zu schweigen von längeren, kälteren Wintern, da die Erdoberfläche 75 Prozent weniger Sonnenenergie erhalten würde. Wegen der kühleren Luft würde dann weniger aus den Ozeanen verdunsten, was die Niederschläge in vielen Regionen der Welt um etwa 50 Prozent senken würde. All das würde zum Tod von Milliarden unschuldiger Menschen führen, und die Überlebenden müssten jahrhundertelang Krieg gegen radioaktiv mutierte Riesenkakerlaken führen ... oder auch nur gegen Massen an normalen Kakerlaken.

Glaub ja nicht, dass du dabei kein Kollateralschaden sein wirst. Wenn du dies liest und in der Nähe einer großen Universität, eines Militärgeländes, eines Flughafens oder einer Ölraffinerie wohnst oder arbeitest, ist die Wahrscheinlichkeit groß, dass dich eine der bösen, bösen Atomwaffen gerade im Fadenkreuz hat. Dass wir das Ganze mit einem Kleinkind mit Pistole verglichen haben, verharmlost offenbar die Bedrohungslage. Was besser passen würde? Vielleicht ein Kleinkind, das eine Panzerfaust in der Hand hält und auf einem überfüllten Spielplatz Zigarre raucht.

GRUND

Die mikrobielle Kriegsmaschinerie rückt vor

»Biotechnologie« klingt ja beeindruckend, ist aber nur ein Euphemismus für die Ausbeutung von Mikroorganismen zu wirtschaftlichen Zwecken unter dem Deckmantel der Medizin, oder was auch immer das ökologische Modewort des Monats ist. Man kann mit Fug und Recht sagen, dass die Erfindung der Landwirtschaft vor etwa zwölftausend Jahren eine Form der Biotechnologie war. Ein anderes Beispiel ist die Fermentation, die zur Herstellung von Bier, Wein, Scotch, Bourbon, Wodka, Whiskey, Brot, Kombucha und unzähligen anderen Genüssen verwendet wird. Die Tatsache, dass die Liste hauptsächlich aus Rauschmitteln besteht, sagt dir vielleicht schon mehr, als du wissen musst. Wenn man heutzutage an Biotechnologie denkt, denkt man wahrscheinlich an Retortenbabys, gentechnisch veränderte Nahrungsmittel oder vielleicht sogar an Jurassic Park. Der Punkt ist, dass Biotechnologie einen großen Teil unseres Lebens ausmacht und auch einen ziemlich großen Teil der Wirtschaft.

Wenn der Zweck der Biotechnologie also darin besteht, der Menschheit zu helfen, warum ist sie dann ein Kapitel in einem Buch über die Schlechtigkeit des Universums? Weil die Menschheit noch nie gut im Einschätzen langfristiger Risiken war und als Spezies eigentlich ziemlich faul ist. Wir erfinden und übernehmen neue Technologien erst dann, wenn bestehende Technologien entweder veralten oder problematisch werden. Solange irgendetwas für uns funktioniert, nutzen wir es aus bis zum Gehtnichtmehr. Aber ist das wirklich unsere Schuld? Diese Prozesse haben nicht wir erfunden, das Universum hat sie in Jahrmillionen der Evolution geschaffen. Wir haben nur ein paar davon übernommen und an unsere Bedürfnisse oder vielleicht auch an unsere Wünsche angepasst.

Kommen wir noch einmal auf den Alkohol zurück, genauer gesagt auf die Herstellung von Ethanol durch Fermentation. Fermentation oder Gärung ist im Grunde ein Prozess, bei dem Mikroben aus ihrer Nahrung Energie gewinnen, genau wie wir. Der Unterschied ist, dass wir Sauerstoff benötigen, um mithilfe der sogenannten Atmung Energie freizusetzen. Gärung geschieht dagegen ohne Sauerstoff. Nachdem wir aus der Nahrung Energie gewonnen haben, setzen wir Kohlendioxid und Wasser frei; nachdem die Mikroben ihre Energie gewonnen haben, setzen sie Kohlendioxid und Ethanol frei. Der Haken an der Sache ist, dass Ethanol für die meisten Lebewesen, auch für uns, sehr giftig ist.

Dass diese Mikroben durch Gärung Ethanol produzieren, bedeutet, dass sie sich langsam selbst umbringen. Stell dir vor, du bist in einem Raum eingeschlossen und hast nur Döner zu essen. Du weißt, dass du davon furzen wirst und dass sich die Fürze ansammeln werden, bis du daran erstickst, aber was wäre die Alternative? Den Döner mit Zwiebeln und viel Scharfpulver nicht zu essen? Nein, danke. Der Gärungsprozess reguliert sich im Grunde selbst: Sobald der Ethanolgehalt einen bestimmten Wert erreicht, sterben zu viele Mikroben ab und der Prozess kommt ins Stocken. Das ist so, wie wenn man nach zu viel

Chili sin Carne in Ohnmacht fällt – nur die Folgen sind ganz anders.

Fast jede Landesküche fermentiert irgendetwas, sei es Käse, Wein, Kimchi, Sojasoße, Brotteig oder selbst gebrannten Fusel aus der Garage – die Liste lässt sich beliebig fortsetzen. Die alkoholische Gärung hat in der Geschichte auch viele Leben gerettet, denn Wasser ist meistens tödlich (kein Witz – siehe Grund Nr. 23). Durch kontrollierte Gärungsprozesse konnten wir Wasser dubioser Herkunft von tödlichen Parasiten befreien und uns fortan hydrieren, ohne wie unsere Vorfahren mit jedem Schluck russisches Roulette zu spielen. Wo liegt also das Problem? Nun, als wir auf den Geschmack von Alkohol gekommen waren, merkten wir, dass er auch einige angenehme Nebenwirkungen hat (sowie einige weniger angenehme). Und obwohl wir inzwischen andere Methoden haben, um Millionen von Menschen mit Trinkwasser zu versorgen, greifen viele von ihnen gerne zu Prozentigem. Gärung in Massenproduktion hat zu Krankheit, Gewalt und Tod geführt. Haben wir schon erwähnt, dass es eine billionenschwere Branche ist?

Die Tatsache, dass wir biologische Prozesse in Masse produzieren und konsumieren, bringt uns langsam Ärger ein. Und damit meinen wir nicht den Ärger, den man bekommt, wenn man um drei Uhr nachts nach abgestandener Erdnuss und verschiedenen Cocktails stinkend ins Schlafzimmer stolpert und der schlafenden Liebsten auf den Hintern klatscht, um zu sehen, ob sie in Stimmung ist. (Ist sie nicht.) Indem wir die Biotechnologie in einem globalen, industriellen Ausmaß nutzen, verändern wir das natürliche Gleichgewicht zugunsten dieser Prozesse. Dadurch geraten wir in eine Sackgasse, in der wir nicht wenden können.

Wenn du schon mal beim Arzt warst, hast du womöglich Antibiotika bekommen. Antibiotische Wirkstoffe werden von Organismen gebildet, um das Wachstum von Bakterien zu hemmen, die sonst um die Nahrung konkurrieren würden. Diese Stoffe können chemisch nachgebaut werden, um Bakterien abzutöten, die beim Menschen Krankheiten verursachen. Man kann sie sich als eine Art Chemiekeule gegen Bakterien vorstellen. Klingt gut, oder? Aber dann taten wir das, was wir immer tun, und stellten immer mehr davon her, und immer mehr verschiedene Sorten. Wir stellten ein ganzes Menü von Antibiotika zusammen und fingen an, sie ans Vieh zu verfüttern und in Kautabletten mit Fruchtgeschmack zu stecken, die wie beliebte Zeichentrickfiguren geformt waren. Wir teilten sie aus wie Joints auf einem Snoop-Dogg-Konzert. Kurz gesagt, wir haben die Dinger jahrzehntelang regelrecht verprasst und sie sogar bei Krankheiten verschrieben, gegen die sie absolut keine Wirkung hatten.

Wie sich herausstellte, haben wir da richtig Scheiße gebaut. Die Bakterien, die wir abtöten wollten, entwickelten Abwehrkräfte gegen die Antibiotika und wurden resistent. Natürlich ist das Universum mit seinem ewigen Evolutionsfimmel dafür verantwortlich, dass die Keime immer raffinierter werden und sich schneller vermehren. Es gibt Bakterienstämme, die wir mit keinem einzigen verfügbaren Antibiotikum töten können. Man nennt sie oft bei ihrem Marvel-Namen – »Superbazillen«. Fast alle im Krankenhaus erworbenen Staphylokokken-Infekte sind resistent gegen Antibiotika – als ob man noch einen Grund bräuchte, Krankenhäuser zu meiden. Datensammlungen aus vierzig Jahren belegen, dass es bei jeder einzelnen feststellbaren Bakterienart eine Form von Antibiotikaresistenz gibt. Bei. Jeder. Einzelnen. So sehen Verlierer (wir) aus.

Kaum waren Antibiotika auf dem Markt, hat die Agrarindustrie sie vorbeugend an Nutztiere verabreicht, die gar nicht krank waren. Traditionell liebt die Agrarindustrie alles Biotechnologische, und warum auch nicht? Verfahren, die das Vieh hormonell beeinflussen, haben es uns ermöglicht, mehr Milch zu melken, mehr Fleisch zu mästen und größere Eier zu köpfen – kurz gesagt: mehr Menschen zu ernähren (und mehr Geld zu verdienen). Dank künstlicher Befruchtung und Klonung konnten wir effizienter nach Merkmalen selektieren, die den Wünschen der Verbraucher entsprechen, und unsere Herden und Ernten schneller vergrößern. Aber wie bei allem, was das Universum erschafft, gilt: Was zu schön ist, um wahr zu sein, ist es auch. All dieser Fortschritt hat seinen Tribut vom Planeten gefordert. Der Agrarsektor sorgt für etwa 30 Prozent der weltweiten Treibhausgasemissionen. Dazu ist die Landwirtschaft für die massive Verschmutzung unserer Gewässer mit Fäkalien und Düngemitteln verantwortlich, die zu Algenblüten und Fischsterben führen. Überraschung! Die immer raffiniertere Landwirtschaft hat eine ganze Reihe neuer Probleme geschaffen, die sich nur per Biotechnologie lösen lassen. Wie praktisch!

Nach dem neuesten Stand der Biotechnologie ist es möglich, einzelne Stellen der DNA zu manipulieren. Man hat es sogar geschafft, das Poliovirus von Grund auf neu zu konstruieren. Auf den ersten Blick erscheint das ungefähr so clever wie die Neueröffnung einer Videothek, aber es bedeutet, dass wir in nicht allzu ferner Zukunft ansteckende Krankheiten wie Kinderlähmung, die sonst Geißeln der Menschheit wären, einfach wegtüfteln könnten. Oder dass wir Erbkrankheiten behandeln könnten, die eigentlich im Genom eines Menschen festgeschrieben sind. Wir könnten neue Medikamente entwickeln, die bestimmte Bakterienstämme ins Visier nehmen und andere in Ruhe lassen, ohne dass wir uns Sorgen um die Entstehung von Resistenzen machen müssen. Wir könnten Nutzpflanzen anbauen und Nutztiere züchten, die weniger Emissionen verursachen, nahrhafter sind und die Umwelt schonen. Wir könnten auch Designer-Babys erzeugen, Armeen von Supersoldaten züchten oder neue und furchterregende Biowaffen entwickeln – die Möglichkeiten sind endlos! Aber was auch immer wir mit dieser Technologie anstellen, du kannst sicher sein: Das Universum wird dafür sorgen, dass sie uns in den Hintern beißt.

GRUND

Den Robotern sind wir nur im Weg

Stell dir vor, du wärst Büroklammer-Magnat – ein richtiges Schwergewicht in der Büroklammerbranche. Was würdest du als Büroklammer-Magnat machen? Na, alles Mögliche, zum Beispiel Politiker zum Frühstück einladen, Promi-Partys feiern, Vorstandssitzungen mit Kokain aufpeppen oder … Aber bevor du dich zu sehr freust, gibt es ein Problem: Die Büroklammerproduktion hat einen Engpass erreicht. Deine unterbezahlten Arbeiter kapieren nicht, dass deine Aktionäre reich werden wollen. Sie streiken und das Fließband steht still. Du kannst die Nachfrage nicht befriedigen, die du geschaffen hast, indem du durch Quengelei und Lobbyarbeit erreicht hast, dass in jedem Büro mindestens drei Büroklammern pro Quadratzentimeter gesetzlich vorgeschrieben sind.

Zu deinem Glück hast du einen jungen, ehrgeizigen Programmierer mit null Gewissen, der dein Geschäft retten kann. Er hat eine geniale Idee: Er programmiert den Roboter in deiner Fabrik so, dass er mit allen verfügbaren Ressourcen Büroklammern in Massenproduktion herstellt. Genial. Und wie geht das? Mit maschinellem Lernen. Man muss den Roboter gar nicht so programmieren, dass er eine Büroklammer herstellt. Man muss ihn nur so programmieren, dass er lernen kann, und ihm dann fertige Büroklammern zeigen. Anhand von genügend Beispielen lernt der Roboter, selbstständig Büroklammern zu bauen, und verwandelt das gesamte Rohmaterial in der Fabrik in nagelneue Büroklammern.

Aber noch bevor du die Anzahlung für die neue Superyacht hinlegst, gibt es ein Problem. Die Lernfähigkeit des Roboters war größer als erwartet … und er hat Zugang zu YouTube. Durch YouTube wird er sofort zum Querdenker und entdeckt, dass es außerhalb der Fabrik Rohstoffe gibt, die Menschen ihm vorenthalten. Der Roboter stellt fest, dass Menschen die Herstellung von Büroklammern verhindern, nur weil sie am Leben sind. Um die Produktion von Büroklammern zu maximieren, beschließt der Roboter, alle Menschen zu vernichten. Vielleicht verschont er die von uns, die er für den Herstellungsprozess gebrauchen kann. Der Roboter ist nun das, was man eine »Schurken-KI« nennt.

Okay, bevor du zu sehr mit den Augen rollst: Dieses dumme Beispiel ist nicht einmal unseres. Das sogenannte Büroklammer-Maximierungs-Problem wurde von einem Oxford-Philosophen namens Nick Bostrom erdacht. Bostrom ist Futurist – das bedeutet, dass er Trends von heute in eine imaginäre Zukunft extrapoliert und dabei nur so weit denkt, dass es sexy genug für einen TED-Talk klingt. Und weißt du, was sich für Obernerds wie Bostrom sexy anhört? »Superintelligenz«. Eigentlich ist der Begriff Superintelligenz schon ausgereizt – niemand hält mehr TED-Talks darüber. Aber jetzt gibt es etwas noch Sexyeres: die »Singularität«.

Die Singularität ist ein Zeitpunkt. Vielleicht ist er schon vorbei, und du liest dies, während deine Cyber-Sekte den Kometen anbetet, der 2061 die Erde zerstört hat (merk dir den Termin oder lies Grund Nr. 32). Aber gehen wir mal davon aus, dass die Singularität ein Punkt in der Zukunft ist – ein bestimmter Zeitpunkt, an dem eine intelligente Maschine oder ein intelligentes Programm einen Zyklus der Selbstoptimierung beginnt, der sich dem Zugriff seiner menschlichen Erfinder entzieht. Denk noch einmal (und nicht zum letzten Mal) an die Terminator-Filme – objektiv James Camerons beste Arbeit, der Gipfel des Steroidgebrauchs in Hollywood und die perfekte Allegorie auf den Fortschrittswahn. Aber auch wenn Killerroboter wahrscheinlich keine Androiden mit nacktem Oberkörper und knackigem Gluteus sind, lehren die Filme eines: Wann immer eine Spezies schlauer wird als eine andere, kümmert sie sich im Wettkampf um Ressourcen um ihr eigenes Überleben, und zwar durch Unterdrückung, Versklavung oder sogar Ausrottung. Falls du den Film nicht gesehen hast: Wir reden hier über die Ausrottung der Menschheit. Und falls du den Film gesehen hast: Nein, eine blonde Heldin rettet uns eher nicht.

Du denkst jetzt vielleicht: »Hollywood? Echt jetzt? Es gibt doch sicher verlässlichere Quellen für Zukunftsprognosen.« Stimmt. Aber auch wieder nicht. Menschen sind ziemlich schlecht im Treffen von Vorhersagen. Da ist Hollywood eine genauso gute Quelle wie jede andere. Aber wenn du schon nachfragst: Würdest du stattdessen auf Elon Musk, Bill Gates oder den verstorbenen Stephen Hawking hören? Denn sie alle haben sich öffentlich über die potenzielle Gefahr geäußert, die eine künstliche Intelligenz oder KI für die Menschheit darstellen könnte. Wenn die reichsten und klügsten Menschen der Welt sich Sorgen machen, dass sie bald zu den Ärmsten und Dümmsten gehören könnten, sollten wir vielleicht auf sie hören. Wenn man Milliardären nicht glauben kann, wem denn dann?

Um zu verstehen, woher die Angst vor einer Schurken-KI kommt, müssen wir ganz am Anfang beginnen – oder zumindest irgendwo in der Mitte. Alan Turing, ein britischer Mathematiker aus dem 20. Jahrhundert, der im Zweiten Weltkrieg dankenswerterweise den Enigma-Code der Deutschen knackte, gilt als der »Vater« der Informatik und der künstlichen Intelligenz. Leider sorgte die britische Regierung dafür, dass er kein buchstäblicher Vater von irgendjemandem werden konnte, indem sie ihn chemisch kastrieren ließ, weil er schwul war. Aber in diesem Buch geht es ja darum, das Universum zu hassen, nicht die Menschen – das wäre ein echt dicker Wälzer. Wenn es so etwas wie posthume Gerechtigkeit gibt, hat Turing sie in gewisser Weise erfahren. Denn immerhin wurde sein Leben mit Benedict Cumberbatch in der Hauptrolle verfilmt, was die höchste Ehre ist, die jemandem zuteilwerden kann.

Wie wird man also der »Vater« einer Forschungsdisziplin? Na, zunächst einmal muss man ein Mann sein. Das ist für die Hälfte von uns ganz einfach – sorry, Mädels! Als Nächstes muss man auf eine völlig neue Idee kommen, die die Art und Weise, wie alle über den Forschungsgegenstand denken, verändert. Leider dauert das oft mehrere Jahrzehnte und kann Rufmord und Kastration mit sich bringen. Die Autoren dieses Buches verzichten darum auf solche Ehren – wir sind ja schon durch unser Geschlecht geehrt. Aber Turing hat ein bekanntes Buch über künstliche Intelligenz geschrieben, also ist er ihr »Papa«.

Zu Beginn des 20. Jahrhunderts wurden Computer gerade erst erdacht. Turing entwickelte die Theorie hinter diesen Denkapparaten, indem er tiefgründige Fragen wie »Was kann überhaupt berechnet werden?« stellte und beantwortete. Da eine Berechnung im Grunde ein Rezept zum Lösen einer Rechenaufgabe ist, kann man das menschliche Gehirn in vielerlei Hinsicht als Rechner bezeichnen. (Vielleicht ist es auch nur ein Programm auf einem Rechner! Siehe Grund Nr. 39.) In der Tat war das schnelle Lösen von Rechenaufgaben früher der Job von Menschen, die

Computer, also »Rechner« genannt wurden. Eine Rechenaufgabe zu lösen, ist mit dem richtigen Rezept nicht so schwer, und moderne Computer sind darin viel besser als das menschliche Gehirn. Aber wie sieht es damit aus, das Rezept überhaupt erst einmal zu schreiben? Wenn ein denkendes Gehirn wie ein Computer sein kann, kann dann ein Computer wie ein Gehirn sein? Mit anderen Worten: Können Maschinen denken?

Um diese Frage zu beantworten, erdachte Turing einen Test, der heute Turing-Test genannt wird und den eine Maschine bestehen muss, bevor wir sie als intelligent bezeichnen. Der Test ist einfach: Eine Maschine muss einem Menschen vorgaukeln, dass sie (der Computer) auch ein Mensch ist. Viele Jahre lang schien dies hypothetisch. Heutzutage haben wir mit Chatbots und Sprachassistenten lauter Turing-Tests am Laufen. Wenn man bedenkt, wie oft sich Menschen dabei zu Dummheiten verleiten lassen, ist klar, dass ein anständiger Turing-Test nicht darin bestehen kann, dass ein durchschnittlicher Internetnutzer gegen einen Twitter-Bot antritt. Aber den Autoren dieses Buches kannst du vertrauen – nur einer von uns hat sich mal von Siri hinters Licht führen lassen.

Ob eine Maschine oder ein Programm den Turing-Test inzwischen bestanden hat, sei dahingestellt, aber man hat das Gefühl, dass die Roboter bereits gesiegt haben. Statt dass Roboter den Menschen weismachen, dass sie menschlich sind, müssen Menschen immer öfter den Robotern nachweisen, dass sie tatsächlich menschlich sind. Dieser »umgekehrte Turing-Test« nennt sich CAPTCHA (wahrscheinlich eine Abkürzung für irgendwas) und poppt immer dann auf, wenn du einer Website deine Menschlichkeit beweisen musst, indem du ihr auf einem unscharfen Foto alle Stellen zeigst, wo ein Schiff zu sehen ist. Die Unterwerfung durch die Maschinen wird wohl doch kein Science-Fiction-Thriller, eher eine Bürosatire. Hoffentlich spielt wenigstens der Cumberbatch mit ...

Wie sind wir bloß an diesen Punkt gekommen, wo immerhin Bots anderen Bots vorgaukeln, sie seien Menschen? Wie ein schwieriges Kind hat auch unser Bot-Nachwuchs einen holprigen Weg hinter sich: von der Microsoft-KI namens Tay, die nach nur 24 Stunden auf Twitter zum Rassisten wurde, bis hin zu dem Roboter, der sich im Fernseh-Interview scherzhaft einen Menschenzoo wünschte. Seit Ende der 1940er wird KI immer wieder als revolutionäre Technologie angepriesen. Aber der Hype ist jedes Mal schnell verblasst, wenn er ganz knapp vor der Übertrumpfung des Menschen an die Grenzen der bestehenden Rechnertechnik stieß. Weil die KI-Ingenieure ja nichts Besseres zu tun hatten, blieben sie am Ball. In den letzten Jahrzehnten des 20. Jahrhunderts hatten sie einen einzigen Meilenstein als Ziel: die Entwicklung einer Schach spielenden Maschine, die den besten menschlichen Spieler schlagen könnte (im Schach, nicht im Faustkampf).

Die frühen Schachprogramme aus den 1950er Jahren konnten zwar spielen, aber so schlecht, dass man nur die Schachregeln im Kopf und die Wandlungsfähigkeit von Benedict Cumberbatch haben musste, um dagegen wie ein Großmeister auszusehen. Jedes Jahrzehnt gab es neue Fortschritte und die Ankündigung, dass der Sieg über den Menschen kurz bevorstünde. Aber dann passierte es tatsächlich. Im Jahr 1997 besiegte ein IBM-Supercomputer namens Deep Blue den Schachweltmeister Garri Kasparow. Wie super war dieser Supercomputer? Tja, nach den Maßstäben von 1997 haben wir heute alle einen Supercomputer in der Tasche. Richtig – dein Smartphone könnte jeden Menschen im Schach schlagen. Deshalb weißt du wahrscheinlich auch gar nicht, wer Garri Kasparow ist.

Nachdem Schach abgehakt war, nahmen die KI-Programmierer Go ins Visier, ein altes chinesisches Brettspiel, das aussieht wie Dame auf Steroiden. Und zwanzig Jahre später schlug Googles Software AlphaGo den amtierenden Weltmeister. Seitdem haben KI-Systeme den Menschen bei allen möglichen Aufgaben besiegt. Tatsächlich wird dein Leben jetzt im Wesentlichen von KI-Systemen gesteuert. KI entscheidet, was du auf Social Media zu sehen bekommst, welche Netflix-Serie du als Nächstes suchten wirst, welchen Weg du zur Arbeit nimmst und anderen Kleinkram. Was ja ziemlich angenehm klingt. Besorgniserregender ist, dass eine KI auch deine politischen Vorlieben und sexuellen Neigungen kennt. Was manche immer noch angenehm finden mögen. Wie wäre es, wenn die KI entscheidet, ob du einen Baukredit bekommst oder ein Flugzeug besteigen darfst? Da wird es langsam unangenehm. Aber all das sind spezielle Programme, die nur für eine Sache gebaut wurden. Die große Frage bleibt also unbeantwortet: Kann eine einzige KI den Menschen in *allem* übertreffen?

Das ist ein schwieriges Problem. Aber als das Universum die Grenzen der Intelligenz festlegte, hatte es ganz sicher nicht Homo sapiens im Sinn. Wir haben zwar aus unserer Sicht die Messlatte beeindruckend hoch gelegt, aber kosmisch gesehen liegt sie verdammt niedrig. Die Roboter kommen. Die Frage ist nur: Willst du lieber ihr Futter sein oder ihr Haustier? Keine Angst, der will nur spielen.

TEIL III

DU BIST EIN HINFÄLLIGER HAUFEN FLEISCH

Kommt der Weltraum in diesem Buch überhaupt vor?

GRUND

Unsichtbare Strahlen grillen deine Gene

Der riesige Kernfusionsreaktor am Himmel, den wir Sonne nennen, ist die Quelle von (fast) aller Energie auf der Erde. Gewöhne dich aber nicht zu sehr an sie (siehe Grund Nr. 33). Sie liefert den Pflanzen die Energie, die sie brauchen, um aus Kohlenstoff, Wasserstoff und Sauerstoff Nährstoffe zusammenzusetzen – die wir und die anderen Tiere ihnen dann rauben. Die Sonne versorgt verschiedene Weltgegenden mit Wärme, sodass die Winde wehen, die Wellen schlagen und der Regen fällt. Die Energie der Sonne regt Gase in der Atmosphäre an und erzeugt so in Pol-Nähe atemberaubende Polarlichter, die uns verblüffen und erfreuen. Kurz gesagt: Die Sonne ist richtig großartig. Manchmal.

Nur ein sehr kleiner Teil der von der Sonne abgegebenen Strahlung ist für uns sichtbar und wird deshalb sinnigerweise als sichtbares Licht bezeichnet. Kein kreativer Name, aber er gibt zumindest einen Hinweis darauf, dass es auch unsichtbares Licht gibt. Diese unsichtbare Energie wird in vielerlei Formen produziert, darunter Radiowellen, Mikrowellen und Infrarotlicht (mit dem auch deine TV-Fernbedienung arbeitet). All diese Energieformen sind nichtionisierende Strahlung, das heißt: Sie sind für den Menschen im Wesentlichen harmlos. Tatsächlich nutzen wir sie jeden Tag, beispielsweise um Essen zu machen oder Unterhaltung aus dem Internet zu streamen. Offenbar gestattet uns das Universum hiermit, den Kanal zu wechseln, ohne den Arsch von der Couch heben zu müssen. Doch wie immer gibt es auch eine Kehrseite. Die Sonne produziert auch tückischere Arten von Strahlung, die sogenannte »ionisierende Strahlung«. Dazu gehören die ultraviolette Strahlung (auch UV-Strahlung genannt), die Röntgen- und die Gammastrahlung. Solche Strahlen machen uns kaputt – es sei denn, du liest zu viele Comics und glaubst, dass sie dich groß, grün und wütend machen und dir Filmrechte einbringen.

Ionisierende Strahlung enthält genug Energie, um Atome und Moleküle auseinanderzureißen und Ionen zu erzeugen. Ionen sind geladene Teilchen, die mit anderen Stoffen reagieren können und sie entweder vorübergehend oder dauerhaft verändern. Das Problem für uns ist, dass alles auf der Erde, vom Gestein bis zur Luft, von den Pflanzen bis zu den Tieren, aus chemischen Stoffen besteht. Wenn du genug ionisierende Strahlung abkriegst, bringt sie deine Gene durcheinander, sodass du womöglich grün, wütend oder auch tot bist. Ja, diese Art von Strahlung ist eine der Hauptursachen für Krebs. Schlimmer noch: Erwischt die Strahlung dich an der richtigen Stelle – also etwa, äh, an den Hoden oder Eierstöcken –, dann kann sie dein Erbgut verändern und auch noch deine Kinder und Enkel schädigen, bevor du sie überhaupt gezeugt hast.

Zum Glück lebst du auf dem Grund eines tiefen Gasozeans, den wir Atmosphäre nennen und der uns vor den schlimmsten Sonnenstrahlen schützt. Allerdings hat die Menschheit diese Schutzschicht so gründlich durchlöchert, dass man meinen könnte, wir hätten Spaß daran, uns Melanome wegschneiden zu lassen. Kleine Gedenkminute für die Menschen in Neuseeland und Australien, die unter dem dünnsten Teil der Schutzschicht wohnen und die höchsten Hautkrebsraten haben. Australische Krokodildompteure sieht man nie ohne LSF 50.

Je höher man in die Atmosphäre kommt, desto dünner wird die Schutzschicht und desto mehr ist man der ionisierenden Strahlung ausgesetzt. Wer in einem Verkehrsflugzeug fliegt, ist der zwanzigfachen Menge an ionisierender Strahlung ausgesetzt wie auf der Erdoberfläche. Das klingt gefährlich, ist aber immer noch verschwindend gering. Piloten müssten mehr als 20 000 Stunden in der Luft bleiben oder etwa 450 Mal die Erde umrunden, um die gleiche Strahlendosis abzukriegen wie ein Feuerwehrmann in Tschernobyl. Selbstverständlich liegt die Strahlenbelastung von Piloten weit unter dem Wert, der von der Internationalen Strahlenschutzkommission (ICRP) als gefährlich eingestuft wird. Eine Hauptaufgabe der ICRP ist es, die Strahlungsdosis festzulegen, oberhalb derer das Krebsrisiko signifikant ansteigt.

Denken wir an die Astronauten auf der Internationalen Raumstation, die in der vierzigfachen Flughöhe eines Linienfliegers rund sechs Monate am Stück verbringen. Die bei den Raumfahrern gemessene Strahlungsdosis ist zwanzigmal höher als der ICRP-Grenzwert. Aber diese Zahlen sollten mit der gleichen Vorsicht genossen werden wie Tequila. Strahlung ist nicht gleich Strahlung. Manche Strahlungsarten verursachen angenehme Wärme, andere bereiten dir die schlimmsten Kopfschmerzen deines Lebens – genau wie Tequila. NASA-Astronauten scheinen gut über den Strahlungskater hinwegzukommen. Womöglich deshalb, weil die NASA und andere Raumfahrtorganisationen sich der Risiken bewusst sind und die Zeit, die ein Astronaut im Weltraum bleiben darf, begrenzen. Aber wenn der Weltraumtourismus Fahrt aufnimmt, könnte es haarig werden für die fleißigen Besatzungen von galaktischen Kreuzfahrtschiffen.

Das Weltall ist nicht der einzige Ort, an dem es ionisierende Strahlung gibt. Auch manches irdische Gestein strahlt seine eigene Energie ab, und das vielleicht bekannteste ist Uran – nicht zu verwechseln mit Plutonium, welches den Fluxkompensator in zeitreisenden DeLoreans antreibt. Wie es bei vielen wissenschaftlichen Entdeckungen der Fall ist, wurde die Strahlung von Gesteinen durch Zufall entdeckt, genauer gesagt durch Henri Becquerel. Seitdem und vor allem seit Marie Curie viel zum Verständnis des Phänomens beitrug, wird Strahlung in Industrie und Medizin eifrig angewendet. Allerdings zahlten sowohl Becquerel als auch Curie einen hohen Preis für ihre Entdeckungen. Henri starb im Alter von nur fünfundzwanzig Jahren an Gesundheitsproblemen, die wahrscheinlich mit der Strahlenbelastung zusammenhingen, während Marie im Alter von sechsundsechzig Jahren an Leukämie erkrankte, die mit ziemlicher Sicherheit durch Strahlung verursacht wurde. Maries Kollege Pierre starb ebenfalls vorzeitig, und zwar an den Verletzungen, die er sich zuzog, als er von einem Scheißpferd zertrampelt wurde, was wahrscheinlich nichts mit der Strahlung zu tun hatte.

Wäre die Strahlungsforschung ein Shakespeare-Stück, wären seine Figuren bestimmt voller innerer Qualen. Der Vater der Atombombe, J. Robert Oppenheimer, starb mit zweiundsechzig Jahren an Kehlkopfkrebs. Rosalind Franklin entschlüsselte mithilfe von Röntgenstrahlen das Geheimnis der DNA, bevor sie im Alter von siebenunddreißig Jahren vorzeitig an Eierstockkrebs starb. Sabin Arnold von Sochocky, der eine radiumhaltige Leuchtfarbe erfand, starb mit fünfundvierzig Jahren an aplastischer Anämie. Interessanterweise liegt es wahrscheinlich an Sochockys Erfindung, dass wir Radioaktivität mit einem unheilvollen grünen Leuchten assoziieren, wie es oft in Filmen zu sehen ist. Dieselbe Erfindung tötete und verstümmelte in den 1920er

Jahren auch eine große Anzahl von Fabrikarbeiterinnen, die die Aufgabe hatten, Radiumfarbe auf Zifferblätter aufzutragen, und später als »Radium Girls« bekannt wurden. Erträglicher wäre die Geschichte, wenn man wirklich nicht gewusst hätte, dass das Ablecken von radioaktiven Pinselspitzen gefährlich sein könnte, aber wahr ist leider, dass man alle Warnzeichen einfach ignorierte.

Radiologen, die jeden Tag Dutzende von Untersuchungen mit ionisierender Strahlung durchführen, müssen ihr Risiko mit einer Reihe von Schutzmaßnahmen minimieren. Heutzutage sterben Radiologen nicht häufiger an Krebs oder strahlenbedingten Erkrankungen als die Normalbevölkerung, sie sterben wie wir alle an Überernährung und Bewegungsmangel. Vor 1950 erkrankten diese medizinischen Fachkräfte jedoch öfter an Leukämie und anderen Krebserkrankungen als andere – ironischerweise weil sie anderen halfen. Oder zumindest Gegenstände im Enddarm anderer finden halfen, nachdem diese Personen sich »draufgesetzt« hatten. Aber gewissermaßen hatten die Radiologen noch Glück. Nicht nur, weil sie von einem Mann mittleren Alters erklärt bekommen, warum in dessen Hintern zwei Äpfel feststecken (wahre Geschichte), sondern auch, weil sie zu den Ersten gehörten, die einer so hohen Strahlenbelastung ausgesetzt waren, und sich darum frühzeitig durch Personalschulung und verbesserte Arbeitsabläufe in Sicherheit brachten. Das gilt nicht für andere Berufe, bei denen die hohe Strahlenbelastung oft übersehen wurde.

Selbst als in den 1970ern Arbeitsplatzsicherheit und Gesundheitsschutz immer ernster genommen wurden, erkrankten und starben Bergleute häufig aufgrund der Arbeit mit radioaktiven Erzen. Auch die Anwohner, die in der Nähe solcher Bergbaubetriebe lebten, waren dem Staub und den radioaktiven Schlacken ausgesetzt, die in offenen Becken lagerten, in denen angeblich die gefährlichen Substanzen abgeschieden werden sollten. Das Problem war, dass der todbringende Schlamm regelmäßig in die Trinkwasserversorgung austrat ... technisch nicht gerade optimal. Man sollte meinen, das Problem wäre inzwischen gelöst, aber nein: In manchen Gegenden sind auch nach Jahrzehnten noch immer die Auswirkungen von schlecht gemanagten radioaktiven Leckagen messbar. Die Bergbauindustrie ist ein strahlendes Beispiel für das Unvermögen, Menschenleben vor Profit zu stellen.

Aber was ist denn mit denen, die in Kernkraftwerken arbeiten? Anders, als man glauben mag, ist das Gegenteil der Fall: Die Verstrahlung in Kernkraftwerken ist niedriger als bei den allermeisten Berufen mit regelmäßiger Strahlenbelastung – sogar niedriger als bei Piloten! Es sei denn, das Kraftwerk, in dem man arbeitet, liegt auf einer etwa drei Meilen langen Insel und ist außerdem etwa drei Meilen vom Flughafen Harrisburg und drei Meilen von Middletown, Pennsylvania, entfernt. Der Name des Kraftwerks ist uns momentan entfallen.

Wo also leben heute die radioaktivsten Menschen der Welt? Sind es die ehemaligen Einwohner von Pripjat, der Stadt neben Tschernobyl? Oder etwa die wenigen Überlebenden der Bombenabwürfe auf Nagasaki und Hiroshima? Oder vielleicht die Bewohner von Fukushima, dessen Kernkraftwerk von einem Erdbeben und einem Tsunami getroffen wurde und eine Kernschmelze erlitt? Alle diese Gruppen wären als Antwort falsch und kommen nicht einmal annähernd an die Strahlenbelastung heran, die die am stärksten radioaktiv belasteten Menschen der Welt wegstecken müssen: die Raucherinnen und Raucher. Es ist erwiesen, dass durch das Rauchen von 30 Zigaretten am Tag die Lunge tausendmal stärker verstrahlt wird als das Laub der Bäume direkt neben dem Kernkraftwerk Tschernobyl. Lass das mal auf dich einwirken: Die Pflanzen und Tiere im direkten Umfeld der (bisher) größten nuklearen Katastrophe am immer noch verstrahltesten Ort des Planeten sind weniger radioaktiv als dein kettenrauchender Onkel. Schön wär's, wenn man durch das Rauchen im Dunkeln leuchten würde, anstatt Lungenkrebs zu bekommen.

Die Quintessenz aus all dem ist: Egal, wo du dich im Universum befindest, dich durchschießt eine unsichtbare Energie, die dich zerreißen möchte. Du kannst ihr unmöglich entkommen … und womöglich bist du nach ihr süchtig.

GRUND

Schlechte Sachen schmecken gut

Sehr vereinfacht ausgedrückt sind wir und alles Leben auf der Erde im Grunde nur Säcke voller Chemie. Manche sind groß, manche klein, aber alle sind nach Regeln geformt, die das Universum festgelegt hat. Mensch zu sein, bedeutet, dass wir unsere Tage hier auf Erden als ein Sack voller Chemikalien verbringen, der andere Chemikalien in sich aufnimmt, um in Ordnung zu bleiben und nicht in Unordnung (Tod) zu geraten. Manche Chemikalien sind gut für unseren Sack, andere sind schlecht; von manchen Chemikalien brauchen wir mehr, von anderen weniger. In letzter Zeit sind wir so gut darin geworden, Chemikalien zu konsumieren, dass unser eigener Chemiesack damit überfordert ist, aber wir konsumieren sie trotzdem weiter. Die Frage ist: Haben wir in dieser Angelegenheit eine Wahl? Und warum kribbelt mein linker Arm?

Weißt du noch, als du mit offenem Hosenknopf auf der Couch saßest und dich über eine erbärmliche Figur in deiner Lieblingsserie lustig gemacht hast, während du dir Chips in die Fresse gestopft hast? Jetzt stell dir vor, dass deine Lieblingsserie plötzlich von einer Eilmeldung unterbrochen wird:

Wir unterbrechen diese Sendung für eine Eilmeldung: Die Wissenschaft hat eine Heilmethode erfunden, die Krebs heilen kann. Die Weltgesundheitsorganisation schätzt, dass dadurch ganze zehn Millionen Menschenleben pro Jahr gerettet werden können. Wir hören nun die Meinung unserer Korrespondentin, die keine medizinische Ausbildung hat und nur noch sieben Monate vom Journalismusdiplom entfernt ist. Ich übergebe an Amanda ...

Wenn das in echt passieren würde, würdest du staunen. Nicht über Amanda – sie hat den Job über ihren Onkel bekommen, der in der Verwaltung des Senders sitzt –, sondern über die Tatsache, dass zehn Millionen Menschen vor einer qualvollen und verheerenden Krankheit bewahrt werden könnten. Leider ist Krebs so komplex und vielfältig, dass er nicht durch nur einen Therapieansatz heilbar wäre. Tatsache ist jedoch, dass wir über das Wissen verfügen, um zehn Millionen Todesfälle pro Jahr zu verhindern. Die schlechte Nachricht ist allerdings, dass du dazu wahrscheinlich die Chips weglegen, den Hintern von der Couch heben und eine Runde um den Block joggen oder watscheln müsstest.

Falls du es noch nicht erraten hast: Wir sprechen von Herz-Kreislauf-Erkrankungen. Laut einer Studie von 2019 gingen allein im Jahr 2017 weltweit über elf Millionen Todesfälle auf schlechte Ernährung zurück. Etwa zehn Millionen davon entfielen auf Herz-Kreislauf-Erkrankungen, etwa neunhunderttausend auf Krebs und etwa dreihunderttausend auf Typ-II-Diabetes.

Eine der frühesten Erwähnungen von koronarer Herzkrankheit – einer Art von Herz-Kreislauf-Erkrankung, bei der der Blutfluss durch Arterienverkalkung behindert wird – stammt von Leonardo da Vinci, der das Herz eines verstorbenen Hundertjährigen seziert hat. Erstaunlicherweise wurde seine Arbeit erst zweihundertfünfzig Jahre nach seinem Tod veröffentlicht. Zu diesem Zeitpunkt war unser Wissen längst über da Vincis Erkenntnisstand hinausgewachsen, aber man muss sich fragen, ob seine Informationen unseren Lernprozess hätten beschleunigen können.

Den Zusammenhang zwischen koronarer Herzkrankheit und schlechter Ernährung stellte als Erster der amerikanische Arzt Dr. Ancel Keys mit seiner sogenannten Sieben-Länder-Studie her. Diese nicht unumstrittene Studie verglich Ernährungs- und Gesundheitsdaten von Menschen in mindestens sechs Ländern in unterschiedlichen Weltgegenden. Auf der Grundlage der beobachteten italienischen und griechischen Essgewohnheiten entwickelten Dr. Keys und seine Partnerin Margaret Keys in den 1950er Jahren das, was wir heute als mediterrane Ernährung oder »Mittelmeerdiät« kennen. Interessanterweise war diese Ernährungsweise vor allem aus Geldknappheit entstanden, wegen der man weniger Rindfleisch aß und Salz durch Kräuter und Gewürze ersetzte. Diese Ernährungsweise wird – wie viele andere ausgewogene Ernährungsweisen auch – mit niedrigem Blutdruck und Cholesterinspiegel in Verbindung gebracht … Ach, und wenn du glaubst, dass wir uns jetzt auf das dünne Eis der Frage nach der richtigen Ernährung begeben? Auf. Keinen. Fall.

Wir alle haben den Warnruf gehört. Warum sind wir immer noch nicht bereit, etwas so Vermeidbares wie Herzerkrankung auch tatsächlich zu vermeiden? So wie damals, als wir mit dem Trinken aufgehört haben, weil der Arzt gesagt hat: »Wenn Sie zu viel trinken, kriegen Sie viel eher Krebs«? Ja, stimmt, da haben wir auch nicht aufgehört.

Einleuchtenderweise spielt der Geschmack eine wichtige Rolle dabei, was wir essen sollten (und was nicht). Nach herkömmlicher Auffassung haben wir fünf verschiedene Geschmacksqualitäten: salzig, süß, umami, bitter und sauer. Salzig, süß und umami sind appetitanregend und zeigen an, dass das Essen nährstoffreich ist. Wenn etwas zu bitter und/oder sauer ist, kann das ein Hinweis darauf sein, dass das Essen möglicherweise schädlich ist und gemieden werden sollte. Die Geschmacksrezeptoren befinden sich überall im Mund, vor allem auf der Zunge. Die Forschung hat aber auch spezielle Geschmacksrezeptoren an den Hoden entdeckt, die zum Glück nicht die gleichen Hirnregionen ansprechen wie die im Mund.

Kürzlich hat man festgestellt, dass der Mensch tatsächlich sechs Geschmacksqualitäten erkennt – eine mehr als bisher angenommen. Welcher ist unser sechster Sinn? Ja, richtig erraten: fettig. Dank des technischen Fortschritts und vermehrter Forschung auf diesem Gebiet weiß man jetzt auch, warum wir das bisher nicht bemerkt haben. Aber anders als der Plottwist am Ende von »The Sixth Sense«, als herauskommt, dass Bruce Willis die ganze Zeit tot war, ist der Geschmack von Fett viel subtiler, was erklären würde, warum seine Bedeutung so schwer zu erkennen war.

Fette sind ein wesentlicher Bestandteil unserer Ernährung und werden es auch immer bleiben. Diejenigen unserer Urahnen, die mehr fettreiche Nahrung zu sich nehmen konnten, hatten eine höhere Überlebenswahrscheinlichkeit als die, die das nicht konnten. Fett war ein evolutionärer Vorteil in einer Zeit, als statt Tinder und Grindr Sammeln und Jagen angesagt waren. Heute dagegen haben wir Fett im Überfluss und genau wie beim Saufen gibt es dabei eine Schwelle, hinter der es kein Zurück mehr gibt. Diese Schwelle überschreitet man mit dem folgenden Gedankengang: »Das fühlt sich herrlich an – ich nehm noch einen, dann geht es mir bestimmt noch besser!« Am Ende ist man verheult, hat die Hose voll und wird von irgendjemandem an den Haaren über die Kloschüssel gehalten. Und genau wie man ein paar Stunden vorher wirklich nichts für diese heftige Trennungsszene konnte, kann man womöglich auch nichts für die eigene Unfähigkeit, Fett zu verstoffwechseln. Dass man keine Diät durchhält, wurde vielleicht schon vor Millionen von Jahren entschieden.

Lange Zeit bezweifelte die Wissenschaft, dass wir Fett schmecken können. Forschungen haben jedoch ergeben, dass uns dieses Talent tatsächlich zu eigen ist, wenn auch geringfügig. Das verantwortliche Gen – CD36 – wurde auch schnell identifiziert. Es wird angenommen, dass Varianten dieses Gens uns mehr oder weniger empfänglich für den Geschmack von Fett machen. Man könnte meinen, eine geringere Sensibilität für Fettgeschmack sei von Vorteil, aber das stimmt nicht. Es scheint, dass Menschen, die weniger auf den Geschmack von Fett reagieren, eher mehr davon wollen. An der Penn State University hat man nachgewiesen, dass Menschen mit der CD36-Variante, die weniger Fett schmecken lässt, eher Nahrungsmittel mit höherem Fettgehalt bevorzugen und somit ein höheres Risiko für Fettleibigkeit haben.

Wie pervers vom Universum, uns so zu programmieren, dass uns Völlerei Wohlbefinden und Befriedigung verschafft, und damit den Tod so vieler Menschen in Kauf zu nehmen. Wie grausam vom Universum, dass es uns die nötige Intelligenz verlieh, um Nahrung anzubauen, zu verstehen und durch Wissenschaft und Technik zu optimieren, und uns dennoch dafür bestraft, dass wir beim Essen Instinkten folgen, die es uns über Millionen von Jahren eingeimpft hat.

Der technische Fortschritt hat unserer Gesellschaft ein noch nie da gewesenes Angebot an nährstoffreichem Essen (falls man es sich leisten kann) und wirksamen medizinischen Verfahren (falls man versichert ist) verschafft. Trotzdem ist schlechte Ernährung für etwa jeden fünften Todesfall weltweit verantwortlich. Andererseits ist ein früher Tod vielleicht doch besser als Brokkoli und Quinoa.

GRUND

In dir plant eine Armee eine Meuterei

In deinem Körper steht gerade eine Armee bereit. Aber die Armee sieht nicht so aus wie eine echte Armee, eher wie eine aus einem Fantasy-Roman. Eher wie aus »Herr der Ringe«, mit Monstern und riesigen Olifanten, die neben Orks und Zauberern kämpfen, eine absurde Mischung aus verschiedenen Wesen, die den Befehl haben, jeden Eindringling, der deine äußere Verteidigungslinie durchbricht, schnell und gnadenlos niederzumetzeln. Dabei müssen sie sich nicht an die Genfer Konvention halten – so was Zivilisiertes können wir vom Universum nicht erwarten. Die Armee setzt chemische und biologische Waffen ein und schert sich nicht um die Kollateralschäden, die ihre Einsätze verursachen. Ja, deine innere Landesverteidigung ist im Grunde eine Schar von zellulären Psychopathen, Kriegsverbrechern und Meuchelmördern. Zum Glück kämpfen sie alle für das Gute, also für dich. Oder? Wenn dies nicht das erste Kapitel ist, das du liest, wirst du wissen, dass dieses Buch so nicht funktioniert.

Jede Zelle in deinem Körper trägt eine Art Kennzeichen, das nur in dir vorkommt. Es ist so, als trüge jede Zelle so ein Namensschild mit »Hallo, ich heiße ____« und dem gleichen Namen in der gleichen Handschrift. Sogar Zellen, die nicht von deinem Körper selbst stammen, wie die Bakterien im Darm, bekommen ein Namensschild, aber vielleicht ist der Name anders und die Handschrift die gleiche, oder der Name ist derselbe und ... Vergiss es, wir verheddern uns in dieser Metapher. Du musst nur wissen, dass alle Zellen, die im Körper willkommen sind, ein Etikett haben, damit sie von den Irren, aus denen dein Immunsystem besteht, nicht angegriffen werden. Normalerweise.

Die Zellen deines Immunsystems durchlaufen eine Art Training, aber das ist nicht so wie die paar Videos über Arbeitsplatzsicherheit und Gesundheitsschutz, die du dir irgendwann mal ansehen musstest. Es ist eher wie ein Bootcamp. Und auch da werden die schwächeren Rekruten nicht etwa jeden Morgen beschimpft und angespuckt, sondern einfach entsorgt. Es ist heftig. Unter anderem werden sie darin ausgebildet, wie man die Etiketten der Zellen liest, aber es gibt noch viel mehr zu lernen. Die meisten Zellen, die die Ausbildung beginnen, beenden sie nicht und werden beim ersten Anzeichen von Untauglichkeit zerstört. Wenn Bildungseinrichtungen so vorgehen würden, wären die Durchfallquoten wohl viel niedriger, aber auch die Einschreibezahlen. Wen wundert's, dass die Absolventen des Immunsystem-Trainingsprogramms allesamt Sadisten sind? Schließlich mussten sie mit ansehen, wie viele ihrer Kameraden buchstäblich in Stücke gerissen wurden, weil sie eine Beschriftung falsch gelesen hatten.

Die meisten der Absolventen sind Neutrophile, die 70 Prozent der weißen Blutkörperchen ausmachen. Neutrophile sind in deiner Armee so etwas wie die Allzweck-Soldaten, aber anstatt taktisch geschickt vorzugehen, verhalten sie sich eher wie Zwölfjährige, die zum ersten Mal »Call of Duty« spielen. Sie drehen durch, schmeißen in der Blutbahn mit Chemikalien um sich, jagen den Bösewichten hinterher und ballern zelluläre Geschosse in alle Richtungen, als gäbe es kein Morgen. Das führt dazu, dass Flüssigkeit aus den Blutgefäßen austritt, die Körpertemperatur in die Höhe geht und der Blutfluss steigt. Das hört sich zwar schlimm an, hilft aber bei der Bekämpfung von Infekten, da Gerinnungsstoffe und andere Immunzellen in die Kampfzone fluten und potenzielle Krankheitserreger angreifen. Diese Taktik wird als Entzündung bezeichnet und ist kurzfristig hilfreich. Eine anhaltende Entzündung kann allerdings den eigenen Körperzellen irreparablen Schaden zufügen und den Körper wirklich schlauchen, was du wahrscheinlich schon aus zahlreichen Werbespots für Medikamente weißt, deren Nebenwirkungen uns selbst das Universum nicht zumuten würde.

Eine weitere Art von Soldaten sind die Makrophagen, und die sind brutal. Sie sind größer als Neutrophile und haben die Aufgabe, Eindringlinge buchstäblich aufzufressen. Sie jagen ihre Beute wie ein Wolf im Körper eines Elefanten, bis sie ihr nahe genug kommen, um sie mit ihrem Rüssel zu packen. Dann verschlingen sie sie und zerfleischen sie mit ihren scharfen Enzymen, ähnlich wie der Blob aus dem Horrorfilm von 1958. Gruselig ist auch, dass der Makrophage Teile seines zersetzten Opfers wie Trophäen herumträgt und vor seinen Freunden in den Spezialeinheiten des Immunsystems damit angibt.

Diese Spezialeinheiten sind die sogenannten Lymphozyten und vielleicht hast du schon von ihnen als B- und T-Zellen gehört. Lymphozyten sind keine durchgedrehten Amokläufer wie die Neutrophilen und Makrophagen, sondern eher Serienkiller oder Meuchelmörder, die ein bestimmtes Ziel ins Visier nehmen. Dieses Ziel bestimmen sie anhand der Trophäe eines Makrophagen. Die Angeberei des Makrophagen löst also eine derart brutale Mordserie aus, dass Quentin Tarantino erröten würde.

Wie ein Hai, der Blut im Wasser wittert, fahnden die Lymphozyten nach allem, was sich auch nur ein bisschen wie die Trophäe des Makrophagen anfühlt. Versteckt sich ein Virus in einer Nervenzelle, reißen die Killer-T-Zellen (ja, das ist ihr wissenschaftlicher Name) sie einfach in Stücke. Ein kleines Stück bakterielles Protein, das in der Blutbahn herumschwimmt? Die B-Zellen umhüllen es komplett mit Antikörpern. Der von den Lymphozyten angerichtete Völkermord hinterlässt keine Spuren, nur ein paar B- und T-Zellen bleiben zurück, um Alarm zu schlagen, falls der markierte Feind zurückkehrt – und wenn er das tut, wird eine noch größere und aggressivere Reaktion gestartet. Unbarmherzig.

Das klingt alles, als wären diese Zellen auf deiner Seite. Als hätten sie es nur auf die Bösen abgesehen – auf Bakterien und Viren, die bekanntermaßen viel Schaden anrichten können. Nun, theoretisch stimmt das. Aber wir sollten unsere kleinen Abwehrkämpfer nicht vorschnell loben. Selten (aber auch gar nicht so selten) schlüpfen Zellen durch das strenge Auswahlverfahren der Grundausbildung und vergessen, wer der wahre Feind ist. Diese abtrünnigen Zellen beginnen dann, den eigenen Körper anzugreifen. Es ist fast so, als ob das Universum zu viele Baller-Filme gesehen hat und sich Action wünscht, wo es keine geben sollte. Jedenfalls hetzt es unsere eigene Armee gegen uns auf.

Wir dürfen nicht aus den Augen verlieren, wozu das Universum diese Zellen geschaffen hat. Sie dienen nur einem einzigen Zweck – dem Töten. Und nach Jahrmillionen der Evolution, die selbst ein barbarischer Prozess ist, sind diese Zellen sehr, sehr gut darin. Wie Soldaten töten diese Zellen am liebsten im Team, was sie sehr effizient macht. Wenn also irgendwo im Körper die Namensschilder oder Etiketten entweder abfallen oder nicht richtig gelesen werden, ist das eine Leidenserfahrung ohne Heilmöglichkeit. Es ist, als ob der eigene Körper einen Staatsstreich durchmacht, bei dem die Putschisten immer neue Aufstände anzetteln. Die Betroffenen dieser sogenannten Autoimmunerkrankungen haben oft nur die Möglichkeit, einzelne Symptome mit Medikamenten vorübergehend zu lindern.

Glaubt man Wissenschaftlern mit sehr vertrauenerweckenden Laborkitteln, gibt es etwa 81 verschiedene Autoimmunerkrankungen. Die meisten davon sind extrem selten und deshalb für unsereins echt schwer per Google zu diagnostizieren. Aber insgesamt leiden etwa 5 Prozent der Bevölkerung an mindestens einer dieser Krankheiten. Bei den meisten dieser Krankheiten treten die ersten Symptome nach dem 40. Lebensjahr auf, was beweist, dass das Universum Altersdiskriminierung betreibt. Außerdem sind überproportional viele Frauen betroffen, was beweist, dass das Universum auch sexistisch ist. Und bestimmte Autoimmunkrankheiten treten bei farbigen Menschen häufiger auf als bei Menschen europäischer Abstammung, was beweist, dass das Universum rassistisch ist. Gut, dass es keinen Podcast hat.

Auch die Autoimmunkrankheiten werden immer häufiger, aber zum Zeitpunkt der Niederschrift gibt es dafür keine zufriedenstellende Erklärung. Es gibt einige konkurrierende Hypothesen, die womöglich auch in Kombination zutreffen, aber das ist ein schwacher Trost für die Millionen von Menschen mit Typ-1-Diabetes, Multipler Sklerose, Arthritis, Lupus, Morbus Crohn, Vaskulitis, Zöliakie, Schuppenflechte, Morbus Addison, Morbus Basedow, chronisch entzündlichen Darmerkrankungen, Sklerodermie, aplastischer Anämie oder ... na, du weißt wohl die Richtung. Unser Immunsystem kann sich auf unheimlich viele verschiedene Arten gegen uns wenden und einen Teil oder gleich viele Teile des Körpers angreifen. Morbus Crohn zum Beispiel kann sich irgendwo im Verdauungssystem manifestieren, also überall zwischen Mund und Anus. Müsstest du entscheiden, wo er auftauchen soll, wäre das wie »Sophies Entscheidung« (Film aus dem Jahr 1982), nur im Magen-Darm-Trakt.

Warum ist etwas Effizientes und Raffiniertes wie unser Immunsystem anfällig für eine so blöde und lebensgefährliche Macke? Offensichtlich ist da ein Fehler im Programm, aber welcher Entwickler schreibt eine Programmzeile, die genau das Gegenteil von dem bewirkt, was sie soll? Das hier ist nicht dein erstes Kapitel, oder? Du weißt genau, wer oder besser gesagt was immer wieder solche Klopper bringt: das Scheiß-Universum. Es macht Millionen von menschlichen Körpern zum Schauplatz von Thrillern und Horrorfilmen, die sich um innere Konflikte und seelische Ausnahmezustände drehen, während es bei einer Schüssel Popcorn über die Szene lacht, in der du ein Stückchen Käse gegessen hast und dir unkontrolliert in die Hose scheißt.

GRUND

Du bist ein alternder Mutant

Unsere Gene bestimmen vieles in unserem Leben, teils Sichtbares wie Haar-, Haut- und Augenfarbe, teils Unsichtbares wie zum Beispiel die Art und Weise, wie die inneren Organe funktionieren und wie der Körper bestimmte Chemikalien abbaut. Die Genetik spielt sogar bei unserer Persönlichkeit eine Rolle. Wer weiß, vielleicht lässt dein Chef eines Tages die Aussage »Sorry, ich hab keinen Bock auf den Scheiß« als Ausrede gelten. Und vielleicht wird dir dann nicht das Gehalt gekürzt, sondern du musst zum Gendoktor und bekommst dort ein Attest, das du bei der Arbeit vorlegen kannst und auf dem steht: »Hiermit ist Sandras Bemerkung, Sie könnten sich Ihren Bericht in den Arsch schieben, entschuldigt, denn sie hat die Gene 5-Htr2C und 5-Htr3B.«

Unsere Gene verraten uns nicht nur etwas über unser Leben, sondern auch über unseren Tod! Kurz gesagt, in unseren Genen steht geschrieben, woran wir höchstwahrscheinlich sterben werden. Das kann eine Krebs-, Sucht- oder Erberkrankung sein, die nur auf uns lauert. All diese Informationen sind im Kern jeder Zelle in einem biologischen Code gespeichert, den du bestimmt schon aus »Jurassic Park« kennst: der DNA (oder DNS wie Desoxyribonukleinsäure für Schlaumeier). Aber erst Anfang des 20. Jahrhunderts kam die Wissenschaft dahinter, dass du wegen der DNA die Nase deines Vaters hast. Daraufhin fragten sich alle, was man mit dieser Information anfangen könnte. Aber laut Dr. Ian Malcolm aus »Jurassic Park« fragten sich nicht genug Leute, was man damit machen sollte. Zum Beispiel einen zwei Meter großen Velociraptor.

James Watson und Francis Crick bekamen den Nobelpreis dafür, dass sie »anhand« oder »mithilfe«, keinesfalls aber »dank« eines Röntgenbilds von Rosalind Franklin das Geheimnis um die Struktur der DNA lüfteten. Aber Schwamm drüber, das war in den 1950ern, da war es völlig in Ordnung, die Forschungsergebnisse von Weibern zu stehlen. Die DNA hat die Form einer verzwirbelten Leiter und besteht aus nur vier verschiedenen Arten von Nukleobasen, die auch als Basenpaare bezeichnet werden und die Sprossen der Leiter bilden. Sie können sich nur auf eine bestimmte Weise paaren – Guanin mit Cytosin und Adenin mit Thymin. Die Sprossen der Leiter bestehen aus sich wiederholenden Zucker-Phosphat-Einheiten. Passt du auch gut auf? Nachher gibt es einen Test.

Okay, gut. Wenn man all das zusammensetzt, ergibt es eine Form, die man als Doppelhelix bezeichnet. Dass in nur vier Nukleobasen die Anweisungen stecken, nach denen du und jedes andere Lebewesen auf der Erde konstruiert sind, ist schon ernüchternd. Dabei gibt es noch eine fünfte Nukleobase namens Uracil. Sie ist so etwas wie das dritte Mitglied der Apollo-11-Mission – du weißt schon, nicht Buzz, nicht Neil, sondern der andere. Uracil ist auch so ein Fall. Es ist extrem wichtig und macht den Körper zu dem, was er ist – aber nicht so wichtig, dass man es jedes Mal erwähnen muss, wenn man über die DNA redet. Übrigens, der Typ hieß Michael Collins.

Schon kleine Veränderungen in der Abfolge der Basen können dramatische Unterschiede im Körperbau und in der Körperfunktion bewirken. So führt zum Beispiel eine Abweichung in einem einzigen Nukleotid (einem Grundbaustein der DNA) zu Sichelzellenanämie. Sichelzellenanämie ist eine Erbkrankheit, bei der die roten Blutkörperchen missgebildet sind und eine sichelähnliche Form annehmen – daher der Name. Das liegt daran, dass das Molekül Hämoglobin, das im Blut den Sauerstoff transportiert, verklumpt und statt der üblichen Kugelform starre Stäbchen bildet. Bei Menschen mit dieser Anomalie wird der Sauerstoff nicht richtig durch den Körper transportiert, und die Blutgefäße verstopfen eher. Diese Verstopfungen können dann die Blutversorgung des Gehirns und des Herzens beeinträchtigen ... Eigentlich wollen wir damit nur zeigen, dass eine winzige Veränderung in der DNA zu Herz- und Gehirnschäden führen kann. Und wenn wir eines aus »Zauberer von Oz« gelernt haben, dann, dass man ohne Herz oder ohne Hirn ganz gut klarkommt, aber definitiv nicht, wenn beides fehlt.

Es gibt über dreißig Milliarden Basenpaarungen in deiner DNA. Sie bilden lange, nudelartige Stränge, die Chromatin genannt werden und sich zu sechsundvierzig Chromosomen zusammenschließen – dreiundzwanzig von jedem biologischen Elternteil. Die gute Nachricht ist, dass die meisten auftretenden Mutationen keine spürbaren Auswirkungen auf den Körper haben. Wie sollten sie auch? Wir kennen den Sinn der meisten dieser Basenpaare nicht. Wir wissen allerdings, dass die Anzahl der Chromosomen keinen Einfluss auf die Komplexität der Lebensform hat. Eine Fruchtfliege hat acht Chromosomen, eine Pistazie dagegen dreißig, und es gibt eine Farnart mit tausendvierhundert. Selbst die schlichte Kartoffel hat zwei Chromosomen mehr als du.

Schimpansen, Gorillas, Orang-Utans und alle Menschenaffen haben achtundvierzig Chromosomen, zwei mehr als der Mensch. Die Wissenschaft hat jedoch beim Vergleich der Struktur unserer

DNA mit der unserer nächsten Verwandten etwas Interessantes entdeckt: Vor ein paar Millionen Jahren, bevor der Mensch in seiner heutigen Form entstand, geschah etwas mit einem gemeinsamen Vorfahren von uns. Dieser Vorfall war so bedeutsam, dass er die Zukunft unseres Planeten verändern sollte. Man könnte sogar behaupten, dass dieses Ereignis der Katalysator für ein völlig neues Erdzeitalter war, ähnlich wie der Asteroideneinschlag, der die Dinosaurier fast restlos auslöschte. Zwei der Chromosomen unseres Vorfahren verschmolzen miteinander und ein mutierter Affe wurde geboren. Normalerweise wächst und entwickelt sich ein Mutant nicht und stirbt noch im Mutterleib, aber dieser nicht. Er überlebte und wurde unser Urahn. Diese unwahrscheinliche Überlebensgeschichte ist der Grund dafür, warum unsere Schimpansen-Cousins ein Chromosomenpaar mehr haben als wir und warum Bücher mit Survivaltipps und Superheldenfilme mit Mutanten so beliebt sind ... vermuten wir.

Dieses fusionierte Chromosom steckt auch heute noch in uns allen. Woher wir das wissen? Natürlich wegen der Wissenschaft. Die Wissenschaft hat uns die Struktur der Chromosomen bis ins kleinste Detail entschlüsselt. Da unsere Chromosomen leider nicht beschriftet waren, haben wir uns ein ausgeklügeltes Benennungssystem ausgedacht: Chromosom 1, Kevin, Chromosom 3, Chromosom 4 ... Stopp! Ich wollte nur prüfen, ob du noch aufpasst. Es gibt kein Chromosom namens Kevin. Aber tatsächlich ist unser zweites Chromosom ein bisschen anders als die anderen. Die meisten Chromosomen haben an ihren Enden sich wiederholende DNA-Sequenzen, sogenannte Telomere, aber Kevin hat Telomere mittendrin.

Telomere sind wie Schutzkappen an den Enden unserer Chromosomen. Sie sind so etwas wie die kleinen Plastikhüllen am Ende von Schnürsenkeln. Metallene Schnürsenkel-Spitzen heißen übrigens »Pinken« – man lernt nie aus! Wie auch immer, die Telomere dienen als Puffer, der die DNA-Sequenz schützt und (normalerweise) verhindert, dass die Chromosomen miteinander verschmelzen. Nichttelomere DNA kann degradieren, aber telomere DNA ist extra so strukturiert, dass sie nicht so leicht verschleißt. Wir sollten diesen Telomeren an den Enden unserer Chromosomen also dankbar sein.

Jedes Mal, wenn sich eine Zelle teilt, geht ein Stückchen telomere DNA verloren. Telomere sind also so etwas wie eine biologische Uhr, denn sie können die Lebensspanne eines Organismus bestimmen. Noch schlimmer ist, dass alles, was Spaß macht, also Junkfood, Alkohol und Drogen, die Verkürzung der Telomere beschleunigen kann. Die schützenden Enden deiner Chromosomen sind also mit zunehmendem Alter weniger effektiv, sodass sich deine DNA mit größerer Wahrscheinlichkeit abnutzt. Man hat noch nicht herausgefunden, ob kürzere Telomere eine Folge des Alterungsprozesses oder dessen Ursache sind.

Wenn die Telomere zu kurz werden, wird die Zelle, in der sie enthalten sind, vom Immunsystem aussortiert. Aber keine Sorge, sie kommt an einen schöneren Ort, auf einen friedlichen Bauernhof mit all den anderen Zellen. Kleiner Scherz, sie wird eingeschläfert und mit dem restlichen Müll aus dem Körper entsorgt. Dieser programmierte Tod ermöglicht es dem Körper, beschädigte, krebsartige oder von Viren befallene Zellen zu entfernen. In Krebszellen trägt ein Enzym namens Telomerase dazu bei, die Lebensdauer der Telomere zu verlängern. Ein Überangebot an Telomerase kann demnach ein Anzeichen für Krebs sein. Tatsächlich ist es im Labor schon gelungen, Zellen mithilfe von Telomerase viel länger am Leben zu erhalten. Interessanterweise haben Hummer jede Menge Telomerase in ihren Zellen und zeigen nicht solche Alterserscheinungen wie wir Normalos. Die Altersforschung hat herausgefunden, dass Menschen mit längeren Telomeren im Durchschnitt fünf Jahre länger leben als Menschen mit kürzeren Telomeren. Es dauert nicht mehr lange, dann siehst du Clickbait-Werbung für Telomer-Extensions: »Hummer hassen diesen Trick! Geheimes Serum verlängert Ihre Telomere um 5 Zentimeter!«

Aber kein Grund zur Sorge, wenn deine Telomere kürzer sind als beim Durchschnitt – die Länge ist nicht entscheidend, sondern vielmehr, was man(n) damit macht … Äh, Moment, in diesem Fall ist die Länge doch entscheidend. Wie auch immer, das alles ist nur einer von vielen Faktoren, die dich umbringen werden. Und für die Faktoren ist Teamarbeit angesagt. Wenn Geschlecht, Lebensgewohnheiten, Einkommen, Alter und jetzt auch noch die Genetik an einem Strang ziehen und dann auch noch die Chemie stimmt, hat dein Stündlein geschlagen.

Wenn man sich die Funktion der Telomere und die anderen Faktoren ansieht, die unsere Lebenserwartung beeinflussen, muss man unweigerlich an den Science-Fiction-Film »In Time – Deine Zeit läuft ab« aus dem Jahr 2011 denken. Der Film spielt im Jahr 2169 und die Menschen hören auf zu altern, wenn sie fünfundzwanzig sind. Sobald eine Person dieses Alter erreicht hat, erscheint ein Timer auf ihrem Arm. Dadurch wird Zeit zu einer universellen Währung, mit der gehandelt werden kann – sowohl auf faire Weise als auch anderweitig. Mehr brauchst du nicht zu wissen, um ohne Spoiler-Alarm zu erraten, was dann passiert. Je mächtiger jemand ist, desto mehr Zeit besitzt er. Wie jede gute Dystopie hat auch diese Geschichte eine gewisse Moral. Die Art, wie man lebt, bestimmt oft, wie lange man auf dieser Erde bleibt. Da überrascht es nicht, dass man statistisch gesehen umso länger lebt, je wohlhabender man ist. Tatsächlich hat eine 2016 veröffentlichte Studie ergeben, dass der Unterschied in der Lebenserwartung zwischen dem reichsten 1 Prozent und dem ärmsten 1 Prozent in den USA 14,6 Jahre beträgt. Damit hat man noch keinen guten Film-Plot, aber einen weiteren Beweis dafür, dass Zeit und Geld wechselseitig tauschbar sind. Wenn du also etwas Zeit übrig hast, melde dich bei uns. Interessante Tauschangebote sind immer willkommen.

Hier bist also du: ein mutierter Affe, der sich der Hinfälligkeit des Lebens bewusst ist; ein Affe, der in der Lage ist, die tieferen Mechanismen des Lebens und des Universums zu verstehen, und der weiß, wie er seine Zeit auf Erden verlängern könnte; ein Affe, der schlau genug ist, um die Zerstörung seines eigenen Genoms minimieren zu können; ein Affe, der Wohlstandskrankheiten wie Herzleiden und Typ-2-Diabetes ohne Weiteres vermeiden könnte. Hier bist du: ein mutierter Affe, der sich am Hintern kratzt und alles ignoriert, was er gerade gelesen hat.

GRUND

Überall lauern winzige Attentäter

Unsere Spezies lebt seit etwa dreihunderttausend Jahren auf der Erde und in dieser Zeit haben schätzungsweise hundertsiebzehn Milliarden von uns gelebt und/oder sind gestorben. Eine unvorstellbar große Zahl. Gingen wir hundertsiebzehn Milliarden Sekunden in der Zeit zurück, würden wir uns etwa im alten Ägypten wiederfinden und als Sklaven Pyramiden bauen, zu Ehren toter Pharaonen. Aber du musst nur eine Handvoll fruchtbare Nil-Erde aufnehmen, um ungefähr dieselbe Anzahl von Bakterien in der Hand zu halten. Jetzt stell dir vor, wie viele Bakterien über alle Landmassen, Flüsse und Ozeane des Planeten verteilt sind. Hoffentlich wäschst du dir ordentlich die Hände!

Vielleicht meinst du, das sei kein fairer Vergleich. Schließlich besteht eine ganze Bakterie aus nur einer Zelle, während ein Mensch zwischen dreißig und vierzig Billionen Zellen hat. Na gut, »Rain Man«, lass uns Zellen zählen. Auf jede menschliche Zelle in deinem Körper kommen etwa 1,3 Bakterienzellen. Das bedeutet, dass sich in deinem Körper rund achtundvierzig Billionen Bakterien zu Hause fühlen. Fühlt sich gleich weniger einsam an, oder? Oder auch nicht. Sollen wir mit dem Zählen weitermachen?

Zum Zeitpunkt der Niederschrift beträgt die Weltbevölkerung etwas mehr als acht Milliarden Menschen. Demzufolge leben etwa dreihundertvierundachtzig Trilliarden oder 384 000 000 000 000 000 000 000 Bakterien in oder auf menschlichen Körpern. Das nennen wir Überbevölkerung! Vergiss nicht, dass diese Zahl nur die Menschen umfasst. Darin sind weder die Bakterien enthalten, die auf oder in anderen Tieren und Pflanzen leben, noch die, die in Ozeanen und Flüssen schwimmen, im Boden leben, jede Oberfläche deiner Wohnung bevölkern oder einfach nur in der Luft um dich herum schweben. Ein Ort auf der Erde, der nicht von irgendeiner Form von Bakterien bewohnt ist, muss erst noch gefunden werden. Übrigens hat die Wissenschaft bisher nur etwa 1 Prozent aller existierenden Bakterienarten kategorisiert. Kurz gesagt: Da draußen gibt es verdammt viele Bakterien.

Warum sieht dann nicht der ganze Planet aus wie eine riesige Petrischale oder wie das Butterbrot, das du unten in der Reisetasche wiedergefunden hast? Warum siehst du nicht ständig wie das Ding aus dem Sumpf aus, sondern nur wie am Ende eines misslungenen Campingausflugs? Die einfache Antwort ist, dass Tier- und Pflanzenzellen im Durchschnitt etwa zwanzigmal größer sind als Bakterienzellen. Die ausführliche Antwort ist ein bisschen komplizierter, aber du hast ja Zeit, oder? Pfff, natürlich hast du Zeit ... Also: Die Bakterien im Körper wimmeln ein bisschen herum und bilden im Allgemeinen keine großen Ansammlungen, wie es die Gewebezellen tun, aus denen Haut und Muskeln bestehen. Sie sind selbst im Zellmaßstab winzig, und sie bleiben nicht lange in unserem Körper. Wenn du alle Bakterien im Körper loswerden würdest und nur die menschlichen Zellen und ihre verschiedenen Sekrete übrig blieben, würdest du selbst nach den höchsten Schätzungen nur etwa ein Kilogramm an Masse verlieren. Für unsere amerikanische Leserschaft ist das etwa die Masse von hundertfünfzig Schuss Munition oder etwas mehr als two pounds. Jedenfalls sind die Bakterien zwar zahlreich, aber nicht gewichtig.

Womöglich fragst du dich, wie es möglich ist, dass es in unserem Leben von Bakterien nur so wimmelt, wir aber trotzdem nicht ständig mit einer Infektion das Bett hüten müssen. Tatsächlich sind die meisten Bakterien für uns neutral, also ein bisschen wie Luxemburg: klein, uninteressant und ohne jeden Einfluss auf unser Leben. Einige Bakterien sind sogar nützlich: Sie helfen bei der Verdauung, halten die Haut gesund und unterstützen sogar das Immunsystem, was schon fast wie ein Werbeversprechen klingt: »An meine Haut lass ich nur Wasser und Bakterien.« Ein neueres medizinisches Verfahren besteht sogar darin, dass man einen Haufen Bakterien in den Arsch gesteckt bekommt. Und das nicht nur zum Vergnügen: Eine schlechte Darmgesundheit geht erwiesenermaßen mit psychischen Erkrankungen und allerlei anderen Leiden einher.

Wenn allerdings eine kritische Anzahl von Bakterien überschritten wird, können Probleme auftreten. Selbst ansonsten harmlose Bakterien können Schaden anrichten, vor allem wenn sie massenhaft an der falschen Stelle freigesetzt werden. Man kann sie sich wie BWL-Studenten vorstellen – oft harmlos, gelegentlich hilfreich, aber wenn sie sich in großer Zahl an einer Partylocation auf Ibiza versammeln und Fortpflanzung betreiben, wird es krankhaft.

Jedenfalls befinden wir uns seit Langem im Krieg gegen die Mikroben, schon seit prähistorischer Zeit. Dieser Krieg ist älter als die Menschheit selbst, wahrscheinlich sogar älter als die Fischheit. Der Spielstand in dieser Begegnung ist ziemlich unausgeglichen: Die Mikroben haben einen Vorsprung von Milliarden von Punkten, wie die Harlem Globetrotters vor den Washington Generals. Immer wieder punkten sie mit Krankheiten wie Cholera, Tetanus und Tuberkulose. Und wie bei den Spielen zwischen Globetrotters und Generals geht es nicht wirklich fair zu. Der berüchtigte Schwarze Tod, der etwa ein Drittel der europäischen Bevölkerung auslöschte, wurde durch das Bakterium Yersinia pestis verursacht. Dann gibt es noch Syphilis und Gonorrhoe, zwei weitere bakterielle Krankheiten, die zwar relativ wenige Todesopfer fordern, aber sehr wohl wissen, wie man einen Menschen dort piesackt, wo es wehtut. Erstaunlicherweise wussten wir bis vor etwa dreihundertfünfzig Jahren nicht einmal, dass es diese mikroskopisch kleinen Kriegsmaschinen gibt, und selbst dann begriffen wir erst nach weiteren einhundertfünfzig Jahren, dass sie die Ursache von so viel Leid sind. Im Prinzip hat das Universum an jedem erdenklichen Ort unsichtbare Attentäter postiert und ihnen dann ein paar Milliarden Jahre Zeit gegeben, sich auf die Ankunft der Zielperson vorzubereiten.

Im Laufe der Menschheitsgeschichte haben wir immer wieder versucht, uns zu wehren, unter anderem mit antibakteriellen Chemikalien wie Silber oder Kupfer oder mit Impfungen. Aber insgesamt gesehen sind das peinlich schwache Bemühungen angesichts der vielen Todesopfer, die Epidemien und Ausbrüche immer wieder fordern. Momentan sieht es so aus, als könnten wir diesen bösartigen Mikroben endlich einen Achtungssieg abringen. Dank der Erfindung von Antibiotika, der Durchführung von Impfkampagnen sowie der Verbesserungen in Hygiene und Umweltschutz ist die Sterblichkeit durch Infektionskrankheiten in den letzten einhundert Jahren erheblich gesunken – zumindest in den Industrieländern. In den Entwicklungsländern stehen Tuberkulose und Cholera immer noch weit oben auf der Liste der Todesursachen. Aber keine Sorge, das übertreuerte T-Shirt, das du im Eine-Welt-Laden gekauft hast, hat wirklich etwas bewirkt.

Diese scheinbare Trendwende könnte nur von kurzer Dauer sein, denn immer häufiger treten antibiotikaresistente Bakterien auf. Zudem meinen viele Bewohner der Industrieländer, sie wüssten es besser als Ärzte und Epidemiologen, und lehnen Impfungen ab. Das ist problematisch, weil das Universum den Bakterien ein paar Eigenheiten mitgegeben hat: »schnelle Fortpflanzung« und »horizontalen Gentransfer«. Mit Ersterem kennst du dich aus – Auberginen-Emoji, Zwinker-Emoji –, aber Letzteres ist noch viel interessanter.

Der Fachbegriff »horizontaler Gentransfer« bedeutet, dass Bakterien Teile ihrer DNA an andere Bakterien abgeben können, sogar an ganz andere Arten. Stell dir vor, du kopierst dir die Gene von Angelina Jolies Augen und formst damit deine eigenen – endlich hättest du den Smokey-Eye-Look hingekriegt. Oder du könntest ein paar Pferdegene in die eigene DNA einbauen, um deine Pornokarriere auf Trab zu bringen. Bakterien machen so etwas regelmäßig, und dadurch verbreiten sich Antibiotikaresistenzen schnell in einer Population.

Mit genügend Platz und Nahrung können manche Bakterienarten ihre Population alle zwanzig Minuten verdoppeln. Das bedeutet, dass aus einem einzigen Bakterium innerhalb von vierundzwanzig Stunden viele Milliarden Bakterien entstehen. Bevor du deinen faulen Arsch endlich zum Arzt bewegst und um den Impfstoff bettelst, den dein wohlstandsverwahrlostes Affenhirn für unnötig hielt, bist du längst ohnmächtig und vollgeschissen. Dieses Szenario tritt selten ein, weil du ein Immunsystem hast, aber auch das kann versagen (siehe Grund Nr. 13).

Das anhaltende Wettrüsten gegen Bakterien wird wahrscheinlich nicht so bald enden und unser Krieg gegen Krankheiten wird an mehreren Fronten geführt. Solltest du beim Lesen der bisherigen Ausführungen Angst vor Bakterien bekommen haben, keine Sorge: So schlimm sind sie nicht. Schon mal was von Viren gehört?

Viren sind noch kleiner als Bakterien, nur etwa ein Zwanzigstel so groß. Sie sind auch viel zahlreicher. Weißt du noch, wie viele Bakterien deinen Körper bevölkern? Etwa zehnmal so viele Viren gibt es auf und in dir. Viren können sich nur vermehren, indem sie eine Wirtszelle kapern, aber anders als Bakterien schaffen sie das nicht allein. In den Körper eingedrungene Bakterien überleben und vermehren sich außerhalb der Zellen. Dringt ein Virus ein, muss es erst eine Zelle kapern und sie misshandeln wie eine Sexpuppe. Die Zelle stellt dann Tausende von Kopien des Virus her, bevor sie aufplatzt wie eine überfüllte Wasserbombe und die neu gebildeten Viren freisetzt, die dann andere Zellen infizieren. Fühlst du dich ausgenutzt? Das solltest du auch.

Viren sind so etwas wie eine rein biologische Maschine. Sie sind das mikrobielle Äquivalent zum Terminator – extrem robust, schnell wandelbar und für die Medizin oft unerreichbar, vor allem, weil sie sich in den Zellen verstecken. Die meisten Viren können jedoch nur eine bestimmte Art von Zellen in einem bestimmten Organismus befallen. Sie sind also genau wie der Terminator extrem wählerisch und nur darauf aus, ihre Sarah Connor zu finden.

Hin und wieder schafft ein Virus auch den Sprung zwischen zwei Tierarten, dann bricht eine Zeit lang die Hölle los (weißt du noch, COVID-19?). Aber egal, wem oder welcher Spezies wir die Schuld für eine Epidemie oder Pandemie geben, eines sollten wir im Kopf behalten: Die Erreger, die am ehesten eine Apokalypse auslösen können, sind Viren.

Wahrscheinlich gibt es Viren schon mindestens so lange wie das Leben selbst, und seit wir Menschen auf Erden leben, haben sie uns großes Leid zugefügt – von Pocken und Polio bis hin zu

Grippe und Genitalwarzen. Auch in der jüngeren Geschichte gibt es immer wieder Beispiele für Viren, die auftauchten und ökonomisches und soziales Chaos verursachten, nur um dann wieder zu verschwinden. Zurück bleiben kleine Krankheitsherde und große Angst; man denke nur an Vogelgrippe, Schweinegrippe, Zika, Ebola, AIDS, COVID-19 und Affenpocken. Wenn du das hier liest, sind wahrscheinlich noch Elefantenpocken in der Alphaomegacron-Variante dazugekommen.

Das Universum hat also nicht nur eine, sondern gleich zwei Gruppen von Mikroben hervorgebracht, die buchstäblich jeden Winkel der Erde besiedeln können. Gleichzeitig hat es ihnen ein Fortpflanzungspotenzial verliehen, neben dem selbst das notgeilste Kaninchen so fruchtbar wirkt wie die Wüste Gobi.

GRUND

Buchstäblich alles ist giftig

Im Januar 2000 wurde der britische Arzt Harold »Fred« Shipman für schuldig befunden, über drei Jahrzehnte hinweg fünfzehn Menschen ermordet zu haben. Man vermutet aber, dass es sich um bis zu zweihundertfünfzig Opfer gehandelt haben könnte, wobei das jüngste gerade einmal vier Jahre alt war. Das Gift seiner Wahl? Diamorphin – besser bekannt unter seinem Straßennamen Heroin. Sein Wirken brachte ihm den Namen Dr. Death ein. Ein anderer Engländer, Graham Young, vergiftete Freunde und Familienmitglieder, indem er ihnen Antimon ins Trinkglas mischte, statt verdächtig lange bei verschlossener Tür sein Zimmer aufzuräumen wie ein normaler Vierzehnjähriger. Der üblichen Namensgebung für Serienkiller folgend, nannte man ihn den »Teetassenmörder«.

Und dann war da noch Jim Jones, dessen Vermächtnis in dem Spruch »Don't drink the Kool-Aid« weiterlebt. Er ist berüchtigt für den Tod von mehr als neunhundert Mitgliedern seiner Sekte. Weil er sein ganzes Geld für teures Zyanid ausgegeben hatte, musst er das Gift mit dem billigen Imitat Flavor Aid verdünnen statt mit der Markenlimonade Kool-Aid. Das sind abscheuliche Beispiele, bei denen Menschen ihre Mitmenschen auf wirklich schreckliche Weise töteten. Da die genannten Gifte geruch- und geschmacklos sind, können sie leicht die angeborenen Gifterkennungssysteme unseres Körpers umgehen. Was diese Mordwaffen vielleicht noch schrecklicher macht, ist die winzige Menge, die benötigt wird, um ernsthaften Schaden anzurichten. Wir können nur davon abraten, es diesen Verbrechern nachzutun – nimm lieber echte Kool-Aid, so teuer ist sie auch nicht.

Die Gefährlichkeit einer Chemikalie bemisst die Wissenschaft mit dem sogenannten LD50-Wert. LD steht für lethal dose, »tödliche Dosis«, und die Fünfzig bezieht sich auf 50 Prozent einer Stichprobe. Um den Wert zu bestimmen, verabreicht man etlichen Labortieren unterschiedliche Dosen der vermeintlich giftigen Substanz und prüft, welche Menge davon nötig ist, damit die Hälfte der Versuchsgruppe stirbt. Ja, das hört sich ziemlich pervers an, aber Wissen gibt's nicht umsonst. Hat man erst die LD50 für Mäuse, Ratten, Kaninchen oder was auch immer für arme Viecher ermittelt, kann man die Zahlen auf den Menschen hochrechnen. Es wäre viel genauer und effizienter, diese Studien an menschlichen Probanden durchzuführen, aber Freiwillige für diese Art von Studien sind extrem schwer zu finden, man müsste vielleicht in Facebook-Gruppen suchen.

Auch wenn sich das alles schrecklich anhört, weil es das auch ist, sollte man bedenken, dass die gewonnenen Daten bei medizinischen Behandlungen, Umweltstudien und der Verringerung von Gefahren durch Industriechemikalien nützlich sind. Wir alle sollten hier und jetzt eingedenk all der Labortiere, die unfreiwillig ihr Leben geopfert haben, um das unsere sicherer zu machen, eine Schweigeminute einlegen. ....
Okay, das reicht.

Die im ersten Absatz erwähnten Substanzen haben recht niedrige LD50-Werte. Die Mörder, die sie benutzten, brauchten also nicht viel davon, um ihre abscheulichen Taten auszuführen. Heroin hat eine LD50 von etwa 20 Milligramm pro Kilogramm, was bedeutet, dass die einem Zuckerwürfel entsprechende Menge eine 80 Kilogramm schwere Person töten kann – es sei denn, die Person konsumiert regelmäßig und hat eine Toleranz entwickelt, dann sind eher vier oder fünf Zuckerwürfel nötig. Antimon ist weniger tödlich: Eine 80 Kilogramm schwere Person muss schon ein paar eiergroße Portionen essen, bevor sie daran stirbt. Aber das wäre dann eine schreckliche Art zu sterben – brennende Magenschmerzen, starkes Erbrechen und wässriger Durchfall. Das erklärt, warum Graham Youngs Todesrate niedrig war, aber das Ausmaß des von ihm verursachten Leids so hoch. Zyanid hingegen ist unglaublich giftig: Damit eine 80 Kilogramm schwere Person stirbt, müssen nur ein paar Körnchen dieses Würfelzuckers in die Kool-Aid gerührt werden. Aber das sind nicht einmal annähernd die giftigsten Gifte, die es gibt.

Rizin kann aus bestimmten Bohnensorten hergestellt werden und ist bei Verzehr ähnlich giftig wie Zyanid. Wird es dagegen eingeatmet, ist nur ein Tausendstel der Dosis nötig. Batrachotoxin wird vom Pfeilgiftfrosch im Amazonasgebiet abgesondert und schon eine Dosis in der Größe von ein paar Zuckerkörnern bringt die meisten Menschen ums Leben. Das ist auch ein guter Grund dafür, nicht an Kröten zu lecken. Maitotoxin kann in schlecht zubereiteten Schalentieren vorkommen, vor allem wenn sie nach einer Algenblüte gefischt wurden. Die nötige Dosis, um eine 80 Kilogramm schwere Person zu töten, ist zu gering, um sie mit bloßem Auge zu sehen – nur etwa 10 Mikrogramm. Um beim Zuckerwürfel zu bleiben: Man teile ihn in hunderttausend gleichgroße Körner und nehme nur eines davon. Aus toxikologischer Sicht ist jedoch eindeutig Botulinum die tödlichste bekannte Substanz auf der Erde. Es ist so giftig, dass man nur etwa 80 Nanogramm braucht, um unsere 80 Kilogramm schwere Person zu töten. Dazu müsste man den Zuckerwürfel in einhundert Millionen Stücke teilen und selbst dann bräuchte man nicht ein ganzes Stück für den Mordauftrag. Trotz der Giftigkeit lassen sich viele freiwillig Botulinum ins Gesicht spritzen, als Wirkstoff des Antifaltenmittels Botox. Richtig, in Düsseldorf und München hat man gerne das tödlichste Gift, das wir kennen, in der Stirn, aber hey, du siehst ja fünf Jahre jünger aus!

Das Gemeine ist: Die meisten dieser tödlichen Chemikalien werden von anderen Lebewesen produziert – ein schönes Beispiel für Overkill. Diese hochgefährlichen Chemikalien sind überhaupt nicht selten. Zyanid ist in Limabohnen, Mandeln, Äpfeln und vielen anderen Nahrungsmitteln enthalten, auch wenn die Menge weit unter der tödlichen Dosis liegt. Wenn du an tödliche Gifte denkst, die von Lebewesen abgesondert werden, denkst du wahrscheinlich an die australischen Schlangen, die australischen Spinnen oder die australischen Quallen. Aber selbst die giftigsten von ihnen haben eine LD50-Dosis in der Größenordnung von Zyanid – kaum das Schlimmste, was es gibt. Fairerweise muss man sagen, dass einige dieser Biester mit einem einzigen Biss die rund hundertfache Dosis verabreichen.

Wir wissen, was du jetzt denkst: »Ich habe diese Gifte mein ganzes Leben lang gemieden und plane keine Australienreise.« Erstens sind Todesfälle durch Tierbisse in Australien extrem selten, auch wenn die Einheimischen von einem Anstieg tödlicher Koala-Angriffe munkeln. Zweitens wurden die meisten dieser Gifte erst entdeckt, nachdem sie bereits in den Körper armer Seelen eingedrungen waren und schwere Reaktionen oder Sterbefälle verursacht hatten, die nicht durch Infektionen oder andere bekannte Ursachen erklärt werden konnten. Daraus kann man schließen, dass es vielleicht noch schlimmere Gifte gibt, die irgendwann in irgendeiner Hinterhofsuppenküche auftauchen oder die vielleicht erst noch in einem evolutionären Wettrüsten entstehen müssen.

Wahrscheinlich denkst du jetzt: »Das macht auch nichts, ich esse nur Durchgegartes und halte mich von Dschungeln, dem russischen Geheimdienst und dubiosen Food Trucks fern.« Aber wir haben nur über die schlimmsten Gifte gesprochen, die es gibt. Die Anwendung des LD50-Werts lehrt, dass alles ein Gift ist. Der wirkliche Unterschied zwischen den genannten Giften und solchen, mit denen du besser zurechtkommst (wie dem Pringles-Staub, den du dir gerade von den Fingern geleckt hast), ist die Dosierung. Denke an die chemischen Stoffe, die für dein Leben wichtig sind. Wir reden hier nicht von dem Koffein in deinem Kaffee, auch wenn du wissen solltest, dass dich reines Koffein vom Volumen einer AAA-Batterie wahrscheinlich umbringen würde. Wir reden von dem Sauerstoff, den du atmest, dem Wasser, das du trinkst, dem Zucker, der dir Energie liefert. Auch diese Chemikalien sind in der falschen Dosierung tödlich.

Atemluft mit mehr als 50 Prozent Sauerstoffgehalt rückt nicht nur eine Selbstentzündung in den Bereich des Möglichen, sondern führt auch nach etwa 24 Stunden zu irreversiblen Lungenschäden. In einem anderen Experiment, das einem ethischen Minenfeld glich, erlitten Mäusebabys, die reinem Sauerstoff ausgesetzt waren, Hirnschäden und andere Komplikationen, von denen du wahrscheinlich schon im Kleingedruckten eines Vorabendwerbespots gelesen hast. Übrigens, wenn du Sauerstoff für etwas uneingeschränkt Gutes hältst, solltest du zu Grund Nr. 2 zurückblättern. Sollte dir im Flugzeug mal eine Sauerstoffmaske vor der Nase baumeln, probierst du sie vielleicht lieber an jemand anderem aus – gerne an dem Armlehnen-Eroberer, der seinen Sitz nach hinten gekippt hat.

Wasser ist auch nicht besser, obwohl es etwas ist, mit dem man sich von allem Schmutz und Gift zu befreien meint. Trinkt man zum Beispiel mehr als sechs Liter Wasser auf einmal – wie es bestimmt irgendein schwachsinniger Gesundheitsguru predigt –, hat das katastrophale Auswirkungen auf den Körper. Die Folge ist eine sogenannte Hyponatriämie, bei der der Natriumgehalt im Körper so stark verdünnt wird, dass das Gehirn anschwillt, was Krampfanfälle, Koma und schließlich den Tod nach sich zieht. Das passierte 2007 einer Siebenundzwanzigjährigen aus Kalifornien, die an einem Radiowettbewerb teilnahm. Bei dem Wettbewerb mussten die Teilnehmer viel Wasser trinken und dann ihr Pipi (englisch: wee) einhalten, um – Achtung, Wortspiel! – eine Nintendo Wii zu gewinnen. Welches Marketing-Genie hat sich das ausgedacht? Jedenfalls verließ die Frau das Gewinnspiel mit leeren Händen und voller Blase, klagte über Kopfschmerzen und fuhr nach Hause, wo sie später an Hyponatriämie starb. Ein Gericht sprach ihrer Familie 16,5 Millionen Dollar Schadenersatz zu, was dem Gegenwert von etwa sechsundsechzigtausend Wiis entspricht.

Und was ist mit dem Zucker, von dem schon die ganze Zeit die Rede war? Wie viel Zucker darf man essen, bevor es lebensgefährlich wird? Etwa 2 Kilogramm, also zwei handelsübliche Packungen oder ein bisschen mehr als eine mittlere Portion Wonder-Waffel. Also, Kinder: Teilt sie euch.

Die Tatsache, dass das Universum buchstäblich alles zu einem Gift gemacht hat, sagt viel über seinen Charakter aus. Aber es ist noch ein bisschen komplizierter. Zahlenwerte, die durch den Massenmord an Labortieren ermittelt wurden, vermitteln kein genaues Bild davon, wie tödlich ein Stoff im Einzelfall ist. Seine Giftwirkung hängt auch davon ab, wie er in den Körper gelangt – ob durch Einatmen, Verschlucken oder Injektion. Außerdem kann durch frühere Gaben unterhalb der schädlichen Dosis eine Toleranz gegenüber einem bestimmten Gift entstehen. Dies merkten die Attentäter des russischen Mönchs Rasputin, nachdem mehrere Versuche, ihn zu vergiften, fehlgeschlagen waren. Sie entschieden sich schließlich für den weniger raffinierten, aber effizienteren Kopfschuss. Dagegen eine Toleranz zu entwickeln, ist nicht empfehlenswert.

GRUND

Sex ist scheiße

Unbestreitbar sind Sex oder die Aussicht darauf ein starkes Motiv für viele Verhaltensweisen, die wir und andere Erdenwesen an den Tag legen. Viele der Gerüche und Geräusche um uns herum sind ein Paarungsversuch irgendwelcher Lebewesen. Der Vogelgesang in der Abenddämmerung, der Duft von Herbstrosen oder der Twerk-Versuch zweier Betrunkener auf der Tanzfläche – all das produzieren Organismen, die ihre DNA auf die eine oder andere Weise mischen möchten. Aber hast du dich schon einmal gefragt, woher Sex überhaupt kommt? Oder auf welche grotesken Pfade die Evolution ihn geführt hat? Die Antworten darauf überraschen nicht und entsprechen dem, was man von einem durch und durch abartigen Universum erwarten würde.

Nach dem Stand der Forschung trat das Leben vor etwa dreieinhalb Milliarden Jahren zum ersten Mal auf, allerding in sehr primitiver Form. Vor etwa 2,7 Milliarden Jahren entstanden die ersten eukaryotischen Zellen – kompliziertere Zellen, aus denen sich Strukturen bilden können, wie man sie bei praktisch allen Lebewesen sieht, die keine Bakterien sind. Erst siebenhundert Millionen Jahre später findet sich der erste Nachweis für geschlechtliche Fortpflanzung bei den sogenannten Protisten, komplizierten, aber geilen Zellklumpen.

Heutzutage pflanzen sich 99,9 Prozent aller Eukaryoten sexuell fort, zumindest gelegentlich. Aber die Idee von lustvollem Sex ist erst relativ neu – und für viele Menschen immer noch ein Wunschtraum. Tatsächlich bildeten erst in den letzten sechshundert Millionen Jahren bestimmte Tiere Neuronen aus, mit denen sich irgendeine Art von Lust empfinden lässt. Aber beim Sex geht es nicht nur um Vergnügen; erwiesenermaßen entsteht dabei auch sogenannter »Nachwuchs«. Für Leserinnen und Leser in ihren frühen Zwanzigern mag dies eine Überraschung sein. Aber für das Überleben der Spezies ist das wichtig, denn die sexuelle Fortpflanzung ermöglicht eine größere genetische Vielfalt innerhalb einer Population. Anders als bei der ungeschlechtlichen Fortpflanzung, bei der ein Organismus einfach eine genetische Kopie von sich selbst erstellt, hat sich die geschlechtliche Fortpflanzung zu einer milliardenschweren Industrie im Internet entwickelt. Asexuelle Fortpflanzung wäre vielleicht einen Versuch wert, aber sicherlich nicht so profitabel.

Die Evolution des Geschlechtsverkehrs ist einem ähnlichen Weg gefolgt wie die der Pornoindustrie. Am Anfang war alles ganz einfach – das Eckige muss ins Runde oder so ähnlich. Aber irgendwann war das Universum nicht mehr mit dem simplen Austausch von Genmaterial zwischen zwei Individuen zufrieden. Es ließ Penisse entstehen, die einer mittelalterlichen Keule ähneln; Orgien, die Larry Flynt erröten ließen; Kopulationsformen, neben denen BDSM wie Blümchensex aussieht. Bei all dem Schaden, den diese Paarungsorgane anrichten können, ist es kein Wunder, dass Sex so gut zum Übertragen von Krankheiten taugt.

Nimm zum Beispiel die Breitfuß-Beutelmaus, ein kleines australisches Beuteltier, das vom Universum auf die gleiche Stufe gestellt wurde wie ein Teenager mit eigenem Computer im Zimmer. Das nachtaktive, nagetierähnliche Geschöpf mästet sich in den ersten zehn Lebensmonaten mit Spinnen, Tausendfüßlern und Fröschen, wie es andere Beuteltiere ähnlicher Größe auch tun. Aber während die meisten Beuteltiere fressen, um den Winter zu überstehen, nährt sich das Breitfuß-Beutelmaus-Männchen für die ersten Frühlingswochen. Was geschieht in den ersten Frühlingswochen, fragst du? Eine. Einzige. Gigantische. Dauerorgie.

Wenn es so weit ist, begattet das Männchen einzelne Weibchen mitunter unglaubliche vierzehn Stunden lang – das sind etwa dreizehn Stunden und achtundfünfzig Minuten länger, als die meisten Männer schaffen. Und falls du, männlicher Leser, dich nicht schon minderwertig fühlst: Wenn der Breitfuß-Beutelmäuserich mit dem einen Weibchen fertig ist, macht er gleich mit dem nächsten weiter, dann mit dem übernächsten und überübernächsten und überüberübernächsten ... reicht's dir? Dem Breitfuß-Beutelmäuserich reicht's noch lange nicht. Das Sexfest kann Tage oder Wochen andauern. Der kleine Schwerenöter treibt es immer weiter, auch wenn seine Baby-Soße aufgebraucht ist. Er verausgabt sich und wird schließlich blind, genau wie es dir deine Großmutter vorhergesagt hat. In seinem Blut zirkuliert so viel Testosteron, dass er bei der Tour de France vielleicht sogar Dritter werden könnte. Am Ende geht er kaputt ... im wahrsten Sinne des Wortes. Das Fell fällt ihm aus, er bekommt innere Blutungen, das Immunsystem versagt und beschert ihm Schwären und Entzündungen. Und doch hört er immer noch nicht auf! Er sucht die nächste Geliebte, leider meist vergeblich. Die meisten Weibchen – selbst erschöpft und ausgelaugt – haben sich inzwischen versteckt. Weil das Männchen aber blind ist, erkennt es nichts mehr und es wird von Fällen berichtet, in denen Breitfuß-Beutelmäuse mit Handfegern Unzucht trieben, weil sie die Borsten für ein Weibchen hielten. Am Ende sieht das Männchen nicht mehr aus wie ein niedliches Beuteltier, sondern eher wie eine haarlose Katze, die nur knapp einen Zusammenstoß mit einem Toyota Prius überlebt hat. Krank, erschöpft und blind schließt der Breitfuß-Beutelmäuserich mit seinem Leben ab. Er wird in seinen Nachkommen weiterleben – und in einem draußen liegen gebliebenen Handfeger.

Falls dich die Leidensgeschichte des Breitfuß-Beutelmaus-Männchens nicht davon überzeugt hat, dass das mit dem lustvollen Sex ein billiger Trick des Universums ist, dann lass uns über Katzenpenisse sprechen. Wenn du dachtest, deine süße kleine Miezekatze hätte ein leichtes Leben, hast du dich getäuscht. Den Penis eines Katers stellst du dir am besten vor wie einen Dildo aus der Ausstattungsabteilung eines Mad-Max-Films: widerborstig, unangenehm, rau – kurz gesagt: qualvoll. Ungefähr so stellen wir uns auch ein Gespräch mit Mel Gibson vor.

Die Penisstacheln eines Katers sind so unangenehm, wie sie klingen. Sie dienen dazu, an den Wänden der weiblichen Vagina zu kratzen und so den Eisprung zu stimulieren. Anders als ein geripptes Kondom dienen die Penisstacheln nicht vergnüglichen Zwecken. Tatsächlich kann der Geschlechtsverkehr die Fortpflanzungsorgane der Katze ernsthaft schädigen, was wahrscheinlich erklärt, warum dein Kater der Nachbarkatze so grässliche Schreie entlockt. Und wenn du denkst, das wäre schon das Schlimmste gewesen, dann wart es ab. Eine der schlimmsten sexuellen Handlungen findet in deinem eigenen Bett statt – während du selbst drin liegst!

Stell dir vor, du liegst im Bett und schläfst tief und fest, während neben dir etwas passiert – etwas so Unanständiges, so unvorstellbar Finsteres und Sadistisches, dass Jack the Ripper dagegen wie der Weihnachtsmann wirkt. Während du schlummernd daliegst, haben sich zwei unwillkommene Eindringlinge einen Weg in dein

Bett gebahnt. Zuerst klettert das Männchen auf das Weibchen. Bis jetzt scheint alles in Ordnung zu sein. Aber dann sticht er ihr mit irgendetwas Scharfem in den Unterleib. Sie hat nun ein Loch in der Seite und liegt einfach nur da. Mit demselben Instrument, mit dem er sie verletzt hat, ejakuliert er in die Wunde hinein. Nein, du hast keinen Besuch aus einem Horrorfilm – du hast Bettwanzen.

Anders als die weibliche hat die männliche Bettwanze Glück, denn sie lebt weiter. Bei Spinnen und Gottesanbeterinnen und anderem Getier ist es das Weibchen, das zuletzt lacht. Die Gottesanbeterin stiehlt ihrem Liebhaber nicht nur das Herz, sondern auch den Kopf. Der Enthauptete lässt aber nicht locker. Auch kopflos ist er fest entschlossen, seinen Mann zu stehen. Und zwar indem er sich noch stundenlang paart, nachdem ihm der Kopf abgebissen wurde. Bei Spinnen lassen die Weibchen das Männchen immerhin kommen (meistens jedenfalls), bevor sie es auffressen.

Das Pfauenspinnenmännchen, dessen Name auf seinen beeindruckenden, dem Schwanzgefieder eines Pfaus ähnelnden Hinterleib verweist, tanzt um sein Überleben wie ein C-Promi bei »Let's Dance«. Wenn es nicht energisch genug tanzt oder der Angebeteten nicht genügend Aufmerksamkeit schenkt, wird es nicht von ihr raus-gevotet, sondern, äh, getötet. Und wenn das Spinnenmännchen denkt, es könne einfach seine alten Tanzschritte aufwärmen, irrt es sich gewaltig. Jüngste Forschungen haben ergeben, dass Pfauenspinnenweibchen, die sich bereits gepaart haben, nur noch schwer zu beeindrucken sind. Wir können froh sein, dass der Rest des Tierreichs kein TikTok hat.

Dies sind nur einige von vielen Fällen, in denen sich Tiere im Dienste des Arterhalts fressen oder erstechen lassen, sich zu Tode schinden oder sich ständig neue Tanzschritte ausdenken müssen, nur weil das Universum es so eingerichtet hat. Daran solltest du denken, bevor du das nächste Mal behauptest, Sex sei etwas »ganz Natürliches«, denn ganz natürlich ist auch, dass einem danach der Kopf abgerissen wird.

GRUND

Die Menschheitsgeschichte ist wahrscheinlich schon halb vorüber

Wir leben in einem Universum voller Zufälle. Manches ist weniger wahrscheinlich, zum Beispiel, dass nächsten Mittwoch ein großer Asteroid auf der Erde einschlägt. Anderes ist viel wahrscheinlicher, zum Beispiel, dass innerhalb der nächsten Jahrmilliarde ein großer Asteroid auf der Erde einschlägt. Warum ist das eine wahrscheinlicher als das andere? Wegen des Zeitrahmens.

Viele Leute zahlen ihr Leben lang in eine Brandschutzversicherung ein, obwohl es unwahrscheinlich ist, dass ihr Haus abbrennt – es sei denn, man lebt in Australien … Gehen wir einfach davon aus, dass Australien die Ausnahme ist, wenn es um Extremwetter, giftige Tiere und andere gute Gründe geht, ein Stück Land nicht zu besiedeln. Jedenfalls ist die Wahrscheinlichkeitsrechnung eine verlässliche Methode, um Risiken einzuschätzen und zu mindern, und hiermit kommen wir zum Doomsday-Argument.

Das Doomsday-Argument (oder »Weltuntergangsargument«) sagt mit den Mitteln der Wahrscheinlichkeitsrechnung die Anzahl der Menschen voraus, die in Zukunft noch leben werden, und leitet daraus ab, wann unsere Spezies ihr »Maximum« erreicht. Und falls du denkst, das wäre eine abstrakte Idee: Nach der gleichen Logik hat man auch schon die Ausdehnung des Universums berechnet und sogar den Fall der Berliner Mauer vorhergesagt. Das Doomsday-Argument geht noch einen Schritt weiter. Es besagt, dass der Menschheit zwei Szenarien bevorstehen: Entweder Quick Doom, also ein »schneller Weltuntergang«, bei dem die gesamte Menschheit auf zweihundert Milliarden Menschenleben begrenzt ist (wobei etwa einhundert Milliarden bereits leben oder gelebt haben), oder Later Doom, ein »späterer Weltuntergang«, bei dem die Menschheit ihre Zivilisation erfolgreich weiterentwickelt, sodass mehr als zweihundert Billionen Menschenleben möglich werden. Warum gerade diese Zahlen? Beginnen wir mit dem Quick-Doom-Szenario.

Die Frage, wie viele Menschen jemals gelebt haben, ist ziemlich schwierig zu beantworten. Es gibt einiges, was man berücksichtigen muss. Zum Beispiel wissen wir nicht wirklich, wie lange schon Menschen auf der Erde leben. Nein, wir plädieren hier nicht für den Kreationismus (aber möchten uns an dieser Stelle bei allen schöpfungsgläubigen Leserinnen und Lesern dafür bedanken, dass sie bis hierher durchgehalten haben). Stattdessen geht es um ein wichtiges Merkmal der Evolution: ihre Allmählichkeit.

Die Evolution ist größtenteils ein langsamer, unmerklicher Prozess. Wer wissen will, wann genau aus einem Urprimaten das wurde, was wir als »modernen« Menschen bezeichnen, kann gerne mal nach der Stelle suchen, an der auf dem Regenbogen das Gelb zum Grün wird, denn in Wirklichkeit handelt es sich um einen allmählichen Übergang, bei dem kaum zu erkennen ist, wo das eine endet und das andere beginnt. Aus diesem Grund werden wir nie das genaue Datum erfahren, an dem der erste

Mensch auf Erden wandelte, denn so funktioniert die Evolution einfach nicht.

Alle, die keine religiös-fundamentalistischen Ansichten über die Geschichte der Menschheit haben, können sich darauf einigen, dass es den Homo sapiens nachweislich seit etwa dreihunderttausend Jahren gibt. Wer es ganz genau nimmt und einen anatomisch ununterscheidbaren, Hamburger essenden, Super tankenden und Bier trinkenden »modernen« Menschen haben möchte, der wie das eigene Spiegelbild ausschaut, muss nur zweihunderttausend Jahre zurückgehen oder kann einfach den Sitznachbarn in der U-Bahn nehmen.

Nachdem wir geschätzt haben, wie lange es die Menschheit gibt, müssen wir noch die Bevölkerungsentwicklung vergangener Zivilisationen verstehen. Das ist etwas schwieriger, denn die meisten dieser Zivilisationen haben darüber nicht Buch geführt, weil sie kein Papier hatten oder den Verwaltungsaufwand scheuten. Bei anderen wurden die Aufzeichnungen aus verschiedenen Gründen vernichtet, etwa durch Naturkatastrophen oder die Vertuschung von Völkermorden. Was wir an Aufzeichnungen haben, deckt nur einen kleinen Teil unserer Geschichte von zweihunderttausend Jahren ab und ist meist so verlässlich wie der Putzplan einer Raststätten-Toilette. Aber diesen Datenmangel kann man mit anderen Techniken ausgleichen, zum Beispiel durch Untersuchung von Fossilien oder durch Kohlenstoffdatierung. Alles in allem schätzt man, dass bisher etwa einhundert Milliarden Menschen auf der Erde gelebt haben.

Das Quick-Doom-Argument besagt, dass die einhundert Milliarden Menschen, die jemals gelebt haben, statistisch gesehen ungefähr die Hälfte aller Menschen sein müssen, die jemals leben werden. Dieser Gedanke erscheint auf den ersten Blick merkwürdig, aber stell dir vor, du hättest die Prüfungsergebnisse jedes einzelnen Schülers, der jemals an einer Zentralprüfung teilgenommen hat. Wenn du nun zufällig das Ergebnis eines einzelnen Schülers auswählst, liegt es höchstwahrscheinlich in der Nähe des Durchschnitts, und zwar auch deshalb, weil die meisten Ergebnisse in der Nähe des Durchschnitts liegen. Du magst Kurven? Also die mit x und y? Dann lass dir gesagt sein: Man wird auch als Single glücklich, Beziehungen sind überbewertet. Und extra für dich sei hier gesagt, dass das Ergebnis wahrscheinlich ziemlich in der Mitte der Glockenkurve liegt. Sicher, das gewählte Ergebnis könnte auch extrem niedrig oder extrem hoch sein, aber die Wahrscheinlichkeit, dass dies der Fall ist, ist sehr niedrig.

Ersetze nun diese Prüfungsergebnisse mit allen vergangenen und zukünftigen Menschenleben. Und das zufällig aus der Liste ausgewählte Ergebnis ... bist du. Fühlt sich besonders an, oder? Du bist ja auch mindestens genauso besonders wie die anderen rund acht Milliarden Prüfungsteilnehmer, die gerade auf der Erde herumlaufen. Als einer oder eine der Auserwählten liegst du wahrscheinlich nahe am Durchschnitt, was bedeutet, dass es genauso viele Menschenleben vor dir gibt wie nach dir. Demzufolge sind noch etwa einhundert Milliarden zukünftige Menschen übrig, bevor der letzte von ihnen stirbt.

Wenn du dem Rechenweg bis hierher folgen konntest, fragst du dich wahrscheinlich, wann die Menschheit die Marke von zweihundert Milliarden erreichen wird. Dazu wären noch ein paar Faktoren zu berücksichtigen, darunter die Geburtenraten, die sich ändern, wenn Entwicklungsländer zu stärkeren Volkswirtschaften werden, außerdem Kriege, Hungersnöte, Seuchen und so weiter. Geht man von unserem derzeitigen Leistungsstand aus, könnte das Ende schneller kommen, als den meisten von uns lieb ist.

Bis zum Jahr 1800 hat sich die Menschheit auf eine Milliarde herangezüchtet. Nicht schlecht, wenn man bedenkt, dass die Seifenherstellung im großen Stil erst fünfzig Jahre später aufkam. Trotz des Ersten Weltkriegs und der Spanischen Grippe sind wir im Jahr 1927 auf zwei Milliarden Menschen gekommen. Dank des Babybooms und trotz der Erfindung der Antibabypille verdoppelte sich die Weltbevölkerung bis 1975 noch einmal auf vier Milliarden. Im Jahr 2022 haben wir die Acht-Milliarden-Grenze überschritten, und wenn sich der Trend fortsetzt, werden wir das große Finale unserer Spezies in etwa siebenhundertsechzig Jahren erreichen. Das ist eine ziemlich schlechte Leistung, wenn man bedenkt, dass die meisten vergleichbaren Tierarten etwa eine Million Jahre auf der Erde überdauern.

Ganz schön deprimierend. Aber was ist mit dem Later Doom, auch bekannt als der bessere der beiden Weltuntergänge? Beim Later-Doom-Szenario lebt die Menschheit viel länger und gedeiht in scheinbar unbegrenztem Wohlstand. In diesem Szenario dringen die Menschen über die Grenzen der Erde hinaus vor, kolonisieren das Sonnensystem und den weiteren Weltraum und beuten die Ressourcen unzähliger anderer Planeten und Monde aus. Die Bevölkerung würde explodieren, nur noch übertroffen von unserem grenzenlosen Expansionsdrang, und wir würden die Galaxie beherrschen. Klingt toll, oder? Tja, es gibt schlechte Neuigkeiten: Jetzt kommt ein weiteres Gleichnis. Und als wäre es für dich nicht schon schlimm genug, noch so ein Gleichnis lesen zu müssen, erklärt es auch noch, warum das Later-Doom-Szenario viel unwahrscheinlicher ist.

Stell dir vor, du bist Kandidat in einer Gameshow. Es gibt zwei identische Kisten: eine enthält zehn Kugeln (nummeriert von 1 bis 10) und eine enthält fünfhundert Kugeln (nummeriert von 1 bis 500). Die Regeln sind einfach: Wenn du die Kiste mit weniger Kugeln wählst, gewinnst du 1 000 000 Dollar. Du darfst nicht in die Kisten gucken, aber du darfst in eine hineingreifen, eine einzelne Kugel herausholen und die Nummer ablesen.

Wenn du nicht blöd bist (was aber gut sein kann, wenn du bei dieser dämlichen Gameshow mitmachst), müsste dir klar sein, dass du bei einer Zahl zwischen 11 und 500 unbedingt die andere Kiste wählen solltest. Wie es der Zufall will, greifst du in eine der Kisten und ziehst eine Kugel mit der Nummer 7 heraus. Scheiße. Das heißt, es könnte immer noch irgendeine der beiden Kisten sein. Wir haben dir ja gesagt, dass diese Gameshow dämlich ist. Aber Moment mal, wenn du darüber nachdenkst, ist es viel wahrscheinlicher, dass die Kugel aus der Kiste mit weniger Kugeln stammt. Und warum? Dass du eine 7 ziehst, hat bei der einen Kiste eine 10-prozentige Wahrscheinlichkeit, während die Chance bei der anderen Kiste nur 0,02 Prozent beträgt. Also hast du gute Chancen, zu gewinnen.

Leider lässt sich aus diesem Gleichnis auch folgern, dass die Chance, wir könnten am Anfang der Existenz der Menschheit stehen, sehr gering ist. Mit anderen Worten: Wir sind eine Kugel, und die Tatsache, dass wir ausgewählt wurden, bedeutet wahrscheinlich, dass es nicht viele Kugeln gibt, aus denen man auswählen kann. Obwohl du bei unserer hypothetischen Gameshow wahrscheinlich den Preis mit nach Hause nehmen würdest, ist der eigentliche Preis, den du aus diesem Gleichnis gewinnst, existenzielle Verzweiflung. Herzlichen Glückwunsch! Bei der aktuellen Inflation hast du von existenzieller Verzweiflung wahrscheinlich länger was als von einer Million Dollar.

Das Universum wird das letzte Wort darüber haben, wann und wie die Menschheit untergeht und ob überhaupt. Wir sind nur Durchreisende, die die Illusion hegen, etwas Besonderes zu sein. Ja, nach dem derzeitigen Wissensstand scheinen wir einzigartig zu sein, aber alles an unserem Stern, unserem Sonnensystem und unserer Galaxie ist eindeutig Mittelmaß. Ob schneller oder später, der Weltuntergang ist unausweichlich. Die Mathematik lügt nicht, und das Universum liebt Mathematik.

TEIL IV

DIESER PLANET IST NICHT SO TOLL

Vielleicht sollten wir uns einen anderen zum Ruinieren suchen.

GRUND

Dein bester Freund ist auch dein Feind

Statistisch gesehen kann es gut sein, dass du ein Haustier besitzt. In den Vereinigten Staaten liegt der Anteil der Haushalte mit Tier bei 70 Prozent. In ganz Asien und Ozeanien ist der Anteil mit rund 60 Prozent ebenfalls recht hoch. In einigen Ländern Mittel- und Südamerikas leben sogar in 80 Prozent aller Haushalte Tiere. Weniger tierlieb ist mit 46 Prozent Europa. Mehr als die Hälfte der Weltbevölkerung hat eine Art Haustier, wobei Hunde am beliebtesten sind. Und wir lieben unsere pelzigen Freunde. Berichten zufolge betrachten 98 Prozent der Hundebesitzer ihre Fellnase als vollwertiges Familienmitglied.

Daten aus den USA besagen jedoch, dass einer von dreiundsiebzig Menschen im Leben von einem Hund gebissen wird, wobei die Gefahr für Kinder höher ist. Und wie sieht es mit der Chance aus, von einer lüsternen Töle sexuell missbraucht zu werden? Leider haben wir dazu keine Daten, aber die Gefahr dürfte erheblich größer sein. Du hast wahrscheinlich nicht geahnt, wozu so ein Designerhund gemacht ist, oder? Laut Statistik finden etwa 25 Prozent aller Hundeangriffe, die stationär behandelt werden müssen, im eigenen Zuhause statt. Demnach geht jeder vierte schwere Hundebiss von einem Hund im häuslichen Umfeld aus und betrifft höchstwahrscheinlich eine dem Hund oder seinem Herrchen oder Frauchen bekannte Person. Der beste Freund des Menschen, hm?

Interessanterweise hat man die Gehirne von Hunden untersucht, während man ihnen Bilder von ihren Bezugspersonen zeigte, und ziemlich felsenfest bewiesen: Hunde lieben uns. Ihre Hirnaktivitätsmuster und ausgeschütteten Botenstoffe decken sich mit denen, die wir mit Liebe assoziieren. Natürlich hat man das Experiment mit unserem zweitbeliebtesten Haustier, der Katze, wiederholt – Ergebnis: nix. Heißt das, dass dein niedlicher Kater dich nicht lieb hat? Dass du für ihn nur ein Schnellimbiss auf dem Weg nach draußen bist, wo er Singvögel erlegt und um drei Uhr nachts Nachbars Muschi zum Schreien bringt? Nicht unbedingt. Aber es deutet darauf hin, dass er dich eher so liebt, wie du das doofe Kind in der Grundschule geliebt hast, das immer Schokoriegel in der Brotdose hatte.

Das soll nicht heißen, dass der Besitz eines Haustieres nicht eine ganze Reihe erwiesener Vorteile mit sich bringt, von besserer psychischer Verfassung bis hin zu höherer Lebenserwartung. Aber auf und in sich schleppen Hunde und Katzen gerne eine ganze Arche Noah aus Keimen und Krankheiten herum, mit denen sie häufig Menschen infizieren, darunter der fast unzerstörbare antibiotikaresistente Superbazillus Staphylococcus aureus (siehe Grund Nr. 15). Vielleicht ist es Zeit, Bello mal wieder zu baden? Die Wahrscheinlichkeit, von diesem Kroppzeug ernsthaft geschädigt zu werden, ist zwar nicht gleich null, aber doch sehr gering. Seit fast zwanzigtausend Jahren sind Hunde und Katzen ein fester Bestandteil unserer Gesellschaft. Wir haben sie gezielt nach unseren Wünschen gezüchtet, und weil sie schon so lange mit uns zusammenwohnen, haben wir uns mit ihnen zusammen evolviert. Aber was ist mit dem ganzen anderen Getier, mit dem wir die Welt teilen?

Etwa 60 Prozent aller neu auftretenden Infektionskrankheiten haben ihren Ursprung in einem Tier. Krankheiten, die durch Evolution die Artgrenze vom Tier zum Menschen überspringen, werden als Zoonosen bezeichnet und haben eine beeindruckende Erfolgsgeschichte, von HIV über Ebola und Zika bis zu COVID-19. Allein in den letzten dreißig Jahren wurden rund dreißig brandneue Mikroben entdeckt, die beim Menschen Krankheiten verursachen, und 75 Prozent davon kamen von einem Tier. Du bezeichnest dich immer noch als tierlieb? Dann wasch dir wenigstens die Hände.

Bevor wir von PETA niedergemacht werden oder man uns vorwirft, wir würden mit diesem Kapitel zum Kreuzzug gegen die Geschöpfe Gottes aufrufen, wollen wir eines klarstellen: Wir hegen keinen Hass auf Tiere. Außer auf Wespen, diese Scheißdinger. Das Universum hat den Stammbaum der Tiere die übelsten Blüten treiben lassen, bis hin zu Rassisten und Verschwörungstheoretikern. Klar, manche sind auch ganz nett, aber die sind eindeutig in der Minderheit, vor allem bei unseren engsten Verwandten.

Beim Thema Tiere, denen man aus dem Weg gehen sollte, denkt man oft instinktiv an das australische Ökosystem, und das ist in gewisser Weise auch gerechtfertigt. In Australien leben zwanzig der fünfundzwanzig giftigsten Schlangen der Welt, außerdem einige der giftigsten Spinnen, der giftigsten Quallen und der giftigsten Kraken. Sogar Schnabeltiermännchen haben giftige Widerhaken an den Hinterbeinen. In Australien möchte man wirklich nicht von etwas gebissen werden, dabei sterben dort nur etwa zwei Menschen pro Jahr an Schlangenbissen und weniger als zwanzig Menschen an irgendeiner Vergiftung. Würdest du lieber von einem Taipan gebissen werden und einen Wettlauf gegen die Zeit miterleben, bis du ein Gegengift bekommst, oder von einem Löwen zerfleischt werden und in der afrikanischen Savanne verbluten, zerpflückt von Geiern, Hyänen und Schakalen? Das ist, als müsstest du dich entscheiden, ob du ungedopt bei den Olympischen Spielen oder lieber bei den Hunger Games antrittst.

Lass uns noch kurz bei Afrika verweilen. Dort gibt es mehrere Arten von Großkatzen, und auch die Pflanzenfresser sind furchterregend. Flusspferde, Elefanten und Büffel sind für etwa tausendzweihundert Todesfälle pro Jahr verantwortlich. Hast du schon mal gehört, dass jemand von einem Känguru zertrampelt wurde? Eher nicht – aber fang trotzdem keinen Boxkampf mit einem an, du kriegst nur auf die Fresse. In Afrika gibt es auch Gorillas und Schimpansen, Hyänen, Wildhunde und unzählige andere Tiere, die jeden Ausflug zum Extremsport machen können. Afrika hat auch noch mal ganz andere giftige Tiere, einschließlich schrecklicher Schlangen. Aber wir reden immer noch über Australien und Afrika, objektiv die beiden furchterregendsten Kontinente der Welt, oder? Dann lass uns in Gedanken ein Stückchen weiterreisen.

In Nordamerika gibt es Bären, richtig große Bären, die sauer werden, wenn sie nach einem ausgedehnten Nickerchen keinen Picknickkorb finden; sie töten etwa zwei Menschen pro Jahr. Außerdem gibt es Pumas, Wölfe, Bisons und Elche. Elche verletzen mehr Menschen als Grizzly- und Schwarzbären zusammen und bringen indirekt ein Vielfaches an Menschen um, indem sie beim Überqueren von Highways Autounfälle verursachen, und nur die kanadischen Elche entschuldigen sich dafür. Elche sind riesig, echt riesig. Oh, und in Nordamerika gibt es auch giftige Schlangen.

In Südamerika gibt es Jaguare, Kaimane, Anakondas, giftige Frösche, die vogelfressende Goliathspinne, einen giftigen Tausendfüßler, der so lang wie ein Lineal werden kann, und auch etliche Giftschlangen. In Asien gibt es den Komodowaran, Leoparden, Tiger, asiatische Elefanten, eine tödliche Schnecke und auch etliche Giftschlangen. In Europa gibt es Wölfe, Bären, Wildschweine und auch etliche Giftschlangen. In der Antarktis gibt es immerhin Seeleoparden. Allerdings keine Giftschlangen …

Bei all diesen Orten haben wir noch nicht einmal annähernd alle Tiere aufgezählt, die dich töten oder dir zumindest die Hose versauen könnten. Und die kontinentalen Landmassen machen nur einen kleinen Teil der Tierlebensräume auf der Erde aus. Wenn du dich in die Ozeane und Wasserstraßen wagst, kannst du auch Haie, Zitteraale, Piranhas, Krokodile, Orcas, Riesenkalmare, Steinfische und etliche giftige Seeschlangen dazuzählen. Mit anderen Worten: Ein beträchtlicher Teil der Tiere, mit denen wir den Planeten teilen, kann uns töten, auch ohne böse Absicht. Wenn irgendein Tier befindet, dass es keine Menschen in seiner Nähe haben will (und wer könnte es ihm verdenken?), hat es dank unserer weichen Außenhaut und der fehlenden Hörner, Krallen, Reißzähne, Schuppen sowie praktisch jeder Art von Abwehr leichtes Spiel. Unsere amerikanische Leserschaft denkt jetzt wahrscheinlich, dass Schusswaffen die Lösung sind. Aber selbst Gewehre können viele Tiere nicht aufhalten, wie australische Soldaten herausfinden mussten, als sie im Großen Emu-Krieg von 1932 an einer großen Emu-Herde scheiterten.

In schwierigen Situationen würden die meisten der oben genannten Tiere selbst dem hartgesottensten Kriminellen Angst einjagen. Vielleicht sollte sogar Batman die Auswahl seines Wappentiers noch einmal überdenken. Aber alle bisher genannten Tiere kommen nicht einmal in die Nähe des mörderischsten Tiers auf diesem Planeten. Des Menschen. Kleiner Scherz, wir wollen dir nicht zu nahe treten – es ist der Moskito. Trotzdem bezweifeln wir, dass aus *Mosquito Man* mehr wird als ein B-Horrorfilm für den DVD-Markt. Diesem Film von 2005, Regie Tibor Takács (kein Scherz, kannst du ruhig nachschauen), fehlt zwar der Publikumszuspruch, aber das macht er durch die Tödlichkeit seines Helden im echten Leben wieder wett. Vielleicht hatte Tibor Takács doch den richtigen Riecher und Marvel oder DC sollten sich mal schnell die Rechte an dieser Figur sichern.

Wir haben ja bereits beteuert, dass wir keine Tiere hassen, aber im Ernst: Mücken sind Scheiße. Mücken verursachen über siebenhundertfünfzigtausend Todesfälle pro Jahr. Das liegt vor allem an den Krankheiten, die sie übertragen, besonders an Malaria. Aber sie übertragen auch Zika, Elefantiasis, Gelbfieber, Dengue-Fieber, das Ross-River-Virus, das West-Nil-Virus, Japanische Enzephalitis, Chikungunya, Myxomatose und viele, viele weitere Seuchen, je nachdem, in welcher Region die Mückenart vorkommt. Wo auch immer man hinkommt, überall sind die Mücken die gleichen Arschlöcher mit Injektionsnadeln im Gesicht, die einem die Pest ins Blut jagen, während man schläft.

Es ist doch so: Überall, wo man hinguckt, gibt es Tiere, die so gruselig aussehen, dass verglichen mit ihnen Willem Dafoe in die Zahnarztwerbung auf dem Heck eines Busses passen würde. Immer gibt es etwas, das uns Menschen beißt, vergiftet, zertrampelt, zerfleischt, zerkratzt, ansteckt oder zu begatten versucht. Die Tiere können nichts dafür – es ist ein Ausdruck ihrer Instinkte und, um fair zu sein, wahrscheinlich auch eine Folge menschlicher Unvorsichtigkeit. Wie dem auch sei: Welches Universum erschafft einen Planeten, auf dem es von Lebensformen nur so wimmelt, und beschließt dann, überall Giftschlangen drunterzumischen?

GRUND

Der Boden könnte jeden Moment nachgeben

Die Erde ist echt groß. Vielleicht kommt sie dir gar nicht so groß vor, nachdem du die Kapitel über den Weltraum gelesen hast, aber in diesem Kapitel ist sie riesig. Und wenn wir von der Erde sprechen, meinen wir nicht nur die Oberfläche. Der größte Teil der Erde ist so unberechenbar wie Brad Pitt in einem tansanischen Waisenhaus. Aber die Kruste, die gerade mal 0,45 Prozent der Erdmasse ausmacht, ist bewohnbar, fest und starr – eher wie Doug Pitt, Brads jüngerer Bruder, Geschäftsmann, Philanthrop und nebenbei Sonderbotschafter der Vereinten Republik Tansania ... Moment mal. Kann nicht sein, oder? Na, egal, es ist offensichtlich, wer stabiler ist. Oder doch nicht?

Nur ein extrem kleiner Teil der Erde ist bewohnbar, und allein das ist schon so deprimierend, dass es eigentlich reichen müsste, um das Universum zu hassen. Zum Glück haben wir das vorausschauend unter Grund Nr. 22 abgehandelt. Sprechen wir über die bewohnbaren Orte auf der Erde. Sie bestehen aus Gestein, das so langsam herumrutscht, dass selbst David Attenborough es nicht per Zeitraffer filmen kann. Nur gelegentlich kommt dieses träge Gestein in überraschend flinke Bewegung und wird ganz hibbelig wie der sechsundneunzigjährige Sir David, wenn ihm die perfekte Luftaufnahme gelingt. Ja, selbst die eigentlich so verlässliche und stabile Oberfläche unserer Kugel im Weltraum kann einen Knacks bekommen und auf uns ahnungslose Menschen losgehen. Das würde dem guten Dave nie passieren.

Die Erdoberfläche ist im Grunde ein Puzzle aus vielen unterschiedlich großen Teilen. Aber das Puzzle ist nicht auf einem stabilen, flachen Tisch zusammengesetzt, sondern schwimmt auf einer flüssigen Kugel, die die Schwabbeligkeit von ungebackenem Kuchenteig hat. Und statt dass die Teile ordentlich zusammenpassen, stoßen sie aneinander. Manchmal schiebt sich eines unter das andere und verschmilzt mit dem Kuchenteig. Kriegst du auch schon Appetit? Warte mal kurz.

Danke fürs Warten. Für dich waren das gefühlt nur Sekunden, für uns aber gefühlt eine Ewigkeit, in der wir uns eine vegane Bio-Vollkorn-Stulle zubereitet haben, nur um uns nach der Tüte Chips und den zehn Fertig-Muffins nicht so schlecht zu fühlen, die wir bei drei Stunden Discovery Channel verputzt haben. Na ja, mit dem gleichen Gefühl betrachten die tektonischen Platten die gesamte Geschichte unserer Gattung. Die Kontinente sind relativ unverändert geblieben, seit vor etwa zwei Millionen Jahren der erste Homo erectus vom heutigen Äthiopien aus nach Norden gewandert ist. Ja, die Kontinentalverschiebung hat Zeit.

Tatsächlich bewegen sich diese Puzzleteile so langsam, dass selbst das schnellste von ihnen jedes Jahr nur etwa zwei Drittel der Länge deines Handys zurücklegt. (Das ist übrigens die pazifische Platte. Aber sie ist eine ozeanische Platte, die niemand bewohnt und niemand dafür bewundert.) Die viel größere und langsamere eurasische Platte, zu der Länder wie Kosovo und Tibet gehören, bewegt sich mit der rasanten Geschwindigkeit von etwa zwei Fingerbreit pro Jahr. Europa und Asien sind im Laufe deines Lebens ungefähr so weit nach Südwesten gerückt, wie du mit einem Schritt gehen kannst. Aber mit reichlich Zeit wird diese Verschiebung klimatische Muster verändern, Landbrücken zwischen Kontinenten schaffen und die Meeresströmungen umleiten. Da die Plattentektonik so langsam ist, wird unsere Zivilisation diese Auswirkungen wahrscheinlich nicht mehr miterleben. Leider fanden einige von uns, es wäre cool, das Ganze doch mitzuerleben, und verheizten jede Menge alten Kohlenstoff, um das Klima zu verändern. Jedenfalls solltest du dich vom Schneckentempo weit entfernter Gegenden nicht täuschen lassen. Zwar ist die durchschnittliche Bewegung der Erdplatten verschwindend gering, aber hin und wieder haut uns das Universum in die Pfanne.

Weißt du noch, als du in der Kindheit deinen ersten Wunderball bekommen hast? Als aufgewecktes Kind wusstest du, dass es sich um ein hartes Bonbon handeln würde, aber du vertrautest auf deine neu gewachsenen Backenzähne, die schon seit Monaten Lutschbonbons knackten, als seien es Wachteleier. Du hast den Wunderball in den Mund genommen und zugebissen. Er war wirklich hart, noch härter, als du gedacht hattest, aber deine Kaumuskeln hatten gerade erst angefangen. Du hast das Bonbon gepresst und immer mehr Widerstand im Kiefer gespürt, aber nichts passierte. Du hast den Druck erhöht und schon bald in der Backe jenes Brennen verspürt, das die Muskelermüdung ankündigt. Dann hast du ein letztes Mal kräftig zugedrückt und … knack! Ein Zahn war abgebrochen. Das hat deine Eltern einen hübschen Batzen Geld gekostet. Ähnlich ist es an der Grenze zwischen den tektonischen Platten der Erde. Der Druck baut sich immer weiter auf, bis er sich entlädt. Im Ergebnis geht einiges zu Bruch, Reparaturrechnungen türmen sich und man blättert verzweifelt im Kleingedruckten der Versicherungspolice.

Du hast vielleicht schon von der Richterskala gehört, die die Stärke von Erdbeben misst. Sie wird mithilfe wackelnder Nadeln berechnet, die Linien auf Papier zeichnen und Seismografen genannt werden. Indem man den Umfang des Wackelns an verschiedenen Orten und Zeiten misst, kann man bestimmen, wo, wann und wie stark ein Erdbeben war. Stell dir vor, du stehst mit deinen engsten Freunden in einem völlig dunklen Raum und hörst jemanden furzen. Wenn alle in die Richtung zeigen, in der sie den Furz gehört haben, lässt sich der Ursprung verorten. Aber wenn ihr alle Blähungs-Seismografen wärt, könntet ihr genau bestimmen, wie viel Dezibel der Furz hat und ob er auf Protein oder Ballaststoffen beruht. Aber anders als bei einem guten Darmwind haben wir bei einem Erdbeben keine Kontrolle darüber, wann es auftritt.

Wir sind bemerkenswert schlecht im Aufspüren von Erdbeben. Wir können nicht einmal vorhersagen, ob es in den nächsten Jahrzehnten Erdbeben geben wird, geschweige denn, wie groß sie sein werden. Wir können nicht mehr tun, als kilometerweit vom Epizentrum entfernte Gebiete ein paar Sekunden vorher zu warnen – ja, genau, *ein paar Sekunden*. Und das natürlich erst, nachdem das Erdbeben bereits stattgefunden hat. Stell dir vor, du gehst an die Tür, und Lindsay Lohan steht da und sagt: »Jetzt kriegst du in die Fresse, und zwar in drei, zwei, eins ...« Nur dass du nach einem Erdbeben nicht in die Fresse bekommst, sondern an der Stelle, wo dein Haus stand, einen Haufen Schutt hast und keinen Promi, dem du eine Klage anhängen kannst.

Wir wollen dich nicht beunruhigen, aber du könntest in diesem Moment von einem Erdbeben betroffen sein! Keine Sorge, es ist wahrscheinlich eines der kleineren Erdbeben, die man nicht spürt. Zum Glück sind das die häufigsten, und sie landen auf der Richterskala noch unter der 1. Erdbeben der Stärke 6 auf der Richterskala erlebt die Erde etwa hundertmal pro Jahr. Von 1 auf 6 scheint kein Riesensprung zu sein, allerdings ist die Richterskala logarithmisch, was bedeutet, dass ein Anstieg um einen Punkt einer Verzehnfachung der Stärke entspricht. Wenn du im Kopf mitrechnen würdest, wüsstest du, dass ein Erdbeben der Stärke 6 hunderttausendmal stärker ist als ein Erdbeben der Stärke 1. Das Erdbeben von 2011, das die neuseeländische Stadt Christchurch fast vollständig zerstörte, hatte etwa die Stärke 6. Bei Erdbeben kommt es jedoch nicht nur auf die Größe an – Ähnliches wird dir jeder Geologe versichert haben, mit dem du geschlafen hast.

Für das Ausmaß der Schäden spielen auch die Nähe des Erdbebens zur Erdoberfläche und seine Dauer eine Rolle. Das Erdbeben von Christchurch war so verheerend, weil es sich nahe an der Erdoberfläche, direkt unter der Stadt, ereignete. Das Erdbeben im Indischen Ozean, das am zweiten Weihnachtstag 2004 einen Tsunami auslöste, hatte die Stärke 9 auf der Richterskala und dauerte zehn Minuten. Dadurch türmte sich das Meer bis auf eine Höhe von fast achtunddreißig gestapelten Mangusten und überschwemmte die umliegenden Inseln, wobei etwa eine Viertelmillion Menschen und mindestens siebenunddreißig Mangusten ums Leben kamen.

Die meisten Erdbeben dauern klägliche 20 Sekunden, aber 20 Sekunden reichen aus, um dich gründlich durchzuschütteln – wie dir gewiss jeder Geologe versichert hat, mit dem du geschlafen hast. Nach einem Erdbeben kann sich das Land um mehrere Meter heben (oder senken, je nach Standpunkt). Ein Erdbeben kann das Gelände auch seitlich verschieben und Straßen, Eisenbahnen und alles Längliche zerpflücken, das eigentlich länglich bleiben sollten. Erdbeben zupfen das Land so zurecht, dass es für die Erde bequemer ist, und so bleibt es dann bis zum nächsten Beben, das Tage, Monate, Jahre oder Jahrzehnte entfernt sein kann. Offenbar will das Universum uns nur wissen lassen, dass es uns an den Kragen will, aber nicht, wann.

Angenommen, du hast das schlechte Karma oder das vom Universum eingefädelte Pech, von einem Erdbeben betroffen zu sein. Was erwartet dich? Eine echte Gefahr sind zunächst einmal Gebäude, Felsen und grundsätzlich alle umstürzenden Objekte, die höher sind als ein paar auf dem Kopf von David Attenborough stehende Mangusten. Also beschließt du, dass es am besten sei, auf die Koppel hinter deinem Haus zu rennen, weil du aus irgendeinem Grund Viehwirtschaft betreibst. Schlechte Entscheidung. Klar, du hast Landbesitz, aber kein stabiles Einkommen. Außerdem, was nützt dir dein Grund und Boden bei erdbebenbedingter Bodenverflüssigung? Wenn die Erde bebt, verwandelt sich Ackerboden in zähen Schlamm und Sand in Treibsand. Alles, was auf diesem losen Grund steht, versinkt. Ganze Dörfer wurden durch Bodenverflüssigung zerstört, weil Gebäude umstürzten, und zwar nicht direkt durch die Erschütterungen, sondern weil die Fundamente von der Erde verschlungen wurden wie in *Dune* – immerhin ohne menschenfressende Riesenwürmer.

Was musst du also tun, wenn du in einem erdbebengefährdeten Gebiet wohnst und das Beben beginnt? Das Beste, was du tun kannst, ist, Schutz zu suchen, etwa unter einem Tisch, und zu hoffen, dass es bald vorbei ist – wie bei allen Geologen, mit denen du je geschlafen hast. Erdbeben sind nur ein weiteres Beispiel dafür, dass die allmählichen, beinahe friedvollen Bewegungen des Universums oft in Gewalt umschlagen. Da gibt es keine Vorwarnung, keine Gnade und kaum ein Entkommen, außer für die oberste Manguste.

GRUND

Die Erde ist mit explosiven Pickeln übersät

Stell dir vor, der einzige essbare Teil eines Apfels wäre die Schale, während Fruchtfleisch, Kerne und Stiel nicht nur ungenießbar, sondern giftig wären (was gewissermaßen der Fall ist; siehe Grund Nr. 16). Ähnlich dick wie die Apfelschale ist im Verhältnis der bewohnbare Bereich auf der Erde: eine dünne Kruste, die auf etwas Dickflüssigem, Todbringendem schwimmt. Aber bei unserem hypothetischen Apfel blubbert das giftige Innere wenigstens nicht an die Oberfläche wie auf der Erde. Es explodiert auch nicht, um einen großen Teil des Apfels zu zerstören und die Luft um ihn herum über Jahrhunderte zu verändern. Erraten, wir sprechen über Vulkane!

Vulkane wurden lange von alten Kulturen als Götter und von Erdkundelehrern als Bastelprojekt gepriesen. Sie gebieten Ehrfurcht, und wir haben sie ihnen gezollt. Wir haben sie in der Kunst romantisch verklärt, und sie haben in allen Kulturen ihren Platz – bei den alten Minoern ebenso wie bei heutigen Eltern, die am Abend vor dem Abgabetermin die Erdkundepräsentation ihres Kindes fertigstellen. Und was haben wir als Gegenleistung für all diese Verehrung erhalten? Tod und Zerstörung. Ja, auch erstaunliche wissenschaftliche Erkenntnisse, aber vor allem Tod und Zerstörung.

Manche Vulkane sind sehr lästig. Sie brechen aus und pumpen Staub, Asche und andere Schadstoffe in die Atmosphäre. Nehmen wir zum Beispiel den isländischen Vulkan Eyjafjallajökull (wir würden so gerne wissen, wie du das gerade im Kopf ausgesprochen hast). Er brach 2010 einige Monate lang immer wieder aus und erzwang die Absage von etwa einhunderttausend Flügen. Aber das ist kein Grund, Vulkane zu hassen. Wäre der Eyjafjallajökull ein Mensch, würdest du ihn vielleicht nicht mögen, weil du seinetwegen deine Reise nach Rom stornieren musstest, aber du würdest sicher keinen tiefen, bitteren Hass gegen ihn hegen. Wenn du anderer Meinung bist, kennen wir ein paar Leute aus Pompeji, die dir versichern könnten, dass eine ausgefallene Romreise das geringste Übel ist.

Der Eyjafjallajökull ist ein echter Babyvulkan, den wir bereits im Auge hatten und von dem wir in etwa wussten, wie er sich verhalten würde. Es gibt viele, die wir nicht auf dem Radar haben, wie die auf dem Meeresgrund oder unter der antarktischen Eisdecke. Niemand weiß, wann oder wie stark sie ausbrechen werden, aber wahrscheinlich wird es nur wieder Unannehmlichkeiten verursachen. Besorgniserregender sind einige der Vulkane, die wir beobachten und die viel, viel größer sind. Sollten sie ausbrechen, sind nicht nur deine Reisepläne hinfällig, sondern der ganze Planet.

Bei drei der letzten fünf Massenaussterben waren Vulkane im Spiel, aber den ganzen Ruhm für globales Massensterben ernten die Asteroiden. Vulkane waren wahrscheinlich der Hauptgrund für das Ende der Trias, bei dem 50 Prozent aller Arten auf der Erde ausgelöscht wurden. Allein das ist ein triftiger Grund, sie zu hassen. Ganze Zivilisationen wurden von Vulkanen so rasch vernichtet, dass die europäischen Eroberer des 16. Jahrhunderts neidisch gewesen wären. In Indonesien, Südamerika und im Mittelmeerraum gingen ganze Völker durch Vulkanausbrüche verloren – und das sind nur einige wenige aus zwölftausend Jahren Geschichte. Wer weiß, wie viele geniale Köpfe und genetische Wunderkinder in prähistorischer Zeit vom Angesicht der Erde getilgt wurden, weil ein wütender Berg sich auskotzen musste wie jemand, der zu lange im Buffetrestaurant war.

Vielleicht überrascht es dich, dass diese meist lästigen, aber manchmal auch tödlichen Erdpickel deshalb entstehen, weil die Haut der Erde ständig in Bewegung ist. Die Erdkruste ist nicht so ebenmäßig wie die Haut der Äpfel im Supermarktprospekt, sondern eher so wie bei den Äpfeln, die der Lieferdienst für dich aussucht. An seiner dünnsten Stelle ist der Boden unter unseren Füßen nur so dick wie siebentausend aufeinander gestapelte Schwänze. Keine Ahnung, welches Bild du gerade im Kopf hast, aber es verdeutlicht hoffentlich, wie dünn der Bodenbelag unseres Heimatplaneten ist. Dennoch sollten wir froh sein, dass es ihn gibt, denn darunter schmilzt das Gestein und verhält sich wie kalter Honig. Besonders dünn ist die Kruste dort, wo sich die tektonischen Platten aneinander vorbeischieben. Rutscht eine kontinentale Platte auf eine ozeanische Platte, entsteht viel Hitze und ein Teil des weniger dichten geschmolzenen Gesteins blubbert an die Oberfläche. Nach ausreichend langem Blubbern bildet sich ein Pickel auf der Erdoberfläche. Das ist peinlich, denn die Erde ist bestimmt schon mittleren Alters und müsste eigentlich die Akne hinter sich haben.

Mit der Bezeichnung »Pickel der Erde« ist die Funktionsweise eines Vulkans äußerst ungenau beschrieben, aber sie erlaubt einige interessante Analogien. Pickel ist nicht gleich Pickel, das gilt für die Erde ebenso wie fürs Gesicht. Manche sind groß und so schmerzhaft, dass man spürt, wie sich der Druck in ihnen aufbaut, bis eines Tages ... plopp! Der ganze Spiegel voll. Manche sind klein und bilden Gruppen und nässen eher spärlich über eine Woche hinweg. Und manche scheinen immer wieder an der gleichen Stelle aufzutauchen, nur um dann zu platzen, zu verschwinden und Monate oder Jahre später wiederzukommen. Jetzt haben wir dir wahrscheinlich jegliche Vulkanromantik ausgetrieben, es sei denn, du gehörst zu denen, die gerne Pickel ausdrücken und gerade merken, dass sie Geologie studieren wollen.

Vulkane häufen sich an bestimmten Stellen, ähnlich wie die Pickel auf deinem Gesicht und deinem Hintern. Aber aufgrund der Beschaffenheit der Erdoberfläche können sie an so ziemlich jedem Ort auftauchen, wie etwa ein Pickel in der Achselhöhle. Hawaii ist bekannt für Strände, Surfwellen und gutes Wetter. Aber auch die aktiven Vulkane üben eine Anziehungskraft auf Millionen von Touristen aus und bringen Hawaii jedes Jahr weit über 150 Millionen Dollar ein. Für geologisch Interessierte (und alle, die zu genau mitgelesen haben) kommt jetzt der Schock: Diese Inselidylle liegt keineswegs in der Nähe einer Plattengrenze! Eher ähneln die hawaiianischen Vulkane dem isländischen Vulkan, den wir vorhin kennengelernt haben ... Wie hieß er noch mal? »Ey-re-plostaffja ...« ach was, nennen wir ihn einfach Greg. Greg und seinesgleichen sind majestätisch, friedlich und haben nur ab und zu ein paar Wutanfälle. Nimm dir ein Beispiel an Greg.

Ein berühmter Vulkan, an dem du dir bitte kein Beispiel nehmen solltest, ist der im Nationalpark Yellowstone. Fairerweise muss man sagen, dass er wirklich schön und friedlich ist und einen Geysir hat, der Old Faithful heißt, weil er fast noch verlässlicher ist als die Deutsche Bahn, wenn es um Zugausfälle und Managerboni geht. Man müsste sich also wegen dieses Vulkans keine Sorgen machen, denn Yellowstone zieht über vier Millionen Touristen an, die jedes Jahr insgesamt etwa 500 Millionen Dollar ausgeben. Aber der Yellowstone ist kein gewöhnlicher Vulkan, sondern ein Supervulkan. Supervulkane sind genau das, was der Name vermuten lässt – Vulkane, deren Ausbrüche so heftig sind, dass sie in der Umgebung ganze Ökosysteme auslöschen und die weltweiten Wettermuster über Jahrhunderte verändern. Sie sind nicht die Pickel der Erde, sondern ausgewachsene Eiterbeulen, die jeder Hautcreme trotzen und bei Dr. Pimple Popper auf YouTube garantiert viral gehen würden.

Das letzte Mal brach der Yellowstone vor etwa sechshundertvierzigtausend Jahren aus und laut Wissenschaft wird es mindestens eine Million Jahre dauern, bis er wieder ausbricht, wenn überhaupt. Aber die Wahrscheinlichkeit ist nicht gleich null und der Yellowstone ist nur einer von etwa einem Dutzend Supervulkanen auf der Erde. Damit ein Vulkan heiße Lava ausspucken kann, muss er erst voll damit sein. Klingt logisch, ist es auch. Wir können nicht ins Innere des Yellowstone gucken, aber wenn er voll wäre und genug Druck aufbauen würde, könnten wir uns von Wyoming, Montana und Idaho verabschieden, denn alle drei Staaten würden unter einer Ascheschicht begraben werden, die so dick wäre wie fünfzehn Packungen Druckerpapier oder etwa fünfzig Exemplare dieses Buches, vorausgesetzt, du liest die Taschenbuchausgabe. Der Verlust so vieler Bücher wäre eine Tragödie. Ob jemand merken würde, dass die drei Staaten fehlen, ist fraglich.

Nach der Explosion, die schon schlimm genug wäre, würde es in ganz Nordamerika Glas und Gestein regnen. An dem Tag wäre es nicht ratsam, mit der Zunge Schneeflocken fangen zu wollen. Auf der ganzen Welt würde sich das Klima über mehrere Jahre abkühlen, woraus du bitte nicht schließen solltest, dass ein explodierender Vulkan ein zuverlässiges Mittel gegen die globale Erwärmung sein könnte. Der letzte Ausbruch eines Supervulkans liegt etwa fünfundsiebzigtausend Jahre zurück und löste einen Winter aus, den selbst George R. R. Martin als überzogen lang bezeichnen würde. Nach dieser Toba-Katastrophe, die die Menschheit fast ausgerottet hätte, herrschte auf der Erde acht Jahre lang die kalte Jahreszeit. Das war zwar keineswegs das erste Mal, dass ein Vulkan eine oder mehrere Spezies auslöschte, aber damals ging es um unsere Spezies, und das nehmen wir doch ein bisschen persönlich. Netter Versuch, Universum.

Also bitte, spar dir die Vulkanromantik. Du kannst die Dinger gerne mal besichtigen oder dir Dokus darüber angucken. Du kannst auch gerne mal Geologe spielen. Geologen sind sexyer als alle anderen Wissenschaftler. Cargo-Shorts, Sandalen mit Socken, strähniges Haar zum Pferdeschwanz gebunden – das für diesen Look nötige Selbstbewusstsein ist an sich schon erregend ... hmmm ... Wie auch immer, Vulkane sind nur ein Ausdruck der Arschlochhaftigkeit des Universum, das nicht nur entschieden hat, dass wir nicht *im* Planeten leben können, sondern uns auch gerne daran erinnert, dass wir nur ausnahmsweise *auf* ihm leben dürfen. Vulkane sollten nicht angebetet werden, sondern als das benannt werden, was sie wirklich sind: gewalttätige Manifestationen der Feindseligkeit des Universums gegenüber dem Leben. Dagegen können wir nicht das Geringste tun – außer wegzulaufen.

Genau das taten die Anwohner, als 1980 der Mount St. Helens ausbrach – also die meisten von ihnen. Das Schlimmste an diesem Ausbruch war, dass der Mount St. Helens nicht nach oben, sondern seitwärts ausbrach und heiße Asche, Schlamm und Gestein quer übers Land schleuderte wie ein ohnmächtiger Fußballfan, der in der Bahn auf den Gang kotzt. Ein örtlicher Starrkopf namens Harry R. Truman wurde mitsamt seinen sechzehn Katzen zu Asche, nachdem er Evakuierungsteams und Journalisten gesagt hatte, er würde nicht weggehen, schließlich sei er »ein Teil des Berges«. Tja, das fand der Berg auch. Vor Ort blieb auch der Vulkanologe David A. Johnston. Er war in rund 10 Kilometern Entfernung stationiert, um im Auftrag der US-Kartografiebehörde den Ausbruch zu beobachten, was ihm mit seinem letzten Funkspruch zweifellos gelang: »Vancouver, Vancouver, es geht los!« Leider wurden seine Überreste nie gefunden. Da liebt einer das Universum, und was bekommt er dafür? Eine Bestattung ohne Sarg und eine knappe Erwähnung in einem Buch darüber, wie beschissen das Universum ist.

GRUND

Selbst bewohnbare Orte sind scheiße

Weißt du noch, als du mal die falsche Abfahrt genommen hast und prompt in Gießen gelandet bist und dir gedacht hast: »Hier könnte ich nie leben.« Damit lagst du nicht falsch, aber gewissermaßen hat jeder Ort etwas Gießenhaftes. Wir haben bereits darüber gesprochen, wie unwirtlich das Universum sein kann, aber ist dir auch klar, wie unwirtlich die Erde selbst ist?

Auf der Erde zu leben, ist so, als hättest du ein olympisches Schwimmbecken im Garten, würdest aber nie die oberste Stufe am Ende verlassen. Die Erdoberfläche ist etwa 510 Millionen Quadratkilometer groß, das sind 71,5 Milliarden Fußballfelder. Das entspricht etwa der Größe von zweiundfünfzig Vereinigten Staaten von Amerika, vierundsechzig Australiens, dreißig Russlands oder 3,2 Millionen Liechtensteins. Wer den Globus mit dickem, grauem Leder auskleiden wollte, bräuchte dazu neunundzwanzig Billionen Indische Elefanten ... aber die sind vom Aussterben bedroht. Wieso sollte man so was überhaupt machen wollen?

Aber 71 Prozent der Erdoberfläche sind von den Ozeanen bedeckt, was für Fische und Meerestiere großartig ist, aber selbst die leben zu etwa 90 Prozent nur in den oberen 300 Metern. Wenn man bedenkt, dass der Ozean eine Tiefe von etwa 11 Kilometern oder viertausendfünfhundert aufeinander gestapelten Indischen Elefanten (mit Haut) erreichen kann, ist der bewohnbare Bereich im Vergleich zur Gesamtfläche der Ozeane verschwindend gering. Die durchschnittliche Tiefe aller Weltmeere beträgt etwa 3,5 Kilometer. Man kann diese Strecke zu Fuß in weniger als einer Stunde zurücklegen. Warum halten sich die meisten Lebewesen dann nur in den obersten 8 Prozent auf? Wieder ist der Grund in der Physik zu finden sowie in der Weigerung des Universums, uns das Leben leicht zu machen.

Das Licht dringt maximal bis in die Tiefe von etwa dreihundertdreißig Indischen Elefanten ein. Alles Tiefere befindet sich im Grunde genommen in ewiger Nacht, da nur sehr wenig Himmelslicht nach unten dringt. Darum wachsen hier keine Wasserpflanzen oder Algen, infolgedessen gibt es keine Pflanzenfresser und nur sehr wenig Sauerstoff. Die wenigen Organismen, die sich in dieser Zone aufhalten, beziehen alle lebensnotwendigen Nährstoffe aus dem ständig herabrieselnden Detritus, also aus Tierleichenteilen und Scheiße. Stell dir vor, wir könnten uns ausschließlich von Zerstückeltem und Gestorbenem ernähren ... äh, warte mal. Na ja, wenigstens essen wir keine Scheiße. Da dieser Regen aus Verwestem kontinuierlich zu Boden sinkt, müssen die Tiere hier auch schnell sein, sonst könnten sie zu kurz kommen.

Je tiefer man kommt, desto höher und höher wird der Druck von allen Seiten. In einer Tiefe von fünfhundert gestapelten Indischen Elefanten liegt der Druck bei 140 bar. Zum Vergleich: Ein Basketball hat einen Druck von 0,55 bar, während dein Blutdruck etwa 0,14 bar beträgt – mehr, wenn nervige Verwandte zu Gast sind. Der Druck in 1,5 Kilometern Tiefe ist demnach etwa einhundertvierzigmal höher als an der Oberfläche. Ein solcher Druck würde dir mit Sicherheit die Lungen zerquetschen und dir möglicherweise einige Rippen brechen, falls du irgendwie ohne U-Boot dort hinabtauchen würdest. Auf dem Grund des Marianengrabens, dem tiefsten Punkt des Ozeans, herrscht ein Druck von satten 1170 bar. Viele glauben, ein Mensch würde unter solch hohem Druck implodieren oder explodieren. Stattdessen würde das Wasser wahrscheinlich in alle Körperöffnungen eindringen wie im Werbespot die blaue Testflüssigkeit in die Damenbinde. Aber warte, das ist noch nicht alles. Wir sollten klarstellen, dass wir nur annehmen, dass dies passieren würde, denn das Experiment wurde noch nie durchgeführt.

Das Gegenteil passiert immer dann, wenn wir Lebewesen aus der Tiefe an die Oberfläche holen, und dieses Experiment wurde durchgeführt. Wenn man Tiefseewesen an die Oberfläche holt, sickert die Flüssigkeit, die einst ihre Hohlräume füllte, aus ihren Öffnungen und sie blähen sich wie Ballons. Nehmen wir zum Beispiel den Blobfisch. In seiner natürlichen Umgebung sieht er aus wie ein stacheliger Vin Diesel (am Set). Aber wenn er an die Oberfläche gezogen wird, sieht er aus wie ein trauriger, schlaffer Danny DeVito (am Set).

Aber lass uns aus dem Ozean aufsteigen und uns den restlichen 29 Prozent der Erdoberfläche zuwenden, die Festland sind. Man könnte meinen, es gäbe dort jede Menge Platz zum Leben, aber das meiste Land ist tatsächlich unbewohnbar. Wenn es nicht gerade eine eisige Einöde ist, ist es eine heiße Sandwüste, die zu wenig Wasser und Nährstoffe bietet, um vielfältiges Leben gedeihen zu lassen. Ganz zu schweigen von den Bergregionen, die steil und schwer begehbar sind und in denen die Atmosphäre so kalt ist, dass Wasser gefriert und die meisten Pflanzen nicht wachsen können. Zwar erklimmen abenteuerlustige Menschen unter Einsatz ihres Lebens und ihrer Zehen die höchsten Gipfel, um dort

Müll abzuladen und Selfies zu machen, aber bleiben möchte dort niemand.

Selbst wenn wir uns Orte ansehen, die für Menschen theoretisch bewohnbar wären, sind sie meistens unzugänglich. Man denke nur an den tiefen Dschungel von Borneo oder an die Tausenden kleinen Inseln, die über die Ozeane verteilt sind. Solange man nicht in einer Kommune oder als Einsiedler leben möchte, sind auch sie nicht sehr praktisch. Viele dieser Orte sind bereits von Pflanzen und Tieren bewohnt, die es nicht schätzen, wenn sich jemand bei ihnen zu Hause breitmacht (tja, die Natur hasst uns – siehe Grund Nr. 19). Außerdem hat das Leben an abgelegenen Orten bestimmte Nachteile, etwa Lebensmittelknappheit, eingeschränkte medizinische Versorgung, schlechtes WLAN und romantische Verstrickungen mit nicht allzu entfernten Verwandten.

Und so stecken wir eben fest auf der Oberfläche eines kreiselnden Felsens. Den Großteil dieser Oberfläche können wir nicht bewohnen, ohne uns selbst umzubringen oder gewaltige Schäden anzurichten. Und versuch gar nicht erst abzuhauen, denn jenseits unseres Felsens versteht das Universum noch weniger Spaß als darauf. Aber Moment ... Wir denken nur in zwei Dimensionen. Was, wenn wir nicht an der Oberfläche blieben, sondern ins Erdreich und ins Gestein hinabstiegen und dort eine neue Gesellschaft aufbauten, weit unterhalb der Maulwürfe und Regenwürmer, ja der tiefsten Wurzeln? Wir müssten uns keine Sorge wegen Umweltverschmutzung machen, es gäbe jede Menge Grundwasser, die Temperaturen wären viel stabiler und wir könnten das Licht mit Spiegeln hinablenken! Problem gelöst! Na ja, nicht ganz.

Ähnlich wie im Ozean gibt es auch für das Leben unter der Erde eine Wohlfühlzone, und je tiefer man hinabsteigt, desto heißer wird es. In einer Tiefe von etwa fünfhundert gestapelten Indischen Elefanten, also nur halb so tief wie der Ozean, kann die Temperatur unter Tage das ganze Jahr über schwüle 45 Grad betragen. Im tiefsten Bergwerk der Welt, das tausendzweihundert Indische Elefanten tief ist, herrschen Temperaturen von bis zu 60 Grad. Es gibt eine Reihe von Städten, die sich direkt unter der Erdoberfläche befinden. Coober Pedy in Australien oder die Berberhöhlen in Tunesien sind gute Beispiele dafür. Aber so gut wie jeder Ort, an dem unterirdische Unterkünfte genutzt werden, befindet sich in einer extremen Umgebung. In Coober Pedy zum Beispiel schwanken die Oberflächentemperaturen zwischen 6 Grad Celsius und 50 Grad Celsius, was die Immobilienmakler notgedrungen mit »für jeden etwas« umschreiben.

Das tiefste Loch, das Menschen jemals in die Erdkruste gegraben haben, kommt auf etwa 12 Kilometer. In dieser Tiefe liegt die Temperatur bei über 200 Grad. Wenn jetzt noch jemand über die Klimaanlage im Büro meckert, kannst du ruhig »Schnauze« sagen – es könnte viel schlimmer sein. Aber selbst die beeindruckende Spanne von 12 Kilometern macht nur etwa 0,2 Prozent des Erdradius aus, und die Erdkruste ist nur etwa doppelt so dick. Wir leben auf einer Kruste, die so dick ist wie eine Schicht Alufolie auf einem Tennisball. Man braucht sie nur mit dem Schläger anzutitschen (oder mit einem Asteroiden – siehe Grund Nr. 32), schon reißt sie auf.

Unter der Kruste befindet sich der Erdmantel. Er ist 3000 Kilometer oder etwa eine Million gestapelter Indischer Elefanten dick (der letzte Elefantenstapel, Ehrenwort) und besteht aus geschmolzenem Gestein, das bei Temperaturen von über 1500 Grad herumquirlt. Ziemlich klar, dass man dort auch nicht leben kann.

Leider wird es immer schlimmer, je tiefer man kommt. Im Erdkern ist es noch heißer und noch dichter, und wahrscheinlich gibt es dort allerlei Strahlen und elektrische Ströme, die dir nicht gut bekommen würden. Verglichen mit dem Erdinneren ist der Meeresboden eigentlich ein Paradies, trotz aller Wassermassen. Was manche Filme erzählen, ist Schwachsinn – niemand wird jemals zum Mittelpunkt der Erde reisen.

Aber warum in die Tiefe gehen, wenn man auch in die Höhe gehen kann? Vielleicht sollten wir die Atmosphäre besser ausnutzen. Wie wär's mit schwebenden Städten, hoch über der Erdoberfläche? Schön wär's, wenn der Sauerstoffgehalt nicht so niedrig und die Strahlenbelastung nicht so hoch wäre und der Wind nicht ziemlich konstant mit 90 Kilometern pro Stunde wehen würde. Also schön für alle, die krebsverseucht und nach Luft röchelnd in einem nicht enden wollenden Hurrikan leben möchten. Prinzipiell stecken wir also dort fest, wo wir sind. Mach's dir gemütlich und lerne, deinen Wohnort zu lieben, denn es gibt viel schlimmere. Wenigstens müssen wir uns nicht von herabrieselnden Kackpartikeln ernähren.

Zwar mag es scheinen, als hätte uns das Universum aus Nettigkeit einen schönen Planeten zur Verfügung gestellt, der alle unsere Bedürfnisse befriedigt, aber wie immer ist es eine Mogelpackung: Wir müssen nur ein wenig graben, und schon merken wir, dass das Universum echt geizig ist. Selbst der einzige bekannte lebensfreundliche Ort im Universum ist zu 99,9 Prozent unwirtlich. Carl Sagan meinte, wir sollten hinaus in den Kosmos schauen und über seine Größe staunen. Das war als Übung in Demut gemeint, macht aber in Wirklichkeit nur unmissverständlich klar, dass das Universum uns in einem isolierten Eckchen einer feindseligen Hölle gefangen hält.

Übrigens: Ein Indischer Elefant ist etwa 3,1 Meter groß.

GRUND

Wasser ist meistens tödlich

Abgeordnete im neuseeländischen Bundesparlament haben zweimal einen Gesetzesentwurf vorgelegt, der die Verwendung der Chemikalie »Dihydrogenmonoxid« verbieten sollte – einmal im Jahr 2001 und ein weiteres Mal im Jahr 2007. Im Jahr 2004 erwog der Stadtrat von Aliso Viejo in Orange County ein Verbot von Styroporbechern, nachdem bekannt geworden war, dass bei der Herstellung viel Dihydrogenmonoxid verbraucht wird. Diese offenbar problematische und giftige Substanz ist besser bekannt unter ihrem Handelsnamen Wasser.

Wer das weiß, kann unsere angeborene Angst vor Chemikalien ausnutzen. In einem Park in Kentucky hat man versucht, Menschen vom Baden in einem öffentlichen Brunnen abzuhalten, indem man ein Schild aufstellte: GEFAHR! WASSER STARK HYDROGENHALTIG – BADEN VERBOTEN! Zwar bereitet Wasser den meisten Menschen, sofern sie schwimmen können, eher wenig Sorge, geschweige denn Todesangst. Aber das kristallklare Image von Wasser ist erst vor Kurzem entstanden, als Folge von solider Forschung und geschicktem Marketing. Dabei kann ein Schlückchen Wasser auch heute noch an manchen Orten einen vorzeitigen und sehr unschönen Tod bedeuten.

Du hast wahrscheinlich schon gehört, dass jeder Mensch acht Gläser Wasser pro Tag trinken sollte, um gesund und hydriert zu bleiben. Das ist größtenteils Blödsinn. Selbst ernannte Lifestyle-Coaches kotzen dich unreflektiert mit Zahlen und Fakten voll – wie zum Beispiel, dass »Wasser 75 Prozent der Körpermasse ausmacht« – und dann verhökern sie dir irgendein gesundheitsförderndes Spezialwasser, etwa alkalisches Wasser, Chlorophyllwasser oder durch Edelsteine aktiviertes Wasser (ja, gibt es). Solche Produkte haben nur einen Zweck: Sie heilen dich vom Dickes-Portemonnaie-Syndrom. Vielleicht haben dir deine Eltern zuckerhaltige Getränke verboten und dir stattdessen ein Glas Wasser gegeben, mit der Begründung, dass du von jenen anderen Getränken »faule Zähne« bekämst, was zur Hälfte stimmt. Vielleicht hast du irgendwo gelesen (genauer gesagt unter Grund Nr. 29), dass eines der Dinge, nach denen Astrobiologen bei der Suche nach außerirdischem Leben Ausschau halten, flüssiges Wasser ist. Was auch immer du über Wasser weißt, eines wissen wir alle: Wasser ist lebensnotwendig. Nun ja, irgendwie schon ... Bitte lesen Sie die Packungsbeilage ...

Zunächst einmal sollten wir klarstellen, was Wasser eigentlich ist. Du kennst es vielleicht unter seiner chemischen Formel: H_2O. Demnach ist Wasser ein Molekül aus zwei Wasserstoffatomen und einem Sauerstoffatom. Du kannst es dir wie den Kopf von Micky Maus vorstellen: Die Ohren sind die Wasserstoffatome und der Schädel ist das Sauerstoffatom. Aber bitte stell es dir nicht zu lange vor, sonst wirst du von Disney verklagt. Diese Bauweise verleiht dem Wasser die beeindruckende Fähigkeit, alles Mögliche in sich aufzulösen, darunter Salze, Mineralien, einige Vitamine und, du weißt schon, bestimmte Substanzen ... Mithilfe von Wasser können wir Chemikalien im Körper bewegen, was sehr nützlich ist, wenn Gutes rein oder Schlechtes raus soll. Du kennst bestimmt die Hauptausfallroute, auf der das Wasser deinen Körper verlässt – mitten durchs Vergnügungszentrum! Wenn deine Nieren in Ordnung sind, besteht dein Urin zu 95 Prozent aus Wasser und zu 5 Prozent aus Salzen, Bakterien und anderem Unrat, den dein Körper schnellstens loswerden muss.

Beim Wasserhaushalt kommt es darauf an, dass dein Körper im Gleichgewicht bleibt. Nein, nicht die Art von Gleichgewicht, für das dir die oben erwähnten Health-Coaches Geld abknöpfen wollen. Wir sprechen von der Homöostase. Das ist nichts, was du in der Apotheke kaufen kannst, wobei es bestimmt irgendwo irgendjemanden gibt, der dafür Geld verlangt. Homöostase ist der Fachbegriff für die Art und Weise, wie der Körper Temperatur, Blutdruck, Salz- und Sauerstoffgehalt regelt. Kurz gesagt: Die Homöostase ist ein Prozess, der dich am Leben erhält – und er betrifft auch den Wasserhaushalt. Also trink aus! Aber warte mal, geht es in diesem Kapitel nicht darum, dass Wasser tödlich ist? Am besten setzt du dich jetzt mal hin – und am besten nicht in der Badewanne. Wasser ist tatsächlich eine der tödlichsten Substanzen im Universum. Was für ein Plot-Twist!

Das, was wir als »Wasser« bezeichnen, hat nicht die Form, in der Wasser in der echten Welt vorkommt. Das meiste Wasser auf der Erde befindet sich in den Ozeanen und enthält so viel Salz, dass wir innerhalb weniger Tage sterben würden, wenn wir es tränken. Denn um das überschüssige Salz im Meerwasser auszuscheiden, müssten wir mehr pinkeln, als wir zu uns nehmen. Da wir also nicht aus dem Meer trinken können, scheiden bereits 97 Prozent des auf der Erde verfügbaren Wassers für die Flüssigkeitsversorgung aus. Von den verbleibenden 3 Prozent des Wassers auf der Erde ist der größte Teil festes Eis, das in Gletschern eingefroren ist.

Zum einen tun wir unser Bestes, um diese Gletscher zu schmelzen, indem wir alles an Kohle verbrennen, was wir in die Finger bekommen können, und zum anderen stellt uns die Umwandlung der riesigen Eisblöcke in Trinkwasser vor eine ganze Reihe neuer Probleme. Sei es der Transport des Eises dorthin, wo es gebraucht wird; sei es die Energie, die benötigt wird, um es in Trinkwasser zu verwandeln; seien es die Umweltschäden, die entstehen, wenn ein riesiger Eisbrocken irgendwo liegt, wo er gar nicht liegen sollte – das Ganze ist möglich, aber nicht machbar. Ein weiterer großer Teil des irdischen Süßwassers befindet sich tief unter der Erde – das sogenannte Grundwasser. Zwar können wir einen Teil davon hochpumpen, aber es ist dreckig und muss aufwendig gefiltert werden. Glaub bloß nicht, dass der Plastikaufsatz für den Wasserhahn, den du im Shopping-TV gekauft hast, Schlamm in Wasser verwandeln kann. Die Wasseraufbereitung erfordert mehrere Verfahrensschritte mit allen möglichen Chemikalien, damit dein Wasser unbedenklich trinkbar wird. Das Grundwasser ist also eine weitere, weitgehend unbrauchbare Quelle für Trinkwasser.

Von all dem Wasser, das auf der Erdoberfläche existiert, taugt nur eine winzige Menge für die Nutzung durch Menschen. Das ist also schlecht. Wenn man bedenkt, wie groß und tief die Ozeane, die Gletscher und die Grundwasserreserven sind, haben wir mit 0,3 Prozent immer noch eine ganze Menge Wasser. Das ist also gut. Aber Moment mal – wir haben gesagt, dass dieses Wasser für die »Nutzung« durch Menschen »taugt«. Was das bedeutet? Spoiler: Es bedeutet nicht, dass du es trinken kannst. Du hast vielleicht vergessen, dass wir nicht die einzige Lebensform auf der Erde sind und dass viele andere Lebewesen ebenfalls auf Wasser angewiesen sind. Und nein, wir reden hier nicht vom netten Nachbarshund, den du aus deinem Gartenschlauch trinken lässt. Wir sprechen von Kleinstlebewesen.

Im Mikrokosmos gibt es einige fiese Gestalten, die ganz sicher nicht deine Freunde sind und dir den Tag, die Woche, den

Monat oder sogar das Jahr ruinieren können. Denn einige dieser Hurensöhne können dich einfach umbringen – oder zumindest dafür sorgen, dass du dich einscheißt. Bis vor Kurzem wussten wir nicht einmal, dass es diese kleinen Guerilleros gibt. Du kannst mehr über sie in Grund Nr. 15 lesen, wenn du einen starken Magen hast. Du weißt ja, wie wenig Wasser wir potenziell nutzen könnten – einen großen Teil davon haben bereits mächtige Feinde in Besitz genommen. Als wir wussten, womit wir es im Kampf um das verfügbare Wasser zu tun haben, konnten sich viele Industrienationen dagegen wehren. Wie bereits erwähnt haben wir Verfahren zur Tötung der Mikroben und zur Wasserreinigung entwickelt, nämlich Chemikalien und Hitze, aber auch Pumpen und Abfüllanlagen, Plastikflaschen, etwas Klebstoff, ein Etikett mit einem Bergmassiv der französischen Alpen darauf, Schrumpffolie, Paletten, Container, Lkws, Lagerhäuser, Niedriglohnbeschäftigte und eine Selbstbedienungskasse, sodass du ein Produkt kaufen kannst, das eintausend Mal teurer ist als das, was aus dem Wasserhahn kommt. Kapitalismus, Baby!

Wir können sogar 100-prozentig reines Wasser herstellen, frei von Keimen, Giftstoffen und Salzen. Das Problem ist nur, dass unser Körper auch mit reinem Wasser nicht besonders gut zurechtkommt. In ausreichender Menge und mit genug Zeit schwemmt deionisiertes Wasser die Zellen auf und kann sie zum Platzen bringen, während es gleichzeitig dem Körper wichtige Salze und Mineralien entzieht. Zum Glück gibt es reines Wasser in der Natur gar nicht wirklich, auch wenn die Mineralwasserwerbung es behauptet. Das ist, als würde man auf einer schottischen Insel Luft in Flaschen abfüllen und sie als »reine Shetland-Inselluft« an Leute in Peking verkaufen, die sich keinen Schottlandtrip leisten können. Ja, so was gibt es wirklich und diese »reine Luft« ist in Wirklichkeit eine Mischung aus Erdatmosphäre, Salzwasserdunst, Wildblumenpollen und dem Stallgeruch von Tausenden von Ponys.

Wir wissen jetzt, dass trinkbares Wasser extrem knapp und schnell verunreinigt ist. Wir geben Hunderte von Milliarden Dollar aus, um sauberes, keimfreies und unschädliches Wasser zu haben. Und was tun die Menschen mit dieser unglaublich wertvollen Ressource? Sie scheißen hinein. Sowohl buchstäblich als auch metaphorisch. In Entwicklungsländern fehlt oft die nötige Infrastruktur, um Trinkwasser und Abwasser zu trennen. Die Menschen in diesen Ländern sind praktisch gezwungen, denselben Ort zum Wäschewaschen, Baden und Kacken zu verwenden. In den Industrieländern fließt Trinkwasser durch dieselben Rohre zum Trinken in die Küche und zum Spülen in die Toilette. Jedes Jahr zahlen Unternehmen Milliarden Dollar an Strafen dafür, dass sie Gewässer verschmutzen, die Menschen als Trinkwasserquelle dienen. Offenbar ist Trinkwasser überall unterbewertet.

Das alles wirft eine wichtige Frage auf: Warum nutzen wir das vorhandene Wasser nicht besser? Faulheit kann ja nicht der Grund sein. Wir arbeiten seit Jahrhunderten daran. Die Versorgung ganzer Menschenmassen mit sauberem Trinkwasser ist eine der größten und am längsten anhaltenden Herausforderungen in der Geschichte der Menschheit. Hier in den Industrieländern halten wir es für selbstverständlich, dass wir in die Küche spazieren können, einen Wasserhahn aufdrehen und kristallklaren, hydrierenden Lebenssaft erhalten – und zwar praktisch gratis! In den Entwicklungsländern hingegen bringt dich das Wasser um. Übrigens auch in Flint, Michigan, oder Woburn, Massachusetts, oder in den anderen sechshundertzehn Trinkwassergebieten in dreiundvierzig Bundesstaaten mit erhöhten Schadstoffwerten. Mach dir keine Sorgen. Du brauchst nicht nach verseuchtem Wasser zu suchen, es findet dich schon.

GRUND

Die ganze Natur ist gegen dich

Wenn du das nächste Mal vor die Tür gehst, dann betrachte die scheinbar grenzenlose Schönheit des Lebens und der Natur. Nimm die farbenfrohen Blumen mit ihren filigranen Details wahr; den Geruch des Regens, der aus dem saftig grünen Gras aufsteigt; die faszinierenden Muster der Starenschwärme, die sich vor der untergehenden Sonne wiegen; oder auch die Stille des Waldes bei einem Spaziergang. Atme dabei tief ein (aber nicht zu tief – siehe Grund Nr. 2). Die Natur ist krass schön. Aber sieh nicht zu genau hin, denn dann erkennst du unweigerlich das abgrundtief Böse hinter der verführerischen Fassade.

Die Blumen? Pflanzengenitalien, die schamlos hungrige Bestäuber ausnutzen, um ihre Spermien zu brünstigen Weibchen transportieren zu lassen. Der Regengeruch? Nennt sich Petrichor und ist eine flüchtige Mischung aus Bakterien und ihren Ausscheidungen. Die Stare? Rotten sich nur zusammen, um nicht einzeln gefressen zu werden. Kauern nur zusammen, um nicht zu erfrieren. Der Wald? Junge, Junge, dort gibt es keine Gnade, man tötet oder wird getötet, und die Stille, die du so genießt, ähnelt eher der vor einer Schießerei. Warum also gibt sich dieses erbarmungslose, kaltblütige und brutale Universum einen derart lieblichen Anstrich? Weil es möchte, dass du fickst – und das ist nicht so cool, wie es klingt (siehe Grund Nr. 17).

Gerne würden wir behaupten, dass es nicht immer so war. Dass die Brutalität der Natur von einem Trauma herrührt. Oder dass sie mit dem knallharten Überlebenskampf nur unser Bestes will. Aber leider scheint es, als könne man in dieser Welt nur überleben, wenn man bereit ist, andere sterben zu lassen oder sie zumindest auszunutzen. Es ist kein Zufall, dass jeder große Sprung in der Evolution unmittelbar vor oder nach einem großen Artensterben stattgefunden hat.

Die Erde war einst eine vulkanisch aktive Höllenlandschaft, auf der heiße, ätzende, suppige Schlammgruben verteilt waren, bedeckt mit einer schleimigen mikrobiellen Schicht. Stell dir Duisburg vor, dann kommst du der Sache schon sehr nahe. Aber es gab dort keine Pflanzen, keine Tiere, nicht einmal Kakerlaken, Pilze oder die Überreste einer einst florierenden Stahlindustrie. Nur komische Bakterien und eine Atmosphäre, die aus Furzgasen und Fäulnisprodukten bestand. Für diese ersten Lebensformen war es das Paradies. Eines Tages tauchte eine besondere Bakterienart auf, die diese Gase auf andere Weise nutzen konnte: Sie stellte Sauerstoff her, der sich langsam in der Atmosphäre anreicherte. Schön für uns, aber für die frühen Lebensformen war Sauerstoff unglaublich giftig und die meisten von ihnen starben aus.

Etwa eine Milliarde Jahre später ist die Erde sauerstoffgesättigt und mit allen möglichen Bakterien bewachsen. Einige von ihnen arbeiten immer noch als massenmordende Sauerstoffpupser; andere haben sogar gelernt, den Sauerstoff zu nutzen und Energie daraus zu gewinnen; wieder andere sind einfach nur größer geworden und fressen die Kleineren, um Energie zu klauen. Eines

Tages fängt ein Großer einen Kleinen einfach ein, anstatt ihn zu fressen, und versklavt die Bazille für alle Ewigkeit in seinem Inneren. So verschafft er sich einen fast unbegrenzten Nachschub an Energie, um zu wachsen und sich zu vermehren, ohne jemals wieder arbeiten zu müssen. So wie Hedgefonds-Manager von dem Geld leben, das die arbeitende Bevölkerung verdient, und gleichzeitig darüber jammern, wie viel sie angeblich zu tun haben.

Als Nächstes wehrten sich die Einzeller gegen die Todesdrohungen des Universums und schlossen sich zu einer Gemeinschaft zusammen, um Ressourcen zu teilen, anstatt um sie zu kämpfen. Aber die Evolution hat eine Mordsgeduld. Außerdem hatte sie dieses Spielchen schon einmal gespielt. Immer mehr Gemeinschaften entstanden, die sich immer mehr spezialisierten, und das Wettrüsten verlagerte sich von der Einzelligkeit zur Vielzelligkeit. Was geschah mit all den Figuren aus der ersten Staffel des vielzelligen Lebens? Ausgelöscht. 86 Prozent von ihnen. Dann übernahmen die Fische und Krebse die Herrschaft, aber heimlich, still und leise klauten die Algen den meisten Sauerstoff aus den Weltmeeren. 75 Prozent aller Lebewesen futsch. Das Leben erholte sich wieder, und dann – zack! – verschwanden 95 Prozent davon in einer Periode, die in der Paläontologie als das Große Sterben bezeichnet wird. Nun brach das Zeitalter der Dinosaurier an, und wie das endete, wissen wir alle – in einem Museum mit übertrieben großem Shop-Bereich.

Der Punkt ist, dass die Umwelt deinen Tod will – und nicht nur deinen, sondern den jeder Lebensform. Sogar der Mechanismus, der neue Arten von Leben hervorbringt, nämlich die Evolution durch natürliche Auslese, zielt darauf ab, seine eigenen Schöpfer zu zerstören, indem er sie zwingt, in einer Gladiatorenarena zu kämpfen, die wir Ökosystem nennen und die an sich schon ein ziemlich beschissenes Schlachtfeld ist (siehe Grund Nr. 4).

Die Härte des Lebens hat Charles Darwin in seiner heiß begehrten, alle Bestsellerlisten toppenden fünften Auflage von *Über die Entstehung der Arten* auf den Punkt gebracht, indem er den Begriff »survival of the fittest« (»Überleben des Stärkeren«) prägte. Damit hat er nicht gemeint, dass nur die CrossFit-Fanatiker den nächsten genetischen Flaschenhals überstehen werden, während wir Normalos zur Ausrottung bestimmt sind. Er wollte damit sagen, dass diejenigen Organismen überleben, die an ihre Umgebung »am besten angepasst« (fittest) sind, und dass auch nur diese sich fortpflanzen und eben die Eigenschaften weitergeben, aus denen die Anpassung besteht. Mit anderen Worten: Wenn du zufällig eine Eigenschaft hast, die es dir ermöglicht, mehr Nahrung zu finden, Raubtiere zu meiden oder mehr Partner zu begatten als andere Artgenossen, dann kommt dir die Natur wahrscheinlich nicht so schlimm vor. Und höchstwahrscheinlich wirst du mehr Sex haben und mehr Babys zeugen, die dir ähnlich sind und das Leben etwas leichter finden als andere Babys. Diese bescheren dir dann mehr Enkel und Urenkel und so geht es immer weiter, bis nach Hunderttausenden von Jahren eines Tages jemand die Sprache erfindet und herumerzählt, du hättest dich mit einem Feigenblatt über dem Gemächt in einem Garten herumgetrieben.

Aber was passiert, wenn sich der Garten verändert? Wir wissen, dass die Erde nicht mehr dieselbe ist wie bei ihrer Entstehung vor etwa 4,5 Milliarden Jahren. Tatsächlich pendelt das Klima der Erde von Anbeginn an zwischen einem riesigen Schneeball und einem schwülen Gewächshaus hin und her. Es gibt einen tröstlichen Spruch von H. G. Wells, an dem sich das Leben in Zeiten großer Veränderung orientiert: »Pass dich an oder vergehe.« Sorry, haben wir gesagt, der Spruch wäre tröstlich? Wir meinten natürlich trostlos.

Dieser Spruch ist auch nicht als Ratschlag für Leute gemeint, die mit dem rasanten Klimawandel zurechtkommen müssen, obwohl er da auch zutreffen könnte ... Er beschreibt eher die beiden möglichen Folgen für eine Spezies, wenn die Natur aus dem Gleichgewicht gerät. Geh zwei Absätze zurück und denk an all die Begabungen, dank derer du mehr Enkel zeugen konntest, weil die Natur dir gewogen war. Stell dir nun vor, deine Umwelt brennt ab, und plötzlich sind all diese Gaben zu Flüchen geworden. Die Babys, die du gezeugt hast, sind jetzt ein gefundenes Fressen für Raubtiere, und du bist kein prähistorischer Deckhengst vom Format eines Dschingis Khan mehr, sondern quasi kastriert. Dein Vetter Billy, der so gerne buddelt und als dreckverkrusteter Sonderling verschrien ist, hat jetzt die Oberhand, wenn es darum geht, der Spezies Babys zu schenken, und nach und nach werden wir alle zu Maulwurfmenschen. Aber hey, wenigstens bist du nicht ausgestorben wie die restlichen 99 Prozent aller Spezies, die die Erde einst bewohnten.

Lasst das einfach mal sacken. Die etwa zehn Millionen Pflanzen- und Tierarten, die heute leben, machen nur etwa 1 Prozent aller Pflanzen- und Tierarten aus, die jemals auf der Erde gelebt haben. Das bedeutet, dass die Sterblichkeitsrate für jede neue Art 99 Prozent beträgt und bei einem ausreichend langen Zeitraum wahrscheinlich auf 100 Prozent steigt, wenn man bedenkt, wie oft wir vor der Wahl zwischen Anpassung und Aussterben standen. Selbst der schlimmste Spielsüchtige würde wohl kaum das Leben all seiner Kinder und Enkelkinder für eine Gewinnchance von weniger als eins zu hundert riskieren, aber jedes Mal, wenn eine neue Lebensform in die biologische Arena des Todes tritt, gewährt ihr das Universum nur diese winzige Chance.

Die Natur zu überleben, ist in den besten Zeiten schon schwierig. Selbst wenn man das Glück hat, ein super Blatt mit den besten Karten zu bekommen, ändert die Natur auf einmal die Spielregeln, und ohne es zu merken, spielt man plötzlich Twister und kann mit diesen Scheißkarten in der Hand den grünen Kreis nur ganz schwer erreichen. Aber falls es dich tröstet, solltest du wissen, dass alle anderen Lebensformen im selben Boot sitzen. Nur dass das Boot gekentert ist und wir alle Wasser treten. Klettere einfach auf einen der anderen Trottel drauf und lass ihn für dich strampeln. Genau so will es das Universum.

GRUND

Alles wird irgendwann ersticken

Du dachtest bestimmt, in diesem Kapitel ginge es darum, wie die Menschheit die Erdatmosphäre verändert – wie menschlich von dir. Aber die Entstehungsgeschichte unserer heutigen Atmosphäre ist viel spannender. Wie es dazu kam, dass uns diese dünne, fragile und doch dynamische Gasschicht umgibt, die wir so hartnäckig kaputt machen, ist ein großartiges Beispiel für den Hass des Universums auf alles, was stoffwechselt.

Unsere Erde hat nicht immer in ihrer heutigen Form existiert. Tatsächlich gab es vor etwa viereinhalb Milliarden Jahren einen Vorläufer der Erde, den die Wissenschaft als Protoerde bezeichnet. Dieses Objekt ballte sich kurz nach der Bildung unseres Sonnensystems zusammen, was einigen Schätzungen zufolge nur fünf Millionen Jahre gedauert haben könnte. Weil die Protoerde ständig mit Überresten des sich formenden Sonnensystems bombardiert wurde, bekam sie eine Dampfatmosphäre, die wiederum die Hitze einschloss. Der embryonale Planet kühlte ab und bildete Schichten, indem die schwereren, dichteren Elemente zum Mittelpunkt hin absanken, während der Dampf zu flüssigem Wasser kondensierte. Das klingt für dich vielleicht nach finnischer Sauna, aber nimm ein Stück Kohle aus dem Saunaofen und schieb es dir in den Hintern, dann fühlst du dich immer noch wohler als bei einem Spaziergang auf der Oberfläche der Protoerde.

Aus Sicht der Wissenschaft ist das wahrscheinlichste Szenario, dass irgendwann ein Objekt von der Größe des Mars auf unserem Planeten einschlug. Die Erde platzte dabei auf wie ein von einem Moped angefahrener Ford Pinto. Dieses Ereignis wird als »Kollisionstheorie« bezeichnet – und wenn du meinst, das Wort noch aus der Fahrschule zu kennen, liegst du falsch. Man nimmt an, dass sich infolge dieses Zusammenstoßes aus den verstreuten Trümmern unser heutiges Erde-Mond-System bildete.

Der Name des geisterfahrenden Moped-Planeten lautet Theia und geht auf die griechische Mythologie zurück. Theia ist die Mutter von Selene, der Göttin des Mondes – daher der Name des Irrläufers. Wie poetisch! Jedenfalls war Theia wahrscheinlich von einer kosmischen alkoholischen Gaswolke betrunken und tippte gerade eine SMS ein, als sie gegen die Protoerde krachte. Wir wollen hier keine Lektionen über die Handynutzung am Steuer erteilen, aber Theia ist jetzt tot. Für uns war das gut, denn die Kollision führte zur Entstehung des Mondes, der seitdem unser Begleiter ist.

Als sich die Erde strukturell wieder zurechtgerüttelt hatte, gingen der unerbittliche Asteroidenbeschuss und die vulkanische Aktivität noch ein wenig weiter. Das war gar nicht so schlecht, denn der Vulkanismus brachte die schwereren Gase hervor, die für die Entstehung des frühen Lebens notwendig waren. Man nimmt an, dass das Leben vor etwa 3,7 Milliarden Jahren tief in den Ozeanen der Erde entstand. Interessanterweise waren die ersten Organismen, die Licht zur Energiegewinnung nutzten, keine Pflanzen, sondern Bakterien. Und statt Sauerstoff zu produzieren, stellten sie eine salzige Säure her. Wenn das in deinen

Ohren eklig klingt, solltest du lieber nicht nachlesen, wie fermentierte Lebensmittel hergestellt werden.

Eine weitere Milliarde Jahre später stimmten endlich die Bedingungen für den Aufbau einer Atmosphäre, die dem Leben, wie wir es heute kennen, zuträglicher war. Cyanobakterien – Organismen, die es auch heute noch gibt – machten sich überall auf der Welt auf den Stränden breit. Diese kleinen Lichtfresser nutzten die Energie der Sonne, um unsere Atmosphäre mit Sauerstoff zu füllen. Hurra! Zumindest für uns moderne Organismen. Für die Mikroben, die die zunehmende Sauerstoffanreicherung als toxisch empfanden, gab es kein »Hurra«. Für sie brachen schwere und immer schwerer werdende Zeiten an.

Der Sauerstoff bahnte sich seinen Weg in die Hochatmosphäre und bildete dort die Ozonschicht, die das Leben bis heute vor den schädlichen Strahlen der Sonne schützt. An dieser Gasschicht stellte dann die Menschheit ihre Dummheit unter Beweis, indem sie es in den 1980er-Jahren mit dem Haarspray komplett übertrieb. Treibgase in Spraydosen, Kühlschränken, Klimaanlagen und anderen wunderbaren Erfindungen setzten sogenannte Fluorchlorkohlenwasserstoffe (besser bekannt als FCKW) in die Atmosphäre frei. Diese Gase sind zwar harmlos und ungiftig für den Menschen, hassen aber anscheinend Ozon und haben deshalb ein Loch in unsere Lieblingsdecke gepustet. Zum Glück haben wir etwas dagegen unternommen, und das Loch beginnt sich wieder zu schließen. Hätten wir nicht gehandelt und das FCKW nicht beseitigt, wäre der ganze Planet wie Australien geworden, und alle würden in Flip-Flops und biergetränkten Unterhemden herumlaufen und in einem albernen Akzent auf die Sonne schimpfen. Krokodil-Wrestling wäre olympische Sportart, das mag verlockend klingen, aber sei froh, dass wir uns nicht diese Hölle auf Erden bereitet haben.

Nur damit du weißt, wie temperamentvoll unsere Atmosphäre ist: Vor etwa zweieinhalb Milliarden Jahren wurde die ganze Erde von Eis umhüllt. Grund dafür waren der Anstieg des Sauerstoffgehalts und der daraus folgende Rückgang der Treibhausgase, die die Erde warm hielten. Willkommen auf der Schneeball-Erde.

In die Erdatmosphäre gepumpte Treibhausgase begünstigten interessanterweise immer wieder das Aufblühen des frühen Lebens. Anders als heute stammten die erderwärmenden Emissionen nicht von »umweltbewussten« Fossilfirmen, sondern von uralten Vulkanen. Vergletscherungen der Erde kamen in den letzten Milliarden Jahren noch ein paar Mal vor, wobei das Leben auf der vereisten Erde jedes Mal an seine Grenzen stieß. Damit das nicht noch einmal passiert, hat die Menschheit auf Rat einiger unermüdlicher Lobbyisten beschlossen, jeden einzelnen Gletscher zu zerstören. Schachmatt, Universum.

Vor etwa siebenhundert Millionen Jahren begann der Sauerstoffgehalt in der Atmosphäre und in den Ozeanen stark anzusteigen und erreichte etwa ein Fünftel des heutigen Werts. Dieser Anstieg führte zu einer Kontroverse darüber, welche Lebensformen die Erde beherrschen sollten – auf der einen Seite diejenigen, die Sauerstoff zur Energiegewinnung nutzen konnten, auf der anderen die, für die Sauerstoff giftig war. Zu unserem Glück gewann Team O_2. Der Nachteil ist, dass wir es ständig mit einer der aggressivsten Chemikalien im Universum zu tun haben. (Stimmt, Sauerstoff ist ein skrupelloser Killer – siehe Grund Nr. 2.)

Diese massive Anreicherung von Sauerstoff in der Atmosphäre löste einen biologischen Urknall aus, die sogenannte Kambrische Explosion. »Kambrische Explosion« heißen übrigens auch eine Band hier im Viertel, ein Craft-Bier, ein Friseursalon, eine Espresso-Bar, einer der Avocado-Toasts im Café des Axtwurfvereins und lauter andere Sachen, die heutzutage von Millennials verhunzt werden. Die eigentliche Kambrische Explosion geschah vor etwa fünfhundertvierzig Millionen Jahren und ist der Ursprung der meisten großen Tierarten, die Fossilien hinterließen. Wenn es einen Schöpfer gab, muss er damals starke Halluzinogene eingeschmissen haben, denn in diesem Zeitalter tauchten etliche bizarre Tiere auf, etwa eine Mischung aus Krabbe und Wurm mit fünf Augen und winzigen Klauen am Ende eines Rüssels, die aussah, als hätte ein kleines Kind eine Giraffe malen wollen, nachdem es zu viele Tim-Burton-Filme gesehen hatte. Eine andere Kreatur sah so psychedelisch aus, dass man sie gleich »Hallucigenia« nannte. Danach scheint sich unsere Atmosphäre beruhigt zu haben. Heute besteht sie aus etwa 78 Prozent Stickstoff, 21 Prozent Sauerstoff, 0,9 Prozent Argon und 0,1 Prozent anderen Gasen, dazu Staub, Pollen, winzige Fäkalpartikel und eventuell das eine oder andere Coronavirus.

All diese Veränderungen in unserer Atmosphäre haben zwar zu der heutigen Artenvielfalt geführt, zeigen aber auch, wie unwirtlich der eigentlich für uns wirtlichste Ort im Universum ist. Wir sind schon eine spezielle Spezies: Wir stehen vor all dem Chaos, all der hoffnungslosen Zerbrechlichkeit und sehen darin nichts als Schönheit. Wir sind bisher nur ein Furz in der Geschichte des Universums, und nach allem, was wir wissen, könnte es für uns schon morgen vorbei sein. Im Kosmos gibt es unzählige Fälle, in denen ein kosmischer Strahl, eine Sonneneruption oder ein Gammastrahlenausbruch einem Planeten die Atmosphäre geraubt hat. Rein rechnerisch wird uns das irgendwann gewiss auch passieren, aber darauf Geld zu setzen, wäre ziemlich dumm. Bis dahin kuscheln wir uns lieber unter unsere atmosphärische Decke, die zwar größtenteils aus Gift besteht, uns aber immerhin Wärme und Schutz vor den Härten des Universums bietet.

TEIL V

WOANDERS IST AUCH SCHEISSE

Jetzt kommt aber der Weltraumkram, oder?

GRUND

Der Mars ist ein unbewohnbares Drecksloch

Der Mars hat schon immer unsere Fantasie beflügelt. Der allererste Film über den Mars trägt den originellen Titel »A Trip to Mars« und handelt von einem Professor, der Chemikalien mixt und dadurch die Schwerkraft umkehrt. Er landet auf dem Mars und dreht durch wie auf einem schlechten LSD-Trip. Er rennt durch einen Wald aus halb menschlichen Monsterbäumen, trifft auf sprechende Felsen und gigantische Außerirdische ... Hm, klingt episch – geht gleich weiter ... Nee, war doch übel. Nach den ganzen Schrägheiten landet der Professor wieder in seinem Labor und ist ganz benommen. Da fragt man sich, was die Filmleute im Jahr 1910 so eingeworfen haben. Egal was, es ist heute bestimmt illegal ... Glückspilze! Leider gönnt uns das Universum keinen so abgefahrenen Mars. Der echte ist eine karge Einöde voller Felsen, Eis, Temperaturrekorden und massenweise Strahlung – im Grunde das, was wir mit aller Gewalt aus der Erde machen.

Obwohl wir seit einiger Zeit wissen, wie unwirtlich der Mars ist, hat unsere Schwärmerei für diesen Planeten nicht nachgelassen. Zahllose Romane und Filme handeln davon, wie Menschen zum roten Planeten reisen. Man kann davon ausgehen, dass wir von dem Moment an, als wir den Mond betraten, die Gedanken schon zum Mars schweifen ließen. Auch wenn noch keine Menschen auf dem Mars gelandet sind, ist unsere Liebe zu diesem geheimnisvollen Planeten ungebrochen. Die NASA hat mehr als zwanzig Raumsonden zum Mars geschickt, fünf davon mit Landefahrzeugen. Es ist ziemlich außergewöhnlich, dass Bewohner eines Planeten einen anderen mit Robotern bevölkern – trotz aller Hürden, die das Universum aufgestellt hat.

Computer auf den roten Planeten zu schaffen, war nicht immer nur eitel Sonnenschein, denn auf dem Mars gibt es extreme UV-Strahlung und koronale Massenauswürfe. Bei dem Versuch, Gegenstände zum Nachbarplaneten zu schicken, sind wir schon spektakulär gescheitert. Zum Beispiel mit dem Mars Climate Orbiter, der 1998 mit dem Auftrag abhob, den Mars von der Umlaufbahn aus zu erforschen und die Kommunikation mit erdfernen Sonden zu erleichtern; oder mit dem Mars Polar Lander, dessen Name schon ambitioniert klingt. Was mit denen passiert ist? Tja ... sie sind irgendwie verloren gegangen.

Du fragst dich wahrscheinlich dasselbe wie alle anderen auch: Wie kann ein 200 Millionen Dollar teures Forschungsprojekt verloren gehen? Es gab da ein kleines, sagen wir mal, Problemchen mit der Navigation. Die britischen Ingenieure, die an dem Raumschiff arbeiteten, hatten ihre britischen Maßeinheiten nicht ins metrische System umgewandelt, welches überraschenderweise bei der amerikanischen NASA verwendet wird. Dieser Fehler beim Umrechnen von Einheiten ist wahrscheinlich das Peinlichste, was der Weltraumforschung je passiert ist. Können wir uns jetzt endlich alle darauf einigen, wie wir messen? Wobei das eigentlich nicht die Frage ist: Wir, also der Großteil der Welt, haben uns auf das metrische System geeinigt. Nur Liberia, Myanmar und irgendein anderes Land möchten das dunkle

Zeitalter von Unze, Pfund und Fuß noch nicht hinter sich lassen.

Was den Mars Climate Orbiter angeht, vermutet man, dass er nicht tat, was sein Name versprach, nämlich den Mars umkreisen, sondern dass er in der Marsatmosphäre verglühte – und mit ihm 200 Millionen Dollar und die Hoffnungen Tausender bald arbeitsloser Nerds. Aber in Bezug auf den roten Planeten sind wir wie so ein aufdringliches Tinder-Match, das jede höfliche Ablehnung einfach ignoriert: Trotz Funkstille und horrenden Kosten malen wir uns unbeirrt eine gemeinsame Zukunft aus: Ackerbau betreiben, Babys machen, die eigenen Fäkalien zu Dünger recyceln … wir sind eindeutig füreinander bestimmt, Liebling.

Nachdem wir eine Sonde nach der anderen abgeschossen und den Mars viele Nächte lang aus der Ferne angehimmelt hatten, gab er uns endlich ein Zeichen: »Komm vorbei, ich bin ganz nass.« Ja, unsere Bemühungen schienen sich ausgezahlt zu haben, denn man fand erste Hinweise auf flüssiges Wasser auf dem Mars – eine wichtige Entdeckung und ein großer Schritt hin zu unserem Traum vom Menschen auf dem Mars. Die Entdeckung von flüssigem Wasser beflügelte die Fantasie von unerschrockenen Wissenschaftlern und verrückten Tech-Milliardären auf der ganzen Welt. Der Bond-Bösewicht des Jahres 2020 – Elon Musk – kündigte an, innerhalb von zehn Jahren Menschen auf den Mars zu bringen. Ein realistischer Plan? Das hängt ganz davon ab, wie leichtsinnig wir sind, und wir Menschen können verdammt leichtsinnig sein.

Um Menschen zum Mars zu bringen, reicht es nicht, einfach einen Haufen Astronauten in eine Rakete zu packen und loszuschicken. Es müssten unerhörte Schwierigkeiten überwunden werden, denn eine solche Mission wäre weitaus komplizierter als ein geradliniger Raketenflug. Unter anderem müssten Wissenschaftler und Ingenieure die Umlaufbahnen beider Planeten berücksichtigen, um die sicherste, schnellste und kostengünstigste Route zu wählen.

Lass uns voraussetzen, dass die Menschheit nicht nur über die nötige Technologie für eine bemannte Marsmission, sondern auch über den politischen beziehungsweise oligarchischen Willen dazu verfügt. Dein Hinflug zum Mars würde etwa neun Monate dauern. Vielleicht ginge es auch schneller, aber das würde zu viel Treibstoff kosten. Du müsstest dort auch eine Weile bleiben, während die Erde ihren Weg um die Sonne fortsetzt. Nach der Ankunft müsstest du deshalb noch etwa drei Monate warten, bevor du wieder auf dem kürzesten Weg zurückkehren kannst. Alles in allem würde eine Hin- und Rückreise zum Mars – inklusive Vollpension und Besichtigungen – mindestens 21 Monate dauern.

So viel Zeit hast du? Großartig. Ab zur Startrampe!

Alles roger. Du und deine Crew habt das unerbittliche Gerüttel des Starts mit nur wenig Übelkeit überstanden und es ins All geschafft, trotz der Hunderten von Bauteilen, die statistisch gesehen bei jedem Raketenstart versagen können. Jetzt könnt ihr mit Tomatensaft anstoßen und den Rest eures Fluges genießen ... Na ja, nicht wirklich.

Die Kapsel wird ununterbrochen mit schädlicher Sonnenstrahlung bombardiert, dagegen braucht ihr einen angemessenen Schutz. Zu eurem Glück ist einiges an Schutzmaterial an Bord geschleppt worden. Hoffentlich findet ihr es zwischen all dem anderen eingepackten Krimskrams, den ihr braucht, um die nötige Infrastruktur zu bauen, zwischen all der Ausrüstung und Verpflegung für eine sechsköpfige Crew.

Immerhin hat euer Boss, ein kapriziöser Milliardär, an alles gedacht, was eine erfolgreiche Mars-Mission braucht, und hat gleich sechzig einzelne Raketen losgeschickt. Richtig gelesen, sechzig Raketen – jede mit einer Nutzlast von gut 22 Tonnen. Zusammengerechnet ist das, als schösse man acht Blauwale ins All und dann Richtung Mars. Ihr müsstet also genug Vorräte haben, um auf dem Mars eine Basis zu errichten, die nach eurer Reise auch andere besuchen können.

Weiter geht's. Ihr befindet euch nun in der Phase der Mission, in der ihr in die Marsatmosphäre eintretet und die auch liebevoll »die sieben Minuten des Schreckens« genannt wird. Eingesperrt in einen Metallcontainer rast ihr auf die Marsoberfläche zu, während das Universum mit einem riesigen Schweißgerät einzudringen versucht, um euch und alles andere wegzuflammen. Ach ja, macht euch nicht die Mühe, um Hilfe zu rufen; ihr seid jetzt zu weit von der Erde entfernt, um schnell Rat einzuholen. Das bedeutet auch, dass ihr zu weit weg seid, als dass man euch in Echtzeit helfen könnte. In den nächsten sieben Minuten seid ihr auf euch allein gestellt.

Überraschenderweise habt ihr es auf die Marsoberfläche geschafft. Jetzt macht ihr euch auf, um diese geheimnisvolle Welt zu erkunden ... Aber halt. Erst müsst ihr euch an die geringere Schwerkraft gewöhnen. Der Mars hat nur ein Zehntel der Erdmasse und ist weniger dicht – hier herrschen nur etwa 40 Prozent der Schwerkraft eures Heimatplaneten. Wegen der geringeren Schwerkraft nehmen Knochendichte und Muskelmasse ab, denn ihr wiegt jetzt so viel wie ein zehnjähriges Mädchen. Hoffentlich hast du deinen Expander eingepackt und benutzt ihn zwei Stunden am Tag, sonst brechen dir die Beine, wenn du zur Erde zurückkehrst.

Wegen der geringen Schwerkraft und des schwachen Magnetfelds fällt es dem Mars schwer, seine Atmosphäre bei sich zu halten. Darum hat die Marsatmosphäre nicht mal ein Hundertstel des Volumens der Erdatmosphäre, was euch Narren, die ihr dorthin gereist seid, einen Haufen Probleme beschert. Als Marsbewohner werdet ihr mit schädlicher UV-Strahlung beschossen und starken sowie plötzlichen Temperaturschwankungen ausgesetzt. Das Wetter kann innerhalb von Stunden von strahlendem Sommer in arktischen Winter kippen. Aber nicht alles ist schlecht. Wenn ihr die unerträglichen Kälteeinbrüche und den Hautkrebs wegsteckt, könnt ihr schöne Polarlichter bewundern. Okay, alles ist schlecht. Das Lichterspektakel, das ihr seht, besteht aus gefährlicher Sonnenstrahlung, die mit der mickrigen Marsatmosphäre interagiert. Was diese nicht auffängt, prügelt härter auf euch ein als Boris Beckers Aufschlag auf den Wimbledonrasen.

Falls dich das noch nicht abschreckt: Die Marsatmosphäre besteht hauptsächlich aus Kohlendioxid – genauer gesagt zu 96 Prozent. Das ist eine viel höhere Konzentration als das, was wir hier auf der Erde haben – nur 0,04 Prozent. Aber das schreckt dich nicht. Du willst dir den Kopf von herrlicher kosmischer Strahlung durchpusten lassen, den Sandsturm auf den Wangen spüren und dein Haar im Kohlendioxidwind lüften. Also nimmst du den Helm ab und bist einen Moment lang eins mit dem roten Planeten.

Fünfzehn Sekunden später ...

Du brichst vor Schmerzen schreiend zusammen, weil dir aufgrund des starken Druckwechsels die Organe platzen. Herzlichen Glückwunsch, du hast den Mars Climate Orbiter, bisher die größte Blamage in der Geschichte der Weltraumforschung, auf den zweiten Platz verwiesen.

GRUND

Raumfahrt kommt nicht infrage

Womöglich hast du dieses Kapitel ja als Erstes aufgeschlagen, was merkwürdig wäre, aber wahrscheinlich hast du das nicht getan und weißt inzwischen, dass die Erde ein grausamer Ort ist, dass die Sonne uns auf die eine oder andere Weise umbringen wird und dass wir seit Anbeginn dem Untergang geweiht sind. Aber es gibt einen Hoffnungsschimmer. Wir müssten nur die Grenzen der Erde verlassen und zu anderen Planeten reisen, dann könnten wir neue Kolonien gründen. Dort klappt dann hoffentlich alles besser als beim letzten Mal. Aber um diese Welten zu erreichen, müssen wir bereit sein, viel Zeit in der Leere des Weltraums zu verbringen. Sehr viel Zeit.

Falls unsere eigene Technologie nicht vom Universum gegen uns verwendet wird (was gewiss eintreten wird – siehe Grund Nr. 7), dann wird sie eines Tages gut genug sein, um den riesigen, fast leeren Weltraum zu überwinden. Und wenn wir die Problemchen mit dem Leben auf dem Mars irgendwie in den Griff bekommen (was unwahrscheinlich ist – siehe Grund Nr. 26), können wir uns von Planet zu Planet und von Mond zu Mond aus dem Sonnensystem heraushangeln. Aber was dann?

Vorausgesetzt, wir schaffen es irgendwie, das Tempolimit des Universums auszureizen, dann brauchen wir etwa viereinhalb Jahre bis zum nächstgelegenen Stern. Aber komm schon, nicht aufgeben.

In der Schwerelosigkeit sinkt der Blutdruck, also kannst du die Betablocker zu Hause lassen. Du musst auch nicht rumlaufen, weil du wie Superman in Zeitlupe fliegen kannst. Klingt ziemlich toll, oder? Freu dich nicht zu früh. Unter diesen Bedingungen produziert der Körper nicht mehr so viel Blut, und Blut braucht man eigentlich. Außerdem verlierst du deine gesamte Muskelmasse, weil du sie nicht mehr benutzt. Aus diesem Grund holt man Astronauten, die von der Internationalen Raumstation (ISS) zurückkehren, immer mit dem Rollstuhl ab – sie sind zu schwach, um zu gehen, und haben wenig Blutvolumen. Das klingt, als wäre der Weltraum ein Vampir, der einem Blut und Lebenskraft aussaugt. Das stimmt ganz und gar nicht. Der Weltraum ist noch viel schlimmer. Dass dein hart erarbeiteter Beachbody futsch ist, sollte deine geringste Sorge sein, wenn du dich außerhalb des gemütlichen Raumschiffs wiederfindest, und wenn du Sex im Schwerefeld der Erde schon umständlich findest, solltest du ihn mal in der Schwerelosigkeit ausprobieren.

Wer sich ohne Raumanzug hinaus in den Weltraum wagt, begeht die wahrscheinlich rockigste Art des Selbstmords. Man hat 15 Sekunden Zeit, bevor man wegen Sauerstoffmangels im Gehirn ohnmächtig wird. Ganz Schlaue halten womöglich die Luft an, woraufhin die Lunge platzt und von innen alles vollblutet. Dann bleibt noch etwa eine Minute, bevor der Tod eintritt. Man erstarrt und treibt bis in alle Ewigkeit als menschlicher Eisklotz durchs Universum. Oder bis einen jemand findet. Oder bis man in einem Stern verdunstet. Ein Hoch auf Carl Sagan (amerikanischer Astronom und Astrophysiker).

Wenn dieser Rock'n'Roll-Tod nichts für dich ist, brauchst du einen Raumanzug. Dein Raumanzug muss dich vor Strahlung und aufprallendem Weltraumstaub schützen, dich mit Sauerstoff versorgen und so isoliert sein, dass du nicht auskühlst, aber auch nicht überhitzt. Je nachdem, wie lange dein Weltraumspaziergang dauert, müssen Inputs wie Wasser oder Nahrung und Outputs wie Pisse oder Scheiße berücksichtigt werden. Da wir ja in der Zukunft leben, geht der Trend vielleicht zu längeren Weltraumwanderungen. Das kann romantisch sein: Da schlenderst du mit deinem Lieblingsmenschen bei minimaler Schwerkraft über einen fernen Mond und bekommst im Ohrhörer mit, wie er oder sie in die Weltallwindel kackt.

Aber lass uns wieder an Bord des Raumschiffs gehen, denn dort wirst du realistischerweise die meiste Zeit verbringen. Geh dich mal duschen, um den Raumanzugsmief loszuwerden ... ach nee, geht nicht. Wasser ist im Weltraum sehr knapp und zu schwer zu transportieren, um dir die 450 Milchpackungen zu gönnen, die du für dein halbstündiges Duschbad brauchst. Im Raumschiff gibt es keine Duschen oder Badewannen, sondern nur Trockenshampoo und ein Handtuch. Wie luxuriös. Außerdem: Wie soll das Wasser ohne Schwerkraft aus dem Duschkopf rieseln?

In deinem Ohr gibt es drei halbkreisförmige Kanäle, die etwa so groß sind wie zwei Drittel vom Durchmesser der Augen eines kleinen Hundes. In diesen Kanälen schwappt ständig eine Flüssigkeit, die dem Gehirn mitteilt, wo oben und unten ist. Nur so können wir stehen und gehen. Nun stell dir vor, diese Organe funktionieren auf einmal nicht mehr. Wer schon einmal mit der Achterbahn gefahren ist, weiß, wie das ist. Beim Schweben im Weltraum ist es die ganze Zeit über so. Stell dir vor, du hast ständig das Gefühl, zu fallen. Klar, man gewöhnt sich daran, aber wer würde das schon wollen? Auf Dauer verliert man jeden Spaß an Achterbahnen. Zum Glück hat sich Arthur C. Clarke – zusammen mit Stanley Kubrick – schon lange vor 2001 ausgedacht, dass man künstliche Schwerkraft erzeugen könnte, indem man riesige kreiselnde Ringe baut.

In solchen fiktiven Entwürfen (die zwar plausibel, aber auch sehr unpraktisch wirken) wird die Schwerkraft dadurch nachgeahmt, dass sich das Raumschiff um sich selbst dreht, während es durchs Weltall fliegt. Passagiere und Besatzung können dann im Inneren des interstellaren Raumschiffs herumlaufen, als ob sie auf der Erdoberfläche wären. Allerdings muss der Außenring überall genau den gleichen Abstand zum Drehpunkt haben und sich mit konstanter Geschwindigkeit drehen. Zu nah oder zu schnell, und die künstliche Schwerkraft lässt dich schneller an Gewicht zunehmen als ein vierfacher Big Mac mit geschmolzener Butter; zu weit oder zu lahm, und du verlierst schneller an Gewicht als mit dem unvermeidlichen Durchfall, den du nach einer solchen Mahlzeit bekommen würdest.

Du hast also deine spacige Odyssee beendet und bist beim nächsten Stern angekommen. Zum Glück haben die Menschen diese Gefilde schon seit Jahren kolonisiert und du kannst dir aus mehreren »Bishop-Ringen« einen als neues Zuhause aussuchen. Bishop-Ringe sind hypothetische Weltraum-Habitate von der Form eines riesigen Lkw-Reifens, deren Umfang etwa doppelt so groß ist wie die Entfernung, die der Sänger von *The Proclaimers* laufen würde, um der Mann zu sein, der vor deiner Tür hinfällt. Jedenfalls suchst du dir einen aus, der ein schön gemäßigtes Klima hat und üppig bevölkert ist, weil du gerne andere Raumreisende kennenlernen würdest. Aber stopp, wenn du genug Science-Fiction gelesen hast, fragst du dich: Welche Sorte Weltraumpocken tragen deine neuen Nachbarn in sich? Oder hast du vielleicht Enterprise-Ebola mitgebracht und gefährdest die ganze Kolonie? Dein neues Leben fernab der dem Untergang geweihten Erde soll so nicht beginnen.

Astronauten schleppen schon seit Jahrzehnten Bakterien in die Internationale Raumstation ISS ein und bringen welche von dort mit. Man hat Bakterienstämme untersucht, die auf der ISS gefunden wurden, und ist zu dem Schluss gekommen, dass sie sich eigens an die Bedingungen im Weltraum angepasst haben. Die ISS umkreist die Erde etwa sechzehn Mal am Tag und fliegt dabei ungefähr dreißig Mal so hoch wie ein Bumsbomber. Weltraumkeime hätten Jahrzehnte, Jahrhunderte oder sogar Jahrtausende Zeit, sich ans Leben in den Bishop-Ringen anzupassen. Wer weiß, was für fiese Krankheiten dort auftauchen könnten? Hier auf der Erde kriegen wir schon die jährliche Grippewelle schlecht in den Griff.

Fassen wir zusammen: Um der Tristesse unseres Sonnensystems zu entkommen und irgendwo in der Galaxie Zuflucht zu finden, müssten wir zuerst die nötige Technik entwickeln. Das ist kein Hindernis. Als Nächstes müssten wir die psychischen und physiologischen Folgen einer extrem langen Reise durch die Leere des Weltraums bewältigen. Schwierig, aber machbar. Während der langen Überfahrt quer durch die Galaxis müssten wir das Glück haben, Sonnenstürme, Weltraummüll und Strahlung zu umschiffen. Daumendrücken kann nicht schaden. Dann müssten wir entweder besiedelbare Orte finden oder genug Material auftreiben, um selbst welche zu bauen. Da draußen müsste es doch welches geben, oder? Und zuletzt müsste unser Immunsystem nur noch mit kosmischen Chlamydien und anderen interstellaren Seuchen fertigwerden. Okay, wer ist dabei?

GRUND

Die Sonne ist ein wütender, Plasma speiender Drache

Wer schon mal einen längeren Stromausfall erlebt hat, weiß, wie frustrierend das sein kann. Ohne Gasherd ist man dazu verdammt, Fertigpizza bei Zimmertemperatur zu essen. Alle Speisen im Kühlschrank werden irgendwann schlecht, man kann die Wohnung nicht mehr heizen oder kühlen, man kann nicht warm duschen, und am Ende stirbt man noch. Ja, Stromausfälle bringen Menschen um. Dass in Millionen von Haushalten in Texas im Februar 2021 nach einem Sturm der Strom ausblieb, hatte Hunderte von Todesfällen zur Folge. Zwar starben die Menschen nicht direkt an Ungeduschtheit, aber da sie ihre Häuser nicht heizen konnten, starben viele an Erfrierungen und Unterkühlung sowie an anderen Komplikationen, die sich daraus ergaben, dass viele unserer Grundbedürfnisse Elektrizität erfordern. Tatsächlich sterben nach einer Naturkatastrophe oft mehr Menschen an den Folgen des Stromausfalls als an der Naturkatastrophe selbst. Stell dir vor, die ganze Welt würde zur gleichen Zeit einen Stromausfall erleiden. Du könntest dann zum Waschen deiner stinkenden Sportsocken nicht einfach zu deiner Tante am Stadtrand fahren (siehe Grund Nr. 6). Aber hinzufahren wäre trotzdem eine gute Idee, denn sie könnte tot sein.

Ein globaler Stromausfall ist eine reale Gefahr, denn leider ist die Sonne in Wirklichkeit ein riesiger Drache. Na ja, genau genommen ist sie eine wirbelnde Suppe aus glühend heißem Wasserstoff und Helium, deren verworrene Magnetfelder regelmäßig platzen und uns einen Tsunami aus elektromagnetischer Energie entgegenschleudern. Aber sie als kolossalen feuerspeienden Drachen zu beschreiben, macht es interessanter und klingt viel krasser. Etwa alle elf Jahre wird die Sonne zum Smaug und spuckt Drachenfeuer durchs ganze Sonnensystem. In dieser Fantasiewelt sind wir die Zwerge, und zum Glück ist es ziemlich unwahrscheinlich, dass wir so einen Feuerschwall auf die Mütze bekommen, es sei denn, die Sonne würde gezielt spucken, wie es Drachenart ist.

Das hohe Alter des Universums hat alle Sterne zu Sadisten gemacht und auch unser heimischer Glurak überzieht die Erde etwa alle fünfundzwanzig Jahre mit einem zerstörerischen Sonnensturm. Das ist häufiger, als du dachtest, nicht wahr? Dass die Geschichtsbücher nicht voller Gruselgeschichten sind, in denen die Sonne im Haus Targaryen steht, liegt daran, dass Sonnenstürme in der vorindustriellen Zeit weitgehend unbemerkt blieben. Selbst die stärksten Sonnenstürme werden größtenteils von der Atmosphäre absorbiert, und was an Energie bis zur Oberfläche vordringt, hat keine Wirkung auf Lebewesen. Wenn in der Vergangenheit der Godzilla im Zentrum unseres Sonnensystems seinen Feuerstrahl in unsere Richtung aussandte, notierten die Chronisten nur, dass der Himmel für ein paar Stunden schön war. Kein Tod. Keine Zerstörung.

Aber was, wenn man nicht auf dem sicheren Boden ist? Unsere Urahnen, die an Höhlenwände kritzelten, hatten keine Flugzeuge, geschweige denn Astronauten, die im Weltraum schwebten. Was, wenn du gerade nach Neuseeland fliegst, um Mittelerde in echt zu besichtigen, und das Pech hast, auf dem Flugzeugklo von einer Sonneneruption erwischt zu werden? In dieser Höhe würdest du in wenigen Stunden ungefähr so viel Strahlung abbekommen, wie für sechs Monate empfohlen wird. Wenn du das besorgniserregend findest, hast du recht (mehr Wissenswertes über den Strahlentod unter Grund Nr. 11). Aber deine medizinischen Probleme wären nichts im Vergleich zu den Problemen, die sich aus technischer Sicht ergeben. Dank der potenziell mutagenen Strahlung könnte dein Interkontinentalflug noch schlimmer enden als deine letzte All-Inclusive-Kreuzfahrt.

Bevor wir anfingen, mit riesigen kochenden Wasserkesseln Strom zu erzeugen, waren Sonneneruptionen gar kein Problem. Auch heute sind die meisten relativ klein und lokal begrenzt und wir werden in der Regel zeitig genug gewarnt, um unsere Geräte auszuschalten, bis der Sturm vorbei ist. Aber es gibt auch wirklich große Eruptionen. So ein Klopper könnte um die ganze Weltkugel rauschen und mit ziemlicher Sicherheit einen flächendeckenden Ausfall des Stromnetzes herbeiführen. Menschen, die sich zu nahe an schlecht verkabelten Hochspannungsanlagen aufhalten, würden einen Stromschlag bekommen, was suboptimal wäre. Die weltweiten Telekommunikationssysteme, die dich übrigens mit dem Internet verbinden, wären schlichtweg hinüber, futschikato, kaputt und tschüss ... aber die Störungs-Hotline würde ungefähr gleich hilfreich bleiben.

Nehmen wir mal an, du bist ein Idiot und weißt nicht, dass deine Lebensmittel über diverse Transportwege vom Bauernhof zum Verarbeitungsbetrieb und von dort zum Großhandel, zum Lager und zuletzt in den Supermarkt gelangen müssen. Die Auswirkungen einer massiven Sonneneruption würden alle Kommunikationswege entlang dieser Lieferkette zerstören und die Menschen würden hungern. Die Schäden an Industrie und Infrastruktur könnten die menschliche Zivilisation um Jahrhunderte zurückwerfen und ein neues dunkles Zeitalter einleiten. Falls du in einer kalten Weltregion lebst, müsstest du Stühle verbrennen, um dich warm zu halten. Und mit Stühlen meinen wir Stuhlgänge, denn da der Wasserdruck wegfiele, gäbe es keine Toilettenspülung, keine Dusche, kein Waschbecken und auch kein Trinkwasser für Milliarden von Menschen. Die Scheiße würde sich anhäufen, aber denk mal darüber nach, eine Sickergrube ergibt eine ziemlich gute Feuerstelle. Immerhin sähe der Himmel für ein paar Stunden wunderschön aus, was du allerdings nirgendwo posten könntest, Mist.

Ein solches Ereignis trat im Jahr 1859 ein. Es wird Carrington-Ereignis genannt, weil ein Brite namens Carrington es beobachtet hat. Während des Ereignisses waren auf der ganzen Welt Polarlichter zu sehen, aber damals waren die einzigen elektrischen Geräte Telegrafen. In den Telegrafenstationen brachen Brände aus und Leute mit Haustelegrafen bekamen von ihrem Gerät einen Stromschlag. Die Vorstellung, dass Leute das Lichterspektakel am Himmel sahen und dann hastig LIEBE PATSY +++ STOPP +++ SIEHST DU DAS AUCH? IRRE, ODER? +++ STOPP telegrafieren wollten und stattdessen einen Schock bekamen, ist schon ziemlich lustig. Aber rechne das mal auf die Masse an Geräten hoch, die wir heute an oder um uns herum haben, dann ist das nicht mehr so lustig. Steck dein Handy lieber nicht in die Gesäßtasche. Die Wahrscheinlichkeit, in den nächsten fünfzig Jahren dermaßen eine gewischt zu bekommen, liegt bei 50:50. Verglichen mit astronomisch wirklich seltenen Ereignissen bedeutet das praktisch ein sicheres Eintreten.

Es gibt sogar Eruptionen, die ein Carrington-Ereignis in der Größe noch übertreffen, aber von unserer Sonne ist noch keine solche ausgegangen ... bis jetzt. Superflares sind die größten Sonneneruptionen, die möglich sind. Wissenschaftler vermuten, dass die Frau Mahlzahn am Himmel etwa alle fünftausend Jahre einen Superflare ausspucken könnte. Falls dieser auf die Erde zielt, könnte er alles oben Beschriebene und noch mehr anrichten, die Ozonschicht zerstören und Ökosysteme dezimieren, vor allem die der Meere.

Die Wunder des Industriezeitalters, allen voran die Elektrizität, haben einen Lebensstandard möglich gemacht, der noch vor zweihundert Jahren unvorstellbar war. Sollte das Universum aus einer Laune heraus unseren örtlichen Draco an der Nase kitzeln, könnte es sein, dass das alles weggeniest wird. Das Universum hat zugesehen, wie wir mithilfe der elektromagnetischen Kraft die moderne Welt aufgebaut und unsere gesamte Zivilisation komplett davon abhängig gemacht haben. Jetzt lacht es sich schlapp, weil wir deswegen hoffnungslos verwundbar sind. Wäre dies ein Märchen, wären wir die Prinzessin, die unter der Fuchtel eines Drachen in einem Turm ausharren muss. Aber anders als im Märchen kommt kein Ritter, der uns errettet, und das WLAN könnte jederzeit verpuffen.

GRUND

Wir sind völlig allein im Kosmos

Falls du es noch nicht bemerkt hast: Das Universum ist ein eiskaltes Arschloch – minus 270,4 Grad kalt, um genau zu sein. Du magst dem nicht zustimmen, wenn du dir die Vielfalt des irdischen Lebens ansiehst, oder wie es der Evolutionsvater Darwin ausdrückte: »eine endlose Reihe der schönsten und wundervollsten Formen«.

Die Erde ist voller vielfältiger Lebensformen, von denen viele noch gar nicht entdeckt wurden – wobei wir sie momentan vielleicht schneller ausrotten, als wir sie finden können. Nach aktuellen Schätzungen leben auf der Erde zwischen 5,3 Millionen und – jetzt kommt's – einer Billion Spezies. Ziemlich große Fehlertoleranz. Das liegt nicht daran, dass Wissenschaftler schlampig sind – okay, einige sind schlampig –, sondern daran, dass es immer noch riesige Weltgegenden gibt, die nicht kartiert, nicht überwacht und nicht erforscht sind. So wurden zum Beispiel erst 20 Prozent der Weltmeere erkundet und kartiert. Man kann sich nur vorstellen, welche Vielfalt an Leben in den unergründeten Tiefen lauert – neben alten Stiefeln und tonnenweise Plastik.

Blicken wir dagegen hinaus in den Kosmos, stellen wir fest, dass Leben extrem selten zu sein scheint. Bislang haben auch die besten Messungen und Untersuchungen kein Leben jenseits der Erde entdeckt, und das liegt nicht daran, dass man es nicht versucht hätte. Die Frage, wie Anzeichen von Leben aussehen könnten, betrachtet man am besten durch die Brille von Außerirdischen, die nach uns suchen – vorausgesetzt, Außerirdische tragen überhaupt eine Brille. Vielleicht sind wir aber auch auf dem Holzweg und leben nur in einer Simulation (die eher nicht so lustig ist bei den Sims – siehe Grund Nr. 39).

Zuallererst müsste man nach Wasser suchen. Wasser ist in unserer Galaxie reichlich vorhanden; es wurde auf Planeten, Monden und im interstellaren Staub nachgewiesen. Schwieriger wird es, wenn man es in seiner lebensfreundlichsten Form haben möchte, nämlich flüssig. Die Datenlage lässt vermuten, dass unser Planet eine gewisse Anomalie darstellt, da mehr als 70 Prozent seiner Oberfläche mit flüssigem Wasser bedeckt sind. Aber wir sollten nicht zu stolz auf unsere Besonderheit sein. Man hat auf mehreren Monden, die andere Planeten unseres Sonnensystems umkreisen, schon Wasserfontänen entdeckt, die wie riesige Geysire emporschießen. Einer der besten Kandidaten für Leben in unserem Sonnensystem ist der Jupitermond Europa. Unter seiner eisigen Oberfläche besitzt Europa womöglich mehr Wasser als die Erde, obwohl er etwas kleiner ist als der Erdmond. Die NASA möchte Europa eingehend untersuchen, um festzustellen, ob es dort weitere Anzeichen für Leben gibt.

Die gängigen Anzeichen für primitives Leben sind bestimmte in der Atmosphäre nachweisbare Anteile von Methan, Kohlendioxid, Sauerstoff und einigen anderen Gasen. Diese Gase werden Biosignaturen genannt und können als Hinweis darauf gelten, dass es auf dem angepeilten Felsbrocken möglicherweise Lebensformen gibt, die fressen, atmen und furzen. Die Konzentration dieser Gase gibt auch Aufschluss darüber, wie zahlreich und aktiv diese Lebensformen sind. Nehmen wir zum Beispiel uns Menschen: Wir nehmen Sauerstoff auf und atmen Kohlendioxid aus – neben Lügen und unfundierten Meinungen, aber lassen wir das lieber. Bäume hingegen nehmen Kohlendioxid auf, nutzen den Kohlenstoff für ihr Wachstum und geben den Sauerstoff wieder an die Luft ab, die wir wiederum einatmen. Indem wir die stoffliche Zusammensetzung einer außerirdischen Atmosphäre mit der unseren vergleichen, können wir feststellen, ob die Luft dort von irgendeinem Organismus aufgenommen oder abgegeben wird.

Man kann mit ziemlicher Sicherheit davon ausgehen, dass es jenseits unseres Planeten keine technologisch fortgeschrittenen Lebensformen gibt, egal, was dir irgendein Eso-Spinner oder Ex-Popsänger erzählt. Zumindest scheint es in unserer Nähe keine zu geben. Fairerweise sei gesagt: Wenn man sich auf unserem Planeten umschaut, könnte man sich fragen, ob es überhaupt intelligentes Leben im Sonnensystem gibt. Eine Technosignatur ist etwas Ähnliches wie eine Biosignatur, aber mit dem Unterschied, dass mit ihr nicht nur ein Nachweis für außerirdisches Leben vorläge, sondern auch für intelligentes Leben da draußen – außerdem wär's ein toller Name für einen Club in Berlin-Mitte.

Technosignaturen bestehen aus Kommunikationsmitteln wie Radiowellen, aus Lasern oder sogar Orbitalkörpern wie Satelliten. Auch anhand der Atmosphäre ließe sich intelligentes Leben entdecken. Große Mengen an Kohlendioxid in Verbindung mit anderen Stoffen in bestimmten Mengen könnten zum Beispiel auf eine Industrialisierung hindeuten. Auch wenn Kohlendioxid in der Natur vorkommt, ist CO_2 nicht gleich CO_2. Kohlendioxid aus fossilen Brennstoffen ist ein wenig anders und den Unterschied kann man wissenschaftlich nachweisen. Wenn genug von diesem anderen Kohlendioxid in der außerirdischen Luft vorliegt, könnte das bedeuten, dass der fremde Planet Probleme mit der Verteilung von Wohlstand und der Einhaltung von Klimazielen hat.

Zuungunsten unseres Planeten sind wir sehr gut darin, solche Technosignaturen in unserer Atmosphäre zu hinterlassen. Wenn forschende Aliens irgendwo anders im Universum diese Signaturen aufspüren könnten, hätten sie damit einen guten Hinweis auf intelligente Wesen – nämlich auf gewisse Humanoide, die ihren Planeten langsam aufheizen und sich dadurch selbst strangulieren. Wir haben jedenfalls noch keine so dumme ... äh ... intelligente Lebensform entdeckt.

In der Hoffnung, Nachweise für vergangenes oder gegenwärtiges Leben zu finden, haben wir schon Maschinen zu einigen außerirdischen Objekten geschickt und sie dort Luft und Boden untersuchen lassen. Diese Missionen haben Bedenken geweckt, denn diese unbefleckten Planeten, Monde und Asteroiden wurden dadurch möglicherweise menschlich kontaminiert. Tatsächlich haben wir bei unseren regelmäßigen Ausflügen zum Mond einiges von unserem Scheiß dagelassen. Oh, und der Klarheit halber: Wir verwenden den Begriff Scheiß nicht im Sinne von »Zeug« – wir meinen wortwörtlich Scheiße. Auf dem Mond liegen fast hundert Tüten mit menschlicher Scheiße, Pisse und Kotze. Was wir für eine Spezies sind!

Jetzt stell dir einen Moment lang vor, dass es da draußen intelligente Lebensformen gibt, die technologisch weit genug sind, um mit uns in Kontakt zu treten. Oder noch besser: Stell dir vor, sie können uns tatsächlich besuchen. Warum sollten sie das tun? Wir sind verseuchte, kriegslüsterne, uns selbst sabotierende, das Ökosystem ruinierende Organismen, die den eigenen Planeten zum Nutzen einiger weniger vergiften. Wie kommst du darauf, dass sie überhaupt uns Menschen besuchen wollen? Hunde und

Katzen sind uns klar übergeordnet. Wir räumen ihre Kacke weg und geben ihnen Futter, während sie nicht einmal Miete, Steuern oder Tierarztrechnungen zahlen. Sie müssen uns nur ein wenig Zuneigung schenken und wir küssen ihnen die Pfoten. Das ist intelligentes Leben.

Seien wir ehrlich: Wenn wir je eine Chance hatten, mit Außerirdischen in Kontakt zu kommen, wurde sie 1973 mit dem Start der NASA-Missionen Pioneer 10 und 11 zunichtegemacht. Beide sollten bisher unerforschten Regionen unseres Sonnensystems in Augenschein nehmen. Pioneer 10 war das erste von Menschenhand geschaffene Objekt, das den Asteroidengürtel durchquerte und Bilder vom Jupiter und seinem Mond Io aus nächster Nähe machte. Pioneer 11 dagegen gelang die erste direkte Beobachtung des Saturn. Im Jahr 2003 waren die Signale beider Raumsonden so schwach geworden, dass sie auf der Erde nicht mehr empfangen werden konnten. Sowohl Pioneer 10 als auch 11 sind jetzt im interstellaren Raum unterwegs. Warum das ein Problem ist? An sich ist das kein Problem. Problematisch ist nur das, was die Raumschiffe Pioneer 10 und 11 bei sich haben.

Stell dir vor, du sitzt zu Hause und kümmerst dich um deinen eigenen Kram, so wie wahrscheinlich jetzt gerade. Du hörst ein Pfeifen, das immer lauter und lauter wird. Du schaust aus dem Fenster und da liegt irgendeine Kiste vor der Tür. Die Kiste ist unbeschriftet und kein Zusteller ist in Sicht. Von Neugier übermannt öffnest du die Kiste und findest darin eine goldene Tafel. So weit scheint alles harmlos. Dann drehst du die Tafel um und erkennst sofort, was eingraviert ist. Du weißt gar nicht, was verstörender ist: die Nacktbilder eines Mannes und einer Frau oder die Wegbeschreibung zu ihrem Wohnort. Das Gruseligste an dem Ganzen ist wohl, dass sich jemand die Mühe gemacht hat, die Sache in ein Stück Blech zu gravieren. Jedenfalls ist dies im Grunde das, was Pioneer 10 und 11 bei sich tragen – ein unaufgefordert zugesandtes Dickpic mitsamt Adresse und Routenbeschreibung.

Die meisten Leute wird es nicht überraschen, dass unser erster ernsthafter Versuch einer Kontaktaufnahme mit empfindsamen Wesen aus anderen Welten darin bestand, ihnen unsere Geschlechtsteile zu zeigen. Schließlich ist dies bei Männern seit Generationen eine beliebte Art, sich vorzustellen. Wichtiger wäre die Frage: Wie reagieren die Außerirdischen, wenn wir sie damit erreichen? Vielleicht erwidern sie die höfliche Geste nach dem Motto: Du zeigst mir deins, ich zeig dir meins. Stell dir vor – ein Universum, in dem alle Lebensformen einfach Nacktfotos in den Kosmos hinausschicken. Die allerersten Anzeichen für außerirdisches Leben wären dann wohl eher nicht jugendfrei. Zumindest würde der Bodybuilding-Wettbewerb »Mr. Universum« viel interessanter werden.

Vielleicht sind wir Menschen ein bisschen zu spät auf die Welt gekommen und haben die Party verpasst? Die frühesten Nachweise für Leben auf der Erde reichen in die Zeit vor dreieinhalb Milliarden Jahren zurück. Je nachdem, welche Kriterien man anlegt, ist Homo sapiens seit frühestens zweihundertfünfzigtausend Jahren nachgewiesen – ein Blinzeln auf der kosmischen Zeitskala. Du kannst dir leicht ausrechnen, dass die ganze Menschheitsgeschichte nur 0,00002 Prozent der vierzehn Milliarden Jahre langen Lebensspanne des Universums einnimmt. Vielleicht gab es schon lange vor der Entstehung des Sonnensystems und der Erde herrliche intergalaktische Zusammenkünfte, und wir haben sie einfach verpasst. Dabei wollten wir doch eigentlich die Party crashen!

Spielen wir doch mal mit der Idee, dass das Universum irgendeine Art von Bewusstsein hat und bestimmen kann, was im Kosmos vor sich geht. Welches Arschloch steckt alles, was es an Leben gibt, auf ein winziges Steinchen mitten im Nirgendwo und beschießt dieses dann regelmäßig mit Asteroiden, Sonneneruptionen und anderem Scheiß? Wir sagen nicht, dass wir das nicht verdient hätten – aber das Universum erinnert irgendwie an diesen einen komischen Jungen in der Klasse. Du weißt schon. An den, der gerne Insekten verkokelte und immer sehr merkwürdig über seine Cousine redete. Verhielte sich ein Schuljunge so wie das Universum, würde man ihn untersuchen lassen und das Jugendamt einschalten. Andererseits würde man dasselbe auch mit einem Jungen tun, der Nacktbilder von sich selbst mitsamt Wegbeschreibung verschickt.

GRUND

Quasare beschießen uns mit Strahlen aus purer Energie

Wenn du glaubst, die Emissionen deines Onkels nach seiner zweiten Kanne Kaffee und einer großen Portion Chili wären der stärkste denkbare Tobak, dann hast du noch nie von sogenannten kosmischen Jets gehört. Um zu verstehen, warum die Untaten deines Onkels – so schändlich sie auch sind – nicht das Zerstörerischste im Universum sind, musst du ein Himmelsobjekt namens »Quasar« verstehen.

Quasare wurden erstmals 1918 vom Astronomen Heber Curtis entdeckt und sind extrem helle und zum Glück weit entfernte Objekte mit einer Masse, die etwa einer Milliarde Sonnen entspricht. Im Herzen dieser Quasare haust ein supermassereiches schwarzes Loch, und ein solches ist genauso furchteinflößend, wie es klingt. Ähnlich wie Wasser im Kreis strömt, bevor es dem Abfluss anheimfällt, strudeln auch Gase in Richtung eines schwarzen Lochs. Eine der Möglichkeiten, wie große Massen an Materie in ein schwarzes Loch geraten können, ist die Kollision zweier Galaxien – und wenn dir die Tatsache, dass Galaxien zusammenkrachen können, nicht die kosmische Bedeutungslosigkeit deiner Twitter-Fehde mit @FreiheitsRebell4913 vor Augen führt, dann lies weiter.

QUASARE BESCHIESSEN UNS MIT STRAHLEN AUS PURER ENERGIE

Wenn man einen Quasar (hellstes Objekt im Universum) finden möchte, muss man nach einem schwarzen Loch (dunkelstes Objekt im Universum) suchen, was als ironische Wendung gelten darf. Wenn sich das schwarze Loch dreht, kreisen die Gase mit unterschiedlichen Geschwindigkeiten um es herum, je nach ihrem Abstand zum Zentrum. Sie reiben sich schwitzend aneinander wie eifrige Statistinnen in einem Hip-Hop-Musikvideo, erhitzen sich und erzeugen enorme Mengen an Energie. Dadurch werden sie zum Glühen gebracht und es entsteht eine sogenannte Akkretionsscheibe, die um das Hundertfache heller strahlen kann als sämtliche Sterne einer Galaxie zusammen.

Wie bei einem Touristen, dem nach einem dubiosen Sandwich aus dem Flughafenbistro übel geworden ist, kommen große Mengen an Materie mit hoher Energie aus beiden Enden des Quasars geschossen. Warum das so ist, versteht die Wissenschaft nicht, so wie es dem Touristen auch schleierhaft ist, wieso er das Sandwich überhaupt gekauft hat. Quasare sind das Zerstörerischste, was es im Universum gibt, und die meisten Menschen ahnen gar nicht, dass diese Dinger überhaupt existieren. Wie soll man auch Zeit für Astrophysik-Dokus haben, wenn es so viele Sendungen gibt, in denen sich attraktive, tätowierte Menschen anschreien? Wenn du das nächste Mal eine neurotische Reality-Serie suchtest, dann denk mal darüber nach, wie soziopathisch die astrophysikalische Realität sein kann. Nebenbei sind schwarze Löcher, die alles, was ihnen zu nahe kommt, in eine dem gesunden Menschenverstand zuwiderlaufende Realität saugen und den ganzen Irrsinn dann ins Universum ausstrahlen, ein treffendes Bild für das Phänomen des Reality-TV.

Die Richtung des Jet-Ausstoßes bestimmt, wie gut er von der Erde aus sichtbar ist. Sind die kosmischen Jets des Quasars direkt auf uns gerichtet, werden sie »Blazare« genannt, weil »Quasar

McQuasarface« in der Online-Namensgebungsumfrage nur auf den zweiten Platz kam. Die kosmischen Jets bestehen aus vielen verschiedenen Teilchen mit insgesamt neutraler Ladung. Was der Quasar – oder Blazar, wenn er auf dich zielt – an Energie abgibt, reicht aus, um die Teilchen in den Jets auf etwa zwei Drittel der Lichtgeschwindigkeit zu beschleunigen, womit sie die Erde in einer Fünftelsekunde komplett umrunden könnten. Das klingt schnell, aber bedenke, dass Pornos noch zweieinhalbmal schneller um die Erde bewegt werden.

Wenn du das Pech hättest, dass eines dieser Dinger direkt auf dich zukommt, wäre das nicht lustig. Zuerst würdest du sehen, dass die scheinbare Helligkeit der Sonne durch die unglaubliche Grelle des Blazars überstrahlt wird. Der Jet wäre auf eine Breite von wenigen Lichttagen gebündelt, was immer noch breit genug wäre, um die Sonne und alle Planeten des Sonnensystems zu umfassen. Träfe der Jet auf unsere Atmosphäre, würden die Gase so stark angeregt, dass sie nicht mehr wie Gase wirken würden, sondern wie ein kosmisches Lichterspektakel aus Tod und Zerstörung. Durch das kosmische Bombardement würde alles Leben ausgelöscht werden, und danach wäre auf der Erde ungefähr so viel los wie in einer Kleinstadt ohne Outletcenter.

Jetzt fragst du dich sicher, warum die Astronomie so lange gebraucht hat, um etwas zu entdecken, das schrecklicher ist als alles, was dein Onkel auf dem Scheißhaus vollbringt. Um unseren wissenschaftlichen Vorläufern gegenüber fair zu sein: Das erste direkte Foto eines schwarzen Lochs wurde erst im Jahr 2017 aufgenommen. Als Heber Curtis einhundert Jahre zuvor die kosmischen Jets zum ersten Mal aufzeichnete, blieb es lange ein Rätsel, was sie waren oder was sie verursachte. Obwohl zwischen beiden Beobachtungen ein Jahrhundert lag, erfolgten sie merkwürdigerweise an derselben Galaxie, nämlich Messier 87, die eine der massereichsten in unserem Galaxienhaufen ist. Anfangs wusste man nur, dass im Zentrum dieser Galaxie etwas sehr Großes und Mächtiges wirkt. Aber nach mehr als einhundert Jahren Forschung haben wir inzwischen eine viel klarere Vorstellung davon, woher diese Jets kommen.

Gehen wir zurück an den Anfang. Die frühe Kindheit des Universums war noch voller Potenzial, ähnlich wie unser eigenes Leben. Dann brachen die Probleme hervor. Das Universum kam in die Pubertät, und so wie im Gesicht eines Teenagers Mitesser sprießen, platzten im Weltall lauter Quasare auf. Das Universum war als Teenager furchtbar gehemmt und zeigte erste Anzeichen von Sadismus, obwohl es damals noch keine WhatsApp-Gruppen gab, in denen es mobben konnte. Falls sich in dieser Zeit Leben bildete, blieb es nicht lange bestehen.

Nach etwa vier Milliarden Jahren – in denen das Universum wahrscheinlich ständig zu hören bekam, es solle endlich was mit seinem Leben anfangen – begann die Akne (die Quasare) zu verschwinden. Wie der moderne Mensch hatte auch das Universum die Pubertät überstanden und befand sich nun in der nächsten Phase seiner körperlichen Entwicklung – der kontinuierlichen Expansion. Mit der Ausdehnung des Raums vergrößerte sich auch die Entfernung, die das Licht aus dem frühen Universum bis zu uns zurücklegen musste. Quasare gibt es immer noch und es werden sich noch weitere bilden, aber sie werden selten bleiben wie die Pickel, die manchmal auf der Oberschenkelinnenseite auftauchen und dich an die grassierende Hautunreinheit von früher erinnern.

Zwar sind Quasare zerstörerisch, aber ihre unbändige Energie kann für entstehende Sonnensysteme wie ein Turbolader wirken und ihnen helfen, Sterne, Planeten und – in mindestens einem Fall – die Zutaten des Lebens herauszubilden. Je älter das Universum wird, desto mehr nimmt die Gefahr ab, von einem Quasar ausgeblasen zu werden. Der Kosmos hat seine Flegeljahre hinter sich gelassen und ist in eine stille Phase eingetreten, irgendwo zwischen den beschwipsten Zwanzigern und der Midlife-Crisis mit Motorrad. Wir leben zufällig in dieser Ruheperiode, in der sich kaum Quasare bilden. Vielleicht ist das Universum ja doch nicht so beschissen.

Ha! Nur ein Scherz – es ist beschissen. Falls du es noch nicht weißt, haben wir jetzt schlechte Neuigkeiten für dich. Unsere liebe Heimatgalaxie, die Milchstraße, und das schwarze Loch in ihrem Zentrum sind auf Kollisionskurs mit der Andromeda-Galaxie und ihrem schwarzen Loch. Mit von der Partie ist auch die Triangulum-Galaxie, aber die ist eher so was wie der menschenscheue Cousin, den du und deine Clique auf Bitten (sprich: Befehl) deiner Mutter mal mit in den Urlaub genommen habt. Die Wechselwirkungen zwischen diesen Galaxien könnten Planeten und galaktischen Staub so verschieben, dass eines der schwarzen Löcher oder beide wieder massenweise Materie verschlingen. Am Ende stürzen dann diese supermassereichen schwarzen Löcher ineinander und bilden ein noch größeres super-duper-massereiches schwarzes Loch, das einen neuen Quasar hervorbringt. Aber mach dir nicht zu viele Sorgen, denn diese galaktische Kollision steht erst in etwa sechs Milliarden Jahren auf dem Plan. Bis dahin ist die Sonne längst tot und wir wahrscheinlich auch.

GRUND

All die Sternlein werden sterben

Hast du einen Lieblingsstern? Unserer heißt Acrux. Acrux ist der südlichste Lichtpunkt im Sternbild »Kreuz des Südens«. Er hat für die meisten Völker der südlichen Hemisphäre eine große kulturelle Bedeutung und ist zum Beispiel auf den Flaggen von nicht weniger als fünf Staaten zu sehen. In australischen Abendstunden weist er den Weg zum nächsten Pub. Genau genommen ist Acrux ein Sechs-Sterne-System, aber lassen wir diese Einzelheit mal außer Acht. Wichtig ist nur das, was Acrux mit jedem Hollywood-Sternchen gemeinsam hat, nämlich dass seine Zeit irgendwann vorbei sein wird.

Zwar enden Filmkarrieren oft mit einem Knall, aber der ist meist metaphorisch, so wie bei Paul Reubens, der in der Öffentlichkeit seinen Pee-Wee rausholte. Acrux dagegen wird mit einem echten Knall enden, lauter als alles, was je an scharfer Munition versehentlich auf Filmsets verschossen wurde. Der größte Stern des Acrux-Systems ist mindestens zehnmal so groß wie die Sonne und wird daher in einer schrecklichen Katastrophe vergehen, einer Supernova. Bevor du fragst: Nein, unsere Sonne wird nicht dasselbe Schicksal ereilen, wobei ihr Lebensabend definitiv nichts ist, was man miterleben möchte (siehe Grund Nr. 33). Du hast bestimmt schon gehört, die Sonne sei nur ein Stern unter vielen, und schließt daraus, dass alle Sterne mehr oder weniger gleich sind. Das ist aber falsch. Wer hat dir das denn erzählt?

Sterne sind so unterschiedlich, dass es Dutzende von Klassifikationssystemen für sie gibt. Das gebräuchlichste ist das von Annie Jump Cannon entwickelte Harvard-System, das Sterne anhand ihrer Oberflächentemperatur kategorisiert. Die heißesten Sterne haben Oberflächentemperaturen von bis zu 30 000 Grad Celsius, während die kältesten Sterne nur 3 000 Grad haben. Unsere Sonne hat etwa 6 000 Grad. Das klingt recht simpel, aber es gibt dabei natürlich ein Problem. Die Ausstrahlung eines Sterns ändert sich mit der Zeit – ähnlich wie bei Filmstars. Mickey Rourke und George Clooney wurden zum Beispiel im Laufe ihrer Karriere unterschiedlich heiß gehandelt. Du kannst selbst entscheiden, wer wann heißer war. Da das Alter eines Sterns auf der Zeitskala eines Menschenlebens jedoch irrelevant ist, dürfte hier eine Momentaufnahme ausreichen.

Bei etwa 90 Prozent aller heute sichtbaren Sterne ermöglicht das Harvard-System eine einfache Einordnung. Je heißer der Stern, desto größer und heller ist er. Es gibt auch immer eine eindeutige Beziehung zwischen Temperatur und Farbe. Heiße Sterne sind blau. Etwas kühlere Sterne sind weiß. Mit sinkender Temperatur erscheinen Sterne dann gelb, orange und schließlich rot. In der Regel sind die roten Sterne kleiner. Es gibt aber auch monströs große und helle Sternenbiester, die in kaltem Rot funkeln, was soll denn das schon wieder?

Im Lebenslauf eines typischen Sterns passiert nichts besonders Aufregendes – zumindest keine existenzielle Krise, die Instagram-Likes einbringen würde. Wie immer im Universum gibt es Ausnahmen von der Regel und zu denen gehört leider auch unser nächstgelegener Stern, den wir Sonne nennen. Diese wird uns nämlich in der Zukunft ganz schön in die Scheiße reiten (was schlimmer wird, als du denkst – siehe Grund Nr. 33). Aber lange bevor unser eigener Stern aufmuckt, werden uns andere Sterne Grund zur Sorge geben. Wir reden von den großen Tieren, den supermassereichen Sternen. Beteigeuze ist so ein Roter Überriese im Sternbild Orion. Er ist einer der größten und hellsten Sterne am Himmel, und wenn man seinen Namen dreimal falsch ausspricht, erscheint Michael Keaton.

Beteigeuze ist nur zehn Millionen Jahre alt und wird bald sterben. Er begann sein Leben wie jeder andere Stern auch: als Kugel aus Wasserstoff. Aber Beteigeuze hatte von vornherein viel mehr Wasserstoff, möglicherweise zwanzigmal so viel wie unsere Sonne. Man könnte meinen, dass mehr Wasserstoff mehr Brennstoff bedeutet und damit auch eine längere Lebensdauer. In Wirklichkeit ist das Gegenteil der Fall. Wegen der Gravitationskraft dieser Riesenmasse war der Kern des jungen Beteigeuze viel dichter. Der Wasserstoff verschmolz viel schneller zu Helium und so brannte Beteigeuze in heißem Hellblau. Vor einer Million Jahren war es mit der Wasserstofffusion im Kern vorbei, aber das war natürlich noch nicht das Ende der Geschichte.

Die gewaltige Energie, die im Inneren eines Sterns durch Fusion erzeugt wird, wirkt in einem heiklen Gleichgewichtsverhältnis der gewaltigen Schwerkraft entgegen, die den Stern zusammenhält. Geht der Wasserstoff im Kern zur Neige, kommt die Wasserstofffusion zum Stillstand und die nun übermächtige Schwerkraft presst den Kern zusammen. Dadurch beginnt das schwerere Helium zu fusionieren, während der übrige Wasserstoff in den äußeren Schichten sich aufbläht, abkühlt und den Stern rot färbt. Äußerlich scheint sich danach nicht viel zu verändern. Aber im Inneren des Sterns grassiert die Kernfusion. Ein

Teufelskreis aus Brennstoffverbrauch, Kernverdichtung und Elementneubildung entsteht, sodass sich Schichten aus mit zunehmender Tiefe immer schwereren Elementen bilden. Am Ende besteht der Kern aus Eisen. Die Eisenfusion entzieht dem Stern so viel Energie, dass nichts davon mehr der Schwerkraft entgegenwirkt, die den Stern zusammenzieht. In Sekundenschnelle stürzt der Stern in sich zusammen, die meisten Atome prallen vom dichten Kern ab und zerstieben in einer spektakulären Explosion, die wir »Supernova« nennen – für Astronomen der reinste Porno, aber für alles in der Nähe nicht so erfreulich.

Wir wissen nicht, wie es im Inneren von Beteigeuze aussieht, aber Rechenmodelle deuten darauf hin, dass er nicht mehr als 1 Prozent seiner Lebenszeit übrig hat. Da Beteigeuze rund 650 Lichtjahre entfernt ist, könnte er auch längst verglüht sein und die Explosion muss nur noch bei uns ankommen. Das klingt schlimm, aber um wie viel schlimmer ist eine Supernova als ein Überraschungsbesuch von Michael Keaton? Zumindest eines dieser Ereignisse geht relativ schnell vorüber.

Im Moment der Implosion kann der Kern eines Sterns 100 Milliarden Grad Celsius heiß werden. Das ist tausendmal heißer als die Kerntemperatur der Sonne. Mit dieser Menge an Wärmeenergie werden subatomare Teilchen erzeugt, sogenannte Neutrinos, und in alle Richtungen geschleudert. Etwa 10 Prozent der Sternenmasse wird in ausgestoßene Neutrinos umgewandelt. Da Neutrinos winzig klein sind und kaum mit irgendetwas in Wechselwirkung treten (manchmal werden sie auch als »Geisterteilchen« bezeichnet), können viele von ihnen entwischen und eilen somit allen anderen Auswirkungen der Supernova voraus. Darum gibt es das SuperNova Early Warning System (SNEWS), ein weltumspannendes Netz aus Detektoren, das uns vor einer Supernova in der Nähe warnen kann. Du kannst dich dort in die Mailingliste eintragen, wenn du im Bekanntenkreis gerne die Apokalypse vorhersagen möchtest. Du hättest allerdings nur ein paar Minuten Zeit, was leider nicht reicht, um eine Endzeitsekte zu gründen.

Auf den Neutrino-Impuls würde eine Schockwelle aus Materie folgen, die sich mit Lichtgeschwindigkeit fortbewegt und alles auf ihrer Bahn in Brand setzt. Wenn du das Foto einer Supernova betrachtest, zeigt es üblicherweise die Frontseite der Schockwelle, die Tausende von Lichtjahren zurücklegen kann. Zum Glück musst du dir wegen der Schockwelle keine Sorgen machen, denn zuerst erwischt dich die hochenergetische Gammastrahlung. Ein plausibler Grund für das erste Massenaussterben – das in den Ozeanen schätzungsweise 60 Prozent des Lebens auslöschte – könnte die Gammastrahlung einer nahen Supernova gewesen sein.

Die Schätzungen variieren, aber nach den niedrigsten müsste die Erde mindestens 1 000 Lichtjahre entfernt sein, um von einer Supernova verschont zu bleiben. Näher dran, und die Gammastrahlung würde die Hälfte des Ozons in unserer Atmosphäre zerstören und Stickstoff und Sauerstoff in giftige Stickoxide umwandeln (nicht wirklich lebensfreundlich – siehe Grund Nr. 16). Es gibt sechs Sterne, die eine Gefahr für die Erde sein könnten, darunter unser Freund Beteigeuze. Es ist also nicht so, dass wir vor einem weiteren Supernova-Massenaussterben sicher sind.

Der 650 Lichtjahre entfernte Beteigeuze könnte mit seinen Neutrinos und Gammastrahlen durchaus Schaden anrichten. Er wird sicherlich mehrere Wochen lang hell wie der Mond am Himmel stehen. Das bedeutet natürlich, dass er auch tagsüber sichtbar ist. Daraufhin bilden sich Sekten und Verschwörungstheorien, die leider spürbare Wirkungen auf die Politik und die öffentliche Gesundheit ausüben können. Und dann, lange nachdem die Helligkeit verblasst und das Ereignis in Vergessenheit geraten ist, trifft hunderttausend Jahre später die Schockwelle aus geladenen Teilchen ein. Zum Glück schützt uns davor mit ihrer eigenen strömenden Solarenergie jene andere Kugel aus nuklearem Todesfeuer, die immer unser Lieblingsstar bleiben ... und uns wahrscheinlich auch umbringen wird (siehe Grund Nr. 11).

GRUND

Ständig hagelt es riesige Weltraumfelsen

Vor etwa sechsundsechzig Millionen Jahren gab es eine Zeit, in der man eher kein Dinosaurier sein wollte – außer vielleicht so ein cooler T-Rex.

Es ist eine objektive Tatsache, dass Dinosaurier ziemlich cool sind. Frag irgendeinen Fünfjährigen – Fünfjährige lügen nicht. Diese prähistorischen Kreaturen sind auch wirklich ziemlich beeindruckend. Das Wort Dinosaurier bedeutet frei übersetzt »schreckliche Echse« und die Viecher sind zweifellos die größten Lebewesen, die jemals auf der Erde gelebt haben. Die größten wogen etwa zehnmal so viel wie die größten Elefanten und waren drei- oder viermal so groß wie eine Giraffe. Sie herrschten mindestens hundertfünfundsechzig Millionen lang über die Erde. Halte kurz an und lies das noch einmal: hundertfünfundsechzig Millionen Jahre. Zivilisationen überdauern oft nur einige Hundert Jahre. Verglichen mit den Dinosauriern sind wir läppisch. [Hier Soundtrack von »Jurassic Park« abspielen]

Und doch existieren wir, aber sie nicht. Vielleicht machen wir also doch irgendwas richtig – oder bei ihnen ist irgendwas furchtbar schiefgelaufen. Wenn wir mal von dem Massenaussterben absehen, das wir selbst gerade verursachen, war das letzte Massenaussterben dasjenige, das unsere gefiederten Echsenfreunde auslöschte. (Ja, neuerdings haben sie Federn, Steven Spielberg lag falsch.) Was also hat ihr Aussterben verursacht?

Lass uns ein paar Kandidaten ausschließen, die dir vielleicht in den Sinn kommen. Erstens: Kometen. Kometen sind relativ selten, zumindest die, die es in die Nachrichten schaffen. Ein Komet ist ein Klumpen aus Eis und Gestein, der bei der Entstehung des Sonnensystems übrig geblieben ist. Die meiste Zeit ihres Lebens verbringen sie in den hinteren Winkeln des Sonnensystems, wo die Sonnenenergie zu schwach ist, um ihnen was anzuhaben. Aber einige haben Umlaufbahnen, die sie der Sonne und den Planeten näherbringen. Wenn sie sich der Sonne nähern, erwärmen sie sich und setzen Gase aus verdampfendem Eis frei. Dadurch erhalten Kometen ihre charakteristischen Schweife, die hell genug leuchten, um mit bloßem Auge sichtbar zu sein.

Da die hellsten Kometen sogar tagsüber zu sehen sind, hat die Menschheit schon viele davon beobachtet. Und wenn du in Geschichte aufgepasst hast, weißt du, was für unsinnige Dinge unsere Vorfahren in diesen Himmelserscheinungen zu erkennen glaubten. Aber was kann man schon von Zeitaltern erwarten, deren beste Erklärung für den Mond eine kugelförmige Göttin war, der man aus irgendeinem Grund Opfer bringen sollte? Immer wenn der Halley'sche Komet vorbeiflog, also etwa alle fünfundsiebzig Jahre, gingen damit Katastrophen einher. Die meisten waren natürlich Zufall (Missernten, zu viel oder zu wenig Regen, Cäsarentode – solcherlei Dinge), aber einige standen in kausalem Zusammenhang, weil dumme Menschen den Kometen als Wink Gottes auffassten, sich selbst oder andere umzubringen, denn für solche Tipps ist Gott ja bekannt.

Der Namensgeber des Kometen, Edmund Halley, berechnete die parabolische Umlaufbahn des Kometen und sagte seine Wiederkehr alle fünfundsiebzig Jahre vorher. Wir rechnen es für dich aus. Zuletzt wurde er 1986 gesehen, also kommt er 2061 wieder. Wenn du dies im Jahr 2061 liest, schön für dich. Falls einer von uns drei Autoren noch am Leben ist, schulden wir dir ein Bier – oder was auch immer in der Matrix die digitale Entsprechung von Bier ist. Aber keine Sorge, der Halley'sche Komet wird nie auf der Erde einschlagen. Eigentlich ist es sogar ziemlich unwahrscheinlich, dass ein Komet auf der Erde einschlägt. Das hat einen einfachen Grund: Es gibt nicht sehr viele von ihnen, und die Erde ist ein winzig kleiner Felsen, der in den Weiten des Weltraums treibt. Versuch mal, mit einem Staubkorn ein kreiselndes Sandkorn am anderen Ende eines Fußballfeldes zu treffen. Wir behaupten nicht, es sei unmöglich, aber es ist unwahrscheinlicher, als dass wir dir 2061 das versprochene Bier ausgeben. In der Astronomie-Branche hat man ein paar Tausend Kometen auf dem Schirm und kann daher im Großen und Ganzen eine Kollision ausschließen. Außerdem würden wir ihn definitiv kommen sehen, denn ein Komet ist im Grunde ein fliegender Leuchtturm.

Das Nächste, was wir ausschließen können, sind Meteore. Ganz klarer Fall. Meteore sind kleine Gesteinsbrocken, die beim Eintritt in die Atmosphäre verglühen. Wenn ein Gegenstand durch die Luft fliegt, entsteht Reibung, die Hitze erzeugt. Keine Sorge, wenn du nicht gerade in einem Raumschiff auf die Erde zurast, wirst du diese Reibung nie selbst wahrnehmen. Aber Meteore können schneller werden als 65 Kilometer pro Sekunde. Dadurch werden sie zu Feuerbällen am Himmel. Auch das wird nur dann zum Problem, wenn so ein Spinner vom Himmel eine Antwort auf die Frage erwartet, wie viele Kinder auf den Opferaltar müssen, damit es Regen gibt. Aber da Meteore so klein sind, stellen sie keine existenzielle Bedrohung dar – zumindest nicht für ganze Populationen. Ein Meteor mag einen Dinosaurier getötet haben, aber bestimmt nicht alle Dinosaurier. Meteore, die es doch durch die Atmosphäre schaffen und auf der Erde einschlagen, nennt man Meteoriten. Die größten sind etwa so groß wie ein Panzer – groß genug, um Schaden anzurichten, aber nicht groß genug, um ein weltweites Massenaussterben zu verursachen.

Wenn du dir wirklich den Tag versauen willst, brauchst du einen Asteroiden. Asteroid ist ein niedlicher Name für einen fetten Gesteinsbrocken, den man in den äußeren Bereichen des Sonnensystems vermutet. Aber die meisten Asteroiden in unserem Sonnensystem befinden sich nicht am Uranus (du hast dich wahrscheinlich verhört, als von »Hämorrhoiden« und »Anus« die Rede war), sondern im sogenannten Asteroidengürtel, einem viel engeren Ring aus Gestein, der zwischen den Umlaufbahnen von Mars und Jupiter liegt.

Im Asteroidengürtel gibt es Asteroiden in vielen Größen. Die kleinsten sind nicht von Meteoren zu unterscheiden. Es sind winzige Objekte, die schnell in der Atmosphäre verglühen und als Streifen am Himmel erscheinen – auch bekannt als Sternschnuppen. Das größte Objekt im Asteroidengürtel ist Ceres, ein absolutes Biest von einem Felsklotz. Sie war der erste Asteroid, der jemals entdeckt wurde, hat etwa 1 Prozent der Masse unseres Mondes und ist ungefähr so breit wie Neuseeland, man bräuchte also zur Überquerung eine ganze Tankfüllung. Sie umfasst etwa ein Viertel der gesamten Masse des Asteroidengürtels und wird von vielen Astronomen als Zwergplanet eingestuft, was dem Status des Pluto entspricht. Sollte Ceres jemals auf die Erde krachen, wären wir wirklich am Arsch. Wenn zwei Himmelskörper von Planetengröße aufeinander prallen, braucht man keine Computersimulation, um zu gucken, was übrig bleibt – außer natürlich für den Schockeffekt im Vorspann einer Doku über von Aliens errichtete antike Riesenbauwerke.

Im Jahr 2005 ließ der Discovery Channel in genau so einer Simulation einen Asteroiden von der Größe der Ceres auf der Erde einschlagen. Das Video ist zum Meme geworden, das immer wieder viral geht und auf YouTube gerne mit Pink Floyd unterlegt wird, aber im Wesentlichen zeigt es, wie die gesamte Erdoberfläche (die alles Leben beherbergt) innerhalb von Minuten zerfällt. Ist das nur die übliche Überdramatisierung? Nein. Geologische Spuren deuten darauf hin, dass die Erde schon mehrmals von Asteroiden dieser Größe getroffen wurde. Das war allerdings vor Milliarden von Jahren, als die Erde und das Sonnensystem noch im Entstehen waren. Heute ist man in der Wissenschaft ziemlich sicher, dass ein solches Ereignis in der verbleibenden Lebensspanne der Erde nicht mehr vorkommen wird. Der Grund dafür ist ebenfalls simpel: Wir kennen so ziemlich jedes Objekt im Sonnensystem, das größer als 100 Kilometer ist. In unserer Nähe gibt es nicht viele davon, und keines ist auf Kollisionskurs. Puh.

Freu dich nicht zu früh. Der Asteroid, der die Dinosaurier auslöschte, war nicht annähernd so groß. Er war nur so groß wie ein Berg, nicht wie ein ganzes Land. Natürlich wissen wir nicht genau, wie groß er war. Er schlug vor sechsundsechzig Millionen Jahren ein, niemand war dabei, der ihn vermessen konnte – und niemand hätte dabei sein wollen. Außerdem liegt das Ding nicht auf dem Grund des Ozeans oder unter der Erde begraben – es wurde beim Aufprall komplett zerstört. Was wir messen können, ist der dadurch entstandene 180 Kilometer breite Chicxulub-Krater in Mexiko. Natürlich hat dieses Ereignis nicht sofort alles Leben auf der Erde ausgelöscht – immerhin. Aber es war trotzdem eine Riesenschweinerei.

Als der Asteroid auf der Erde einschlug, pulverisierte und verflüssigte er den Boden der Umgebung und löschte in einem Gebiet von der Größe des Bundesstaats Vermont sämtliches Leben aus. Die Schockwelle raste um den Erdball und zerfetzte alles in ihrer Bahn. Alles, was sich dort befand, wo heute der Krater steht, wurde in die Atmosphäre geschleudert und regnete brennend auf die ganze Welt herab, sodass Waldbrände erst einmal alles versengten. Als Löschtrupp folgte ein 100 Meter hoher Tsunami, der alles absaufen ließ, was nicht auf einem Berg saß. Und das war nur der erste Tag. In den nächsten Tagen füllte sich die obere Atmosphäre mit einer Staub- und Ascheschicht, die die Sonne abblockte. Ohne Sonnenlicht und -wärme starben die verbliebenen Landpflanzen und die meisten Meerespflanzen ab, sodass die nötige Nahrung für die oberen Stufen der Nahrungskette wegfiel. Genau dreitausendvierhundertsiebenundsechzig Jahre, zwei Monate, sieben Tage, drei Stunden und siebzehn Minuten nach dem Einschlag waren 75 Prozent aller lebenden Spezies ausgestorben, und es dauerte Jahrmillionen, bis sich das Leben wieder erholt hatte. Aber seien wir mal ehrlich: Ohne den coolen T-Rex ist es einfach nicht mehr dasselbe.

Sollte jemals ein weiterer 10 Kilometer breiter Asteroid auf der Erde einschlagen, hätten wir Menschen eine geringe Überlebenschance. Das wäre also nicht ideal. Glücklicherweise schlagen Asteroiden, die solche Massenaussterben verursachen, nur etwa alle hundert Millionen Jahre ein. Beruhigender ist auch, dass die NASA behauptet, 95 Prozent aller erdnahen Asteroiden im Blick zu haben. Zum Zeitpunkt der Niederschrift sind es achtundzwanzigtausendvierhundertsechzig Stück, und nur vier davon sind größer als 10 Kilometer. Falls das Universum uns alle mit Asteroiden umbringen will, macht es seine Sache nicht besonders gut. Allerdings haben Astronomen 2019 einen Asteroiden von der

Größe eines Fußballfeldes entdeckt. Das Problem war, dass sie ihn erst bemerkten, nachdem er in einer Entfernung an der Erde vorbeigesegelt war, die viele Astronomen als »unbehaglich nah« bezeichneten. Vielleicht ist das Universum noch dabei, seinen Wurfarm aufzuwärmen.

Vielleicht spielt das Universum auch nur mit uns, anstatt uns alle auf einmal zu ermorden. Jeden Tag wird die Erde von etwa 100 Tonnen Gestein und Staub getroffen, und das meiste davon verglüht in der Atmosphäre. Man schätzt, dass jedes Jahr Hunderte von Meteoriten auf der Erdoberfläche einschlagen, wenn nicht noch mehr. Einer davon würde ausreichen, um dir das Wochenende zu versauen. Aber hier geht es nicht nur um dich. Es gibt mehr als zweitausend erdnahe Asteroiden, die als »potenziell gefährliche Objekte« eingestuft sind und uns allen das Wochenende vermiesen würden. So ein Asteroid muss nur etwa 140 Meter breit sein, um eine Stadt zu zerstören, was dann hoffentlich deine wäre und nicht unsere – denn von uns dreien hat keiner eine Asteroidenversicherung.

TEIL VI

AM ENDE GEWINNT DAS UNIVERSUM

Lassen wir das mit dem Weltraum, er ist einfach die Hölle.

GRUND

Die Sonne wird sterben und uns mit sich reißen

Es ist schon erstaunlich, dass wir diese teilnahmslose Kugel aus explodierendem Wasserstoff so lange angebetet haben, nur um dann herauszufinden, dass sie sich einen Dreck um uns schert. Fakt ist, dass die Sonne nicht ewig bestehen wird. Sie wird irgendwann sterben und das Sonnensystem zu einem kalten Friedhof voller vergessener Träume und einsamer Roboter machen. Wenn dich das erschreckt, fragst du dich wahrscheinlich, ob »irgendwann« auch, äh, »morgen« bedeuten kann. Wir verraten dir die Pointe aber noch nicht.

Bleib noch bitte kurz bei der Stange, während wir dir eine Frage präsentieren, die du entweder unglaublich dumm oder auf spinnerte Weise interessant finden wirst: »Wie groß ist die Wahrscheinlichkeit, dass die Sonne morgen aufgeht?« Selbst die klügsten Menschen der Geschichte konnten sich nicht auf eine Antwort einigen. Diese Frage ist sogar so berühmt, dass sie einen eigenen, wenn auch einfallslosen Namen hat: das Sonnenaufgangsproblem. Jeder vernünftige Mensch würde sie mit »1« beantworten und damit ausdrücken, dass es eine Gewissheit ist. Statistiker sind da anderer Meinung, es gibt nicht genug Daten, um absolut sicher zu sein!, sagen sie. Klar, du hast die Sonne in den letzten paar Tausend Tagen jeden Tag aufgehen gesehen und die Menschen vor dir haben den Sonnenaufgang seit mehreren Tausend Jahren beobachtet – aber daraus folgt nur, dass die Wahrscheinlichkeit hoch ist, so um die 0,9999999999, aber nicht gleich 1. Mit Vernunft allein lässt sich nicht beweisen, dass die Sonne morgen aufgehen wird.

Lass uns dies noch etwas vertiefen, und zwar mit der folgenden Metapher des weißen Schwans (nicht zu verwechseln mit der Metapher des schwarzen Schwans). Für alle australischen Schwäne, die vor dem späten 19. Jahrhundert geboren wurden, war jeder Schwan, der jemals gesehen wurde, schwarz. Hätten diese Schwäne demnach der Wahrscheinlichkeit, dass der nächste Schwan, den sie sehen, ebenfalls schwarz ist, den Wert 1 zuweisen müssen? Im Nachhinein betrachtet lautet die Antwort eindeutig Nein, denn im Jahr 1896 wurden von britischen Kolonisten weiße Schwäne nach Australien eingeführt, um den einheimischen schwarzen Schwänen Land und Bodenschätze zu rauben. Dieser Aspekt der Geschichte ist keine Metapher, aber irgendwie doch auch. Nur weil jeder jemals gesichtete Schwan schwarz war, heißt das nicht, dass der nächste nicht auch weiß sein könnte, was für ein Land mit ausschließlich schwarzen Schwänen wahrscheinlich schlecht ist – fast so schlecht wie das Ausbleiben des Sonnenaufgangs.

Die Moral von der Geschichte: Menschen sind scheiße – und Schwäne sind scheiße in Wahrscheinlichkeitsrechnung. In Wahrheit haben die Statistiker mit ihrer Antwort recht, aber nicht mit der Begründung. Der Grund, warum die Wahrscheinlichkeit nicht gleich 1 ist, ist nämlich, dass es einen Tag in der Zukunft geben wird, an dem die Sonne nicht aufgeht. Wird das morgen sein? Nun, das hängt davon ab, welcher Tag heute ist. Wenn du dies am

9. März des Jahres 5 500 002 024 liest, haben wir schlechte Neuigkeiten. Na ja, so ganz stimmt das auch nicht, denn wenn du am letzten Tag der Erde noch anwesend bist, wirst du einen letzten, epischen Sonnenaufgang erleben.

In etwa fünfeinhalb Milliarden Jahren wird sich die Sonne ausgedehnt und Merkur und Venus verschlungen haben, wahrscheinlich auch die Erde. Dann wird die Erde in den Kern der Sonne stürzen und dort zerfallen.

Das wird nicht einmal Tom Cruise überleben, selbst wenn er zu diesem Zeitpunkt immer noch wie 35 aussieht. Wenn du auch so lange durchhältst wie Tom, wäre das ziemlich beeindruckend. Dann hättest du nicht nur dein Verfallsdatum um fünfeinhalb Milliarden Jahre überschritten, sondern auch miterlebt, wie Milliarden Jahre zuvor die Ozeane verkochten.

Langsam wird das ständige Hin und Her in der Zeit verwirrend, also fangen wir mal am Anfang an. Unser Sonnensystem ist vor etwa viereinhalb Milliarden Jahren entstanden. Wie bei allen Sternen begann die »Geburt« der Sonne mit der ersten Fusion von Wasserstoff zu Helium im Sonnenkern. Die Fusion wird letztlich durch die Schwerkraft angetrieben, die die gesamte Masse der Sonne in Richtung Zentrum zieht. Aber wenn zwei Atome miteinander verschmelzen und ein anderes Element erzeugen, wird Energie freigesetzt, und zwar eine Menge. Die Energie reicht, um der zusammenziehenden Schwerkraft entgegenzuwirken. Diese beiden Gegenkräfte gleichen sich am Ende aus, sodass ein perfekter glühender Ball entsteht, den man als Stern oder Sonne bezeichnen würde. Solange im Kern Wasserstoff vorhanden ist, fusioniert ihn die Sonne zu Helium und strahlt Energie ab, die den Planeten in ihrem Orbit Licht und Wärme spendet. Tatsächlich ist unsere schöne Sonne die Hauptenergiequelle für alles Leben auf der Erde, seit der allererste Einzeller einen

Sonnenstrahl verschluckt und eine Kopie von sich selbst ausgefurzt hat.

Dir fällt vielleicht schon ein ziemlich simples Problem bei dieser bisher so idyllischen Geschichte auf. Die Sonne ist groß, aber nicht unendlich groß. Das bedeutet, dass sie nur über eine begrenzte Menge an Wasserstoff verfügt. Und wenn sie ihren Wasserstoff fortwährend in Helium umwandelt, dann – ja, du hast es erfasst – hört der Spaß irgendwann auf wie beim Lagerfeuer, wenn die Marshmallows alle sind. Anders als das Lagerfeuer heizt sich die Sonne aber noch mehr auf, wenn sie Brennstoff verliert! Wenn sich schwerere Elemente anhäufen, die nicht zur Fusion beitragen, presst die Schwerkraft den Kern dichter zusammen, was den wenigen verbliebenen Wasserstoff in der Sonne schneller fusionieren lässt, sodass der ganze Stern heißer wird und sich aufbläht (wenn der sterbende Stern schrumpft, hat man noch größere Probleme – siehe Grund 31).

Lange bevor etwas Spektakuläres passiert, wird die Erde also einfach zu heiß werden. Die Polkappen werden schmelzen, die Ozeane werden verdampfen und die Atmosphäre wird dünner, weil der größte Teil davon weggepustet wird. Die Erde wird dann wüst und leer sein wie der Schauplatz einer Science-Fiction-Dystopie mit Tom Cruise in der Hauptrolle – der kann ja wirklich alles spielen. Womöglich wird es das kohlenstoffbasierte Leben irgendwie schaffen, auf der Erde zu überleben, aber das ist unwahrscheinlich. Vielleicht erleben ja unsere Roboternachkommen das Endstadium der Sonne mit. Was sie dann sehen werden, wird mit Sicherheit die größte Lichtshow der Welt.

Während der Kern der Sonne weiter kollabiert, wachsen Druck und Hitze so stark an, dass Helium zu Kohlenstoff und Sauerstoff fusioniert. Der Kern wird instabil und pulsierende Fusionsexplosionen schleudern die äußeren Schichten der Sonne in die Dunkelheit des Weltalls hinaus. Die glühenden Staub- und Gaswolken werden viele Jahre später in anderen Teilen der Galaxie als wunderschöner Sternennebel zu sehen sein und von der Ermordung von Billionen von Lebensformen künden, aber dem Universum wird es trotzdem scheißegal sein.

Übrig bleibt der Kern der Sonne, der zu diesem Zeitpunkt nur noch etwa so groß wie die Erde ist und immer noch schwach leuchtet. Wären noch Menschen übrig, würden sie dies einen weißen Zwerg nennen. Langsam wird dieser Zwergstern kühler und verblasst – ein quälend langes letztes Schnaufen eines ansonsten unscheinbaren Sterns. Im Grunde genommen hat uns das Universum zum Scheitern verurteilt. Die Sonne ist ein Trojanisches Pferd. Traue ihr nicht. Schon Moses wusste das, als er im Buch Genesis schrieb: »Und Gott sprach: ›Es werde Licht‹, und es ward Licht. Und Gott sah das Licht, und es war gut.« Und Gott hatte keinen Schimmer von Kernfusion und hat uns damit so richtig in die Scheiße geritten.

GRUND

Jederzeit könnte ein schwarzes Loch auftauchen und uns zerfetzen

»Der weiße Hai« war einer der beeindruckendsten Filme aller Zeiten. Vor diesem Blockbuster galten Haie als liebenswerte Geschöpfe der Tiefe, die gelegentlich ein, zwei Surfer ablutschten. Aber seit dem Film hat die Welt eine Heidenangst vor allem, was im Gewässerdunkel lauert. Spoiler: Da lauern nicht wirklich Haie. Aber wenn du immer noch Angst vor dunklem Gewässer hast, dann halt dich fest. Neben dem, was im Dunkel des Weltalls lauert, sehen Steven Spielbergs animatronische Haifische wie Furbys aus, wobei man auch von Furbys Albträume kriegen kann.

Die Haie des Universums sind die schwarzen Löcher. Sie liegen auf der Lauer, bis der richtige Zeitpunkt gekommen ist. Dann verschlingen sie ohne Vorwarnung einen ganzen Strand voller gut aussehender Filmstatisten. Aber was sind schwarze Löcher überhaupt? Ganz einfach. Ein schwarzes Loch ist ein Stern, der nicht leuchtet. Es sieht buchstäblich nach nichts aus. Es strahlt keinerlei Licht ab – daher das mit dem »schwarz«. Das mit dem »Loch« lassen wir mal als künstlerische Freiheit durchgehen. Wie kann ein Stern nun schwarz sein und kein Licht abstrahlen? Und warum ist das so unheimlich? Keine Angst, wir bauen nur Spannung auf. Dumdum dumdum dumdum dum...

Ein schwarzes Loch bleibt zurück, wenn ein großer Stern stirbt. Ja, alle Sterne, auch unsere kostbare Sonne, werden sterben. Allerdings ist das Ergebnis eines Sternentods nicht immer ein schwarzes Loch. Unsere Sonne wird nach ihrem Dahinscheiden zu etwas viel Langweiligerem, nämlich zu einem ollen weißen Zwerg, einer heißen Kugel aus Kohlenstoff und Sauerstoff, die den Rest der Ewigkeit damit verbringt, langsam abzukühlen und schwach zu glimmen. Hat ein Stern weniger als das Zehnfache der derzeitigen Masse unserer Sonne, endet er ebenfalls als weißer Zwerg. Besitzt er dagegen zehn- bis fünfundzwanzigmal so viel Masse wie die Sonne, wird er am Ende zum Neutronenstern.

Ein Neutronenstern beginnt sein Leben als massereicher Stern, der einfallslose Fachbegriff dafür lautet Überriese. Wegen der Übergröße hat der Stern eine enorme Schwerkraft, die seine Atome zusammendrängt und sehr schnell zu neuen Elementen verschmelzen lässt. Die größten dieser Sterne werden nur zehn Millionen Jahre alt. Das hört sich nach viel an, aber unsere Sonne wird zehn Milliarden Jahre alt. Vor zehn Millionen Jahren waren die Dinosaurier längst tot und der letzte gemeinsame Vorfahre aller Menschen und vieler Menschenaffen konnte neuerdings im Stehen pinkeln – eine großartige evolutionäre Anpassung, sofern das Überleben davon abhängt, den eigenen Namen in den Schnee schreiben zu können. Es gibt da draußen also eine Menge toter Sterne ... und eine Menge gelben Schnees.

Wenn einem Überriesen schließlich der Fusionsbrennstoff ausgeht, kommt es zu einer Nova – aber nicht zu einer stinknormalen Nova, sondern zu einer Supernova! Der Stern stürzt in sich zusammen und prallt dann auseinander, was zu den gewaltigsten Ereignissen im Universum gehört (nichts, was man aus der Nähe sehen möchte – siehe Grund Nr. 31). Der verbleibende Neutronenstern hat eine geringfügig größere Masse als unsere Sonne, ist aber nur so groß wie die Insel Malta. Das ergibt eine unglaubliche Dichte. Würde man alle Lebewesen auf der Erde auf die Dichte eines Neutronensterns zusammenquetschen, käme ein Klumpen vom Umfang eines durchschnittlichen Kackhaufens heraus. Dieser wäre übrigens etwa halb so dicht wie der Stuhl eines durchschnittlichen Veganers.

Um auf die Analogie mit dem Weißen Hai zurückzukommen: Von einem Neutronenstern getroffen zu werden, ist kein bisschen so, als würde man vom Hai angegriffen. Es ist eher so, als würde man von einem Boot gerammt (oder eher von einem Schiff). Wir würden das Ding auf jeden Fall kommen sehen und es würde gegen uns krachen wie ein, äh, supermassereiches Schiff. Solange du keine unnatürliche Angst vor Schiffen hast, ist das nicht die Art von Untergang, nach dem du dich auf masochistische Weise sehnen kannst. Du willst doch eigentlich wissen, was passiert, wenn ein Stern explodiert, der mehr als fünfundzwanzigmal so groß ist wie die Sonne.

Ein schwarzes Loch beginnt seinen Lebensweg ebenso wie ein Neutronenstern als übergroße Wasserstoffkugel, nur noch größer. Die Kugel verheizt ihren Brennstoff ebenfalls bald, wenn auch aufgrund ihrer Größe noch etwas schneller. Und genau wie der Vorläufer eines Neutronensterns explodiert sie in einer Supernova. Weil sie jedoch so viel Masse hat, wird die Wirkung der Schwerkraft so extrem, dass es kein Entrinnen mehr gibt. In einem bestimmten Radius um die Masse herum kann sich dann nichts der Anziehungskraft entziehen. Nicht einmal das Allerschnellste im Universum – das Licht – kommt dort noch vom Fleck.

Die Grenze, hinter der es kein Entkommen gibt, wird als Ereignishorizont bezeichnet, weil Ereignisse innerhalb dieses Horizonts niemals von außen beobachtet werden können. Auf Abbildungen oder Illustrationen sehen schwarze Löcher immer aus wie glühende, schwarze Kugeln. Das Glühen ist das Licht der extrem heißen Materie, die außerhalb des Ereignishorizonts herumschwirrt. Wenn du ein Foto gesehen hast, stammt es wahrscheinlich (da zum Zeitpunkt der Niederschrift erst ein schwarzes Loch fotografiert wurde) vom Event Horizon Telescope und zeigt M87*, das schwarze Loch im Zentrum der Galaxie Messier 87. Diese Galaxie befindet sich im Sternbild Jungfrau und ist daher fleißig, lustig und gut im Bett. Sie verträgt sich auch sehr gut mit Objekten im Sternbild Stier, die anmutig, pflichtbewusst, aber manchmal auch stur sind. Du solltest auf dich achtgeben, wenn die Sonne im Wassermann steht, denn wenn du bis jetzt noch nicht mit den Augen gerollt hast, bist du offenbar strunzdumm.

M87* ist ein sogenanntes supermassereiches schwarzes Loch, denn es ist mehrere Milliarden Mal größer als die Sonne. Sein Ereignishorizont würde von der Größe her ein Vielfaches unseres gesamten Sonnensystems umspannen. Man vermutet, dass solche supermassereichen schwarzen Löcher im Zentrum jeder Galaxie existieren, auch in unserer Milchstraße. Sie werden so groß, indem sie andere Sterne verschlucken oder mit anderen schwarzen Löchern verschmelzen. Sie sind die wahren Ungeheuer des Universums.

Aber supermassereiche schwarze Löcher sind nicht die schwarzen Löcher, um die man sich Sorgen machen muss. Zunächst einmal sind sie riesig und machen sich bemerkbar. Wir würden so eines definitiv kommen sehen. Zweitens gibt es, relativ gesehen, nicht so viele davon, sie sind ziemlich dünn über das Universum verteilt. Und zu guter Letzt wäre der Tod, den man in der Nähe eines solchen Loches gewiss erleiden würde, ziemlich langweilig. Man würde einfach von dem heißen ionisierten

Gas verkohlt werden, das mit Tausenden von Kilometern pro Sekunde um sie herumwirbelt. Man würde es nicht einmal bis zum Ereignishorizont schaffen, wo der Spaß erst beginnt.

Zum Glück, jedenfalls für Sadisten, kommen auf jedes supermassereiche schwarze Loch Milliarden kleinerer schwarzer Löcher. Falls du mitrechnest: Ja, allein in unserer Galaxie gibt es Milliarden von schwarzen Löchern. Das sind die kosmischen Haie, die in der Tiefe des Alls lauern. Wie oft kommt es vor, dass so ein Hai auf uns zuschwimmt? Soweit man weiß, kommt etwa alle hunderttausend Jahre ein solcher Todesstern bei uns vorbei … und wahrscheinlich ist bald wieder einer fällig. Was also wird geschehen, wenn ein schwarzes Loch auftaucht? Du kannst dir sicher vorstellen, dass das nichts Gutes bedeutet.

Da die starke Anziehungskraft des schwarzen Lochs über den Ereignishorizont hinausreicht, wäre die Kacke schnell am Dampfen. So wie schon unser kleiner Mond die Gezeiten anzieht, würde das schwarze Loch als Erstes die Atmosphäre und die Ozeane wegsaugen. Die gewaltige Wasserflut würde für die kleinen Lebewesen auf der Oberfläche wie ein gigantischer Tsunami aussehen. Gleichzeitig würde der dem schwarzen Loch zugewandte Teil der Erde mehr Schwerkraft zu spüren bekommen als der fernere Teil. Die daraus entstehenden Spannungen im Erdinnern würden sich in Erdbeben und Vulkanausbrüchen entladen. Höchstwahrscheinlich wäre zu diesem Zeitpunkt schon alles tot, bis auf die paar Milliardäre, die ihr Geld für den Bau von Bunkern ausgegeben haben, um sich nun daran zu erfreuen, wenige Minuten länger zu leben als alle anderen. Du brauchst die Milliardäre aber nicht zu beneiden, falls du keiner bist, denn auch sie werden nicht überleben.

Am Ende würde sich die Erde als Ganzes verformen und immer eiförmiger werden, je näher sie dem Ereignishorizont kommt. In zunehmender Nähe zum Zentrum des schwarzen Lochs würde die Anziehungskraft immer extremer werden. Alles, was näher dran ist, würde stärker angezogen werden als weiter Entferntes. Das Ergebnis wäre, dass die Erde und alles, was sich auf ihr befindet, in dünne Stränge aus Atomen auseinandergezogen würde. Dieser Vorgang wird Spaghettisierung oder Spaghetti-Effekt genannt, was auch ein schönes Wort für die Extrapfunde nach dem Italienurlaub wäre. Wer es auf die Innenseite des Ereignishorizonts geschafft hat, kann sich auf ein Abenteuer gefasst machen. Innerhalb des Ereignishorizonts zeigt jede Richtung nach unten, zum Mittelpunkt hin. Nicht einmal das Licht kann sich dagegen wehren, zu einem winzigen Punkt zerquetscht zu werden. Man würde dort buchstäblich nichts sehen und blitzschnell dadurch sein Ende finden, dass alle körpereigenen Atome zu einem Punkt mit unendlicher Dichte gepresst werden.

Igitt, klingt nach einem Scheißtag. Aber ein schwarzes Loch muss gar nicht unbedingt mit der Erde kollidieren, um dir den Tag zu versauen. Es müsste nur unserem Sonnensystem nahekommen und schon wären die ganzen Plakate mit Weltraumfakten, die in allen Klassenzimmern hängen, nicht mehr gültig, denn die Planeten würden aus ihren Bahnen gerissen werden. Wenn wir Glück haben, nimmt das schwarze Loch nur den Pluto mit, dann wäre auch das nervige Gezanke über seinen Planetenstatus endlich vorbei. Also doch gar nicht so schlechte Aussichten.

GRUND

Das gesamte Universum wird sich in nichts auflösen

Nimm eine Tasse mit heißem Kaffee und ein kaltes Bier und stelle beides auf einen Tisch. Lass sie möglichst unangerührt. Ja, vollstes Verständnis. Es könnte das Schwerste sein, was du je geleistet hast ...

Was ist nach rund einer halben Stunde mit den Getränken passiert? Ach, Mist – du hast sie getrunken, stimmt's? Okay, was wäre passiert, wenn du sie stehen gelassen hättest? Na, der Kaffee wäre natürlich heißer geworden und das Bier kälter. Nein. Das klingt komplett falsch. Das würde nie passieren. Aber warum?

Hinter dieser Alltagsbeobachtung steckt die Wissenschaft von der Thermodynamik, die Mitte des 19. Jahrhunderts aus der praktischen Notwendigkeit gegründet wurde, den Wirkungsgrad von Dampfmaschinen zu optimieren. Klingt altmodisch? Ja, dazumal verbrannten wir Kohle, um Wasser zu erhitzen, auf dass der Dampf Turbinen zur Energieerzeugung antreibe. Hä ... wie bitte? Zweihundert Jahre später machen wir das immer noch? Was für ein Scheiß. Immerhin ist die Thermodynamik noch gültig.

Als Geburtsstunde der modernen Thermodynamik gilt gemeinhin die Veröffentlichung einer schmalen Schrift von Sadi

Carnot im Jahr 1824, deren Titel »Réflexions sur la puissance motrice du feu« irgendwie nach Arthaus-Softporno klingt. Vieles darin bereitete nur den Weg für das, was heute in den »thermodynamischen Gesetzen« festgelegt ist, aber das Buch enthält eine universelle Tatsache, die nie widerlegt werden wird: Nutzbare Energie kann nur gewonnen werden, wenn Wärme von etwas Heißem auf etwas Kaltes übertragen wird. Dies wurde später im »zweiten Hauptsatz der Thermodynamik« festgeschrieben.

Heutzutage wird der zweite Hauptsatz gern mit dem Begriff der Entropie verbunden. Die Idee der Entropie ist notorisch schwer zu verstehen. Sie wird meist ungefähr mit Unordnung assoziiert. Je mehr etwas durcheinander ist, desto ungeordneter ist es und desto mehr Entropie hat es. Ein unordentliches Zimmer ist ein typisches Beispiel. Kümmert man sich nicht um ein aufgeräumtes Zimmer, wird es mit der Zeit scheinbar ohne Zutun unordentlich. Um es wieder aufzuräumen, muss man sich jedoch Mühe geben. Das zweite Gesetz besagt demnach: »Systeme gehen tendenziell immer von einem Zustand niedriger Entropie in einen Zustand hoher Entropie über.« Das ist etwas allgemeiner gefasst als Carnots Heiß-zu-Kalt-Version. Übrigens war Carnot Franzose, also übe bitte die Aussprache des Namens, bevor du heute Abend mit diesem Fakt deinen Freundeskreis beeindruckst.

Egal, ob du dir unter Entropie Wärme, Unordnung oder etwas ganz anderes vorstellst, letztlich geht es dabei nur ums Zählen. Das schaffst du schon, wir glauben an dich. Easy Mode. Auf wie viele Arten kann ein Zimmer aufgeräumt sein? Wenn du es perfekt aufgeräumt haben willst, gibt es nur einen möglichen Zustand. Ah, stell dir das mal vor! Ein perfekt aufgeräumtes Zimmer, auf das sogar Marie Kondo stolz wäre. Was lässt den Freudefunken springen? Niedrige Entropie.

Von der Perfektion mal abgesehen gibt es nur wenige Möglichkeiten, das Zimmer so aufzuräumen, dass es als einigermaßen ordentlich durchgeht. Sie sind leicht zu zählen. Aber auf wie viele Arten kann ein Zimmer unordentlich sein? Das ist unmöglich aufzuzählen. Aber hier kommt eine bessere Frage: Welchen Zustand des Zimmers würdest du als den unordentlichsten bezeichnen? Jetzt ist dein Zählvermögen gefragt.

Nehmen wir an, im Zimmer steht ein Regal mit zehn Büchern, und der Zustand des Zimmers lautet: ein Buch auf dem Boden. Auf wie viele Arten kann dies der Fall sein? Es könnte jedes beliebige Buch sein (wehe, es ist dieses Buch!), also gibt es zehn Möglichkeiten. Außerdem könnte es an vielen möglichen Stellen auf dem Boden liegen. Wenn zwei Bücher auf dem Boden liegen, gibt es schon neunzig verschiedene Kombinationen. Du siehst, worauf das hinausläuft. Am unordentlichsten ist es, wenn alle Bücher vom Regal gefegt sind, denn sie können auf unheimlich viele Arten und Weisen drapiert sein. Mit anderen Worten: Die unordentlichste Situation ist die mit den meisten Entstehungsmöglichkeiten. Das ist die Situation mit maximaler Entropie.

Bei der Unordnung im Zimmer kommt es nicht auf Einzelheiten an. Die Entropie wächst mit der Zahl der Möglichkeiten, wie die Einzelheiten zum allgemeinen Gesamtchaos beitragen können. Das zweite Gesetz – Entropie neigt zur Maximierung – ist im Grunde nur Zählen und Statistik. Wenn es in einem Zimmer sehr, sehr viele Möglichkeiten der Unordnung gibt, aber nur eine Möglichkeit des Aufgeräumtseins, dann ist ein zufällig gewählter Zustand des Raums gewiss unordentlich. Das Universum ist wie ein Zimmer. Anstelle von großen Objekten, die wir sehen können, enthält es lauter Partikel. Momentan sieht es so aus, als stünden alle Bücher bis auf eines im Regal – eine Menge Partikel sind zu ordentlichen Haufen verklumpt. Du, zum Beispiel, bist ein hübsch ordentlicher Partikelhaufen (übrigens ein toller Anmachspruch). Aber am Ende bleibt uns nur das Durcheinander: Alle Partikel sind dann mehr oder weniger gleichmäßig über das Universum verteilt. Die Partikel machen einfach weiter ihr eigenes Ding. Zu jedem beliebigen Zeitpunkt befinden sie sich alle in irgendeinem Zustand im Universum. Aber die chaotischen Zustände – Zustände mit hoher Entropie – überwiegen bei Weitem die Zustände, in denen Menschen existieren können – Zustände mit niedriger Entropie.

Okay, aber warum ist das wichtig? Passiert denn in einem Universum mit hoher Entropie nichts Interessantes? Nein. Es passiert nicht nur nichts Interessantes, es passiert überhaupt nichts mehr. Denke darüber nach, während du in die tiefe Schwärze deines Morgenkaffees starrst. Tatsächlich ist der Kaffee ein guter Vergleich, um zu erklären, warum das Ende des Universums wirklich das Ende ist. Stell dir vor, in dein ansonsten perfektes schwarzes Gebräu gießt irgendein blöder Hipster einen Schuss Sojamilch. Zuerst ist es nur ein kleiner Klecks weißer Flüssigkeit, der sich von der schwarzen Flüssigkeit abhebt. Am Ende nimmt natürlich die ganze Tasse einen gleichmäßigen Braunton an, der sich Latte macchiato nennt und 7,50 Euro kostet. Dieser Zustand ist unvermeidlich. Was die Sojamilchmoleküle angeht, so könnte jedes einzelne an jedem Ort in der Tasse sein. Multipliziere dies mit der schieren Anzahl der Moleküle und du hast unzählige Möglichkeiten, einen Macchiato zu machen. Aber sag deinem Barista bloß nicht, dass aufgrund des zweiten Hauptsatzes der Thermodynamik die Zubereitung von Macchiato ein Klacks ist.

Der Milchklecks ist der Zustand mit niedrigerer Entropie und der fertige Macchiato ist der Zustand mit höherer Entropie. Am Anfang passieren »interessante« Dinge mit der Milch. Beachte, dass »interessant« hier relativ zu allem anderen gemeint ist, was du an einem Sonntagmorgen tun könntest, anstatt in deine Kaffeetasse zu starren. Ach was, machen wir uns doch nichts vor! Es gibt keinen schlechten Zeitpunkt für eine Sinnkrise. Jedenfalls breitet sich die Milch in komplexen Mustern aus, wie man sie sogar in einer Galerie mit zeitgenössischer Kunst finden könnte. Aber letztendlich verwandeln sie sich unaufhaltsam in Macchiato, und den kannst du anstarren, so lange du willst, ab jetzt wird sich nichts mehr ändern. Das ist das Ende. Das köstlich bittere, schwarze, flüssige Gold kriegst du nicht wieder zurück.

Unser Universum begann in einem einfachen Zustand von geringer Entropie. Wir sind wahrscheinlich dem Anfang näher als dem Ende. Wir sind wie so ein Muster aus Milch in der Kaffeetasse. Aber der Marsch zur maximalen Entropie ist unaufhaltsam. Das Ende des Universums wird ein kalter Abgrund aus leerem Raum sein, in dem gelegentlich ein einsames Teilchen vorbeirauscht. Und das wird das Ende der Zeit sein. Selbst aus der Sicht dieser einsamen Teilchen passiert nichts. Von Weitem besehen ist das ein Macchiato-Universum, eine kalte, dünne Suppe aus ewigem Nichts.

Woran merkt man, dass wir nicht im Macchiato-Universum leben? Ganz einfach. Es passiert etwas. Damit etwas passiert, muss Wärme von einem Ort zum anderen fließen. Schon im 19. Jahrhundert wusste die Wissenschaft, dass das Universum auf diese Weise enden würde. Lord Kelvin nannte es den Wärmetod des Universums. Ihm war nicht klar, wie verwirrend das zweihundert Jahre später klingen würde, in unserer Ära des naturwissenschaftlichen Analphabetismus. Natürlich wissen wir, dass Wärmetod nicht Tod durch Wärme bedeutet, sondern Tod der Wärme, denn Wärme muss fließen, damit etwas passiert. Aber keine Sorge, die moderne Populärwissenschaft hat diese Hypothese in »Big Freeze« umbenannt – in Anlehnung an den Urknall (»Big Bang«), mit dem das Universum begann, und einige andere Endzeit-Szenarien, den »Big Crunch« und den »Big Rip«, die ebenfalls so schlimm sind, wie sie klingen (siehe Grund Nr. 36).

Ist das alles deprimierend? Vielleicht. Aber es gibt etwas, was du dagegen tun kannst. Allerdings nur, wenn du zu denen gehörst, die glauben, dass »Nichtstun« eine Tätigkeit ist, denn jede deiner Aktivitäten trägt zum Wärmetod des Universums bei. Schon für Carnot war der eigentliche Grund, warum er Wärmekraftmaschinen untersuchte, dass er herausfinden wollte, wie effizient man dampfbetriebene Kriegsmaschinen bauen könnte. Fairerweise muss man sagen, dass Krieg damals noch der Normalzustand der Welt war. Carnot fand heraus, dass Wärme von einem heißen Ort zu einem kalten Ort fließt und dass der Wirkungsgrad des Motors mit dem Unterschied zwischen diesen Temperaturen zusammenhängt. Mit anderen Worten: Jeder Prozess muss Wärme erzeugen, Temperaturen ausgleichen und die Entropie vermehren. Befänden wir uns bereits im Zustand der maximalen Entropie, könnten wir natürlich nichts mehr hinzufügen, und deshalb könnte nichts passieren. Andersherum fügt alles, was du tust, dem Universum Entropie hinzu. Je mehr du dich bemühst, sie zu vermeiden, desto schneller produzierst du Entropie und desto näher bringst du uns dem Ende. Also schönen Dank auch.

GRUND

Das expandierende Universum könnte uns Atom für Atom zerrupfen

Fühlst du dich manchmal aufgerieben? Vielleicht ist das eine Metapher und du bist einfach nur schlecht im Zeitmanagement. Aber vielleicht zerdehnt das Universum auch deinen Körper buchstäblich von innen heraus, wie bei einer Foltermethode der spanischen Inquisition. Oder vielleicht ist es beides und du wirst gleichzeitig von Raum und Zeit gefickt. Wie kann das Universum das zulassen?

Wenn du zum Nachthimmel aufschaust, siehst du Sterne (herzliches Beileid an unsere Freunde im ewig bewölkten Hamburg). Die paar Tausende, die man in einer klaren Nacht sehen kann, sind nur ein Bruchteil der etwa einhundert Milliarden Sterne unserer Galaxie, der Milchstraße. Wenn du dir ein Teleskop zulegst, kannst du nicht nur deine Nachbarin ausspähen (eher eine schlechte Idee), sondern auch noch mehr Sterne in der Milchstraße sehen (definitiv eine gute Idee). Diese neuen Sterne sind zwar weiter weg, gehören aber immer noch zu unserer Galaxie. Selbst mit dem schrottigen Teleskop, das als Geburtstagsgeschenk für deinen nervigen Neffen infrage käme, kannst du andere Objekte jenseits unserer Galaxie erkennen. Dabei handelt es sich um weitere Galaxien mit Milliarden von eigenen Sternen. Wir wissen sehr viel über Sterne und genau da liegt das Problem – diese fernen Sterne sehen irgendwie falsch aus.

Wenn du dir ein forschungstaugliches Teleskop zulegst, kannst du erkennen, was einige Astronomen im frühen 20. Jahrhundert bemerkten: Die Sterne kamen ihnen zu rot vor. Für einen solchen Astronomen war es so, als käme er nach Hause und sähe die Gattin mit leerem Blick allein dasitzen, aber mit leuchtend rosa Wangen. Wäre der Astronom Taylor Swift gewesen, hätten wir jetzt einen Trennungssong mehr. Und ja, diese roten Sterne schulden uns eine Erklärung. Verdächtig ist, dass in allen Richtungen die Sterne gleich aussehen, nur dass bei weiter entfernten Sternen alle Farben zu niedrigeren Frequenzen hin verschoben sind. Da die niedrigsten Frequenzen des sichtbaren Lichts rot erscheinen, spricht man bei Licht, das eine niedrigere Frequenz hat als erwartet, von Rotverschiebung. Wenn das Gegenteil der Fall ist, wenn also das Licht eine höhere Frequenz hat als erwartet, spricht man von Blauverschiebung. Das ist schräg, denn Indigo und Violett haben eine noch höhere Frequenz als Blau. Aber Violett ist für das menschliche Auge nur schwer zu erkennen, und nur Grafikdesignerinnen und Farbsnobs sehen in Indigo etwas anderes als einen Blauton.

Um die Ursache der Rotverschiebung zu verstehen, ist es einfacher, zunächst an Schall zu denken. Warum wohl? Na, weil sich sowohl Schall als auch Licht in Wellen fortbewegen. Niedrige Schallfrequenzen erzeugen tiefe Töne wie die Bässe, die aus Autos von Erwachsenen dröhnen, die aus Versehen nicht erwachsen geworden sind. Höhere Frequenzen finden sich im Kindergeschrei und in Sirenen, und wenn beides gleichzeitig ertönt, ist das kein gutes Zeichen. Sirenen sind jedoch ein gutes

Stichwort, denn sie sind das beste Beispiel für den sogenannten Dopplereffekt.

Vielleicht hast du noch nie vom Dopplereffekt gehört, aber bestimmt schon mal den Dopplereffekt. Such dir einen Krankenwagen oder denk an das letzte Mal, als du einen gesehen hast. Erinnerst du dich an den Sirenenton beim Vorbeirasen? Wir können ihn schlecht mit Worten beschreiben, also verlassen wir uns hier auf dein Gedächtnis. Wenn sich ein Krankenwagen auf dich zubewegt, scheint die Tonhöhe der Sirene höher zu sein. Wenn er an dir vorbeifährt, sinkt die Tonhöhe plötzlich. Die Sanitäter im Inneren ändern den Ton der Sirene nicht exklusiv für dich – die plötzliche Änderung kannst nur du hören, weil du an dieser Stelle stehst.

Die Sirene sendet ihren Ton in Wellen mit bestimmten Frequenzen aus. Aber die Sirene bewegt sich auch, sodass sich die Wellen vor ihr zusammenstauchen und hinter ihr strecken. Dadurch ändert sich die Frequenz und damit der Ton. Die gestauchten Wellen haben eine höhere Frequenz, die gestreckten eine niedrigere. Man könnte sagen, dass der heranrasende Sirenenton blauverschoben ist und der davonrasende rotverschoben.

Strenge nun bitte dein Deduktionsvermögen an und verrate uns, warum das Licht all dieser Galaxien rotverschoben ist? Bingo! Sie bewegen sich allesamt von uns weg. Wirklich beunruhigend ist jedoch, dass das Licht der weiter entfernten Galaxien noch stärker rotverschoben ist. Alles entfernt sich immer weiter von allem anderen. Mit anderen Worten: Der Raum zwischen den Galaxien dehnt sich aus. In der modernen Physik wird dieses Phänomen schlicht als die Expansion des Raums selbst beschrieben. Überall, in jedem Augenblick, wird Raum geschaffen, der den bestehenden Raum auseinanderdrängt. Stell dir das vor wie die Oberfläche eines Luftballons, der aufgeblasen wird. Das

Gummi dehnt sich aus und jeder Punkt auf der Oberfläche wird immer weiter von allen anderen Punkten weggedrängt.

Das Seltsame an dieser Expansion ist, dass sie über die Geschichte des Universums hinweg nicht konstant zu sein scheint. Am Anfang gab es eine rasante Ausdehnung – den Urknall – und dann wenig bis gar keine Ausdehnung, aber seit Kurzem scheint sich die Ausdehnung wieder zu beschleunigen. All das lässt sich sehr gut mit Mathematik modellieren, aber warum das so ist, weiß man nicht. Rechnet man aus, wie viel Energie nötig ist, um diese Ausdehnung voranzutreiben, kommt man auf 70 Prozent der Energie im Universum. Und da diese Energiemenge anderweitig nicht nachzuweisen ist, nennen wir sie dunkle Energie. Uh, gruselig! Haha. Na gut, wahrscheinlich solltest du dich doch ein bisschen fürchten.

Die Dichte der dunklen Energie im Universum scheint konstant zu sein. Das bedeutet, dass ihre Menge anwachsen muss, da das Volumen des Universums zunimmt. Aber wenn sich die Menge der dunklen Energie ändert, warum kann dann ihre Dichte nicht auch zunehmen, wenn sich das Universum ausdehnt? Man weiß es nicht genau, aber die derzeitigen physikalischen Gesetze schließen es nicht aus. Es ist also möglich. In diesem Szenario heißt die Energie Phantomenergie. Letzteres klingt vielleicht wie aus einem Drehbuch von »Star Wars«, aber das ist halt Physik.

Das Universum dehnt sich derzeit aus. Das geschieht sogar in deinem Körper. Google aber bitte nicht nach Symptomen, sonst glaubst du noch, du hättest Diphtherie. In Wirklichkeit ist die Ausdehnung so langsam, dass die Kräfte, die deine Atome zusammenhalten, sie nicht einmal bemerken. Auch das Sonnensystem bemerkt sie nicht. Nicht einmal Andromeda, die nächstgelegene große Galaxie, bemerkt eine signifikante Ausdehnung und wird in etwa fünf Milliarden Jahren mit der Milchstraße zusammenkrachen. Eine Kollision zwischen zwei fetten Galaxien hört sich fantastisch an, wäre aber in Wirklichkeit so, als würde man zwei Wolken zusammenschmeißen, was zwar immer noch danach klingt, als könnte etwas Cooles dabei herumkommen, aber am Ende hat man nur eine größere Wolke. Falls jedoch die Phantomenergie die Oberhand gewinnt, spielt das alles keine Rolle mehr.

Wenn sich die Ausdehnung des Weltalls immer mehr beschleunigt, werden als Erstes andere Galaxien verschwinden. Der Raum zwischen ihnen wird sich irgendwann schneller ausdehnen als das Licht. Als Nächstes werden sich die Sterne in den Galaxien ausbreiten, sodass sich unsere eigene Milchstraße auflöst. Die Ausbreitung geht schneller vonstatten, da die Schwerkraft die Planeten nicht mehr in ihrer Umlaufbahn halten kann. Der Nachthimmel wird schwarz sein, bis auf den Mond und unseren geliebten Planeten. Das Gute daran ist, dass es dann mit der Astrologie endlich vorbei sein wird. Aber vorbei wird bald auch alles andere sein. In der Düsternis wird die Ausdehnung auch die elektrostatischen Kräfte überwinden, die die Moleküle in deinem Körper zusammenhalten, sodass du mitsamt dem ganzen restlichen Planeten zerfetzt wirst. In den letzten Sekundenbruchteilen wird die Materie selbst in Quarks und andere Elementarteilchen zerrupft. Danach zerpflückt es sogar den Weltraum selbst. Den Namen für dieses mögliche Ende des Universums kannst du dir wahrscheinlich denken. Ja, es ist das »Große Zerreißen« oder der »Big Rip«, was für sich genommen eher wie eine Surfbrettmarke klingt.

Klar, jetzt denkst du: Selbst wenn eines dieser verrückten Physikmärchen stimmt, sagt ihr mir sicher gleich, dass es noch Milliarden Jahrmilliarden dauern wird, bis es so weit ist. Nun ... das hängt davon ab, wie viel Phantomenergie es gibt. Sobald sich die zunehmende Beschleunigung bemerkbar macht, bleibt im kosmologischen Maßstab nur noch sehr wenig Zeit. Sicherlich erwischt uns zuvor noch irgendetwas anderes (siehe Gründe Nr. 1, 2, 3 ...), aber eine Schätzung, die von einem besonders konservativen Modell der Phantomenergie ausgeht, kommt auf nur zweiundzwanzig Milliarden Jahre. Reservier dir am besten jetzt schon einen guten Platz, wobei ... eigentlich ist es egal, wo du sitzt.

TEIL VII

LANGSAM WIRD'S IRRE

Setz dich und hol dir was zu trinken.

GRUND

Du könntest zu seltsamer Materie werden

Du weißt ja schon Bescheid: Alles auf der Welt besteht aus Atomen. Die Atome selbst bestehen aus nur wenigen Dingen: Protonen, Neutronen und Elektronen. Das heißt, dass es zwischen dir und einem Stein kaum einen Unterschied gibt. Du und der Stein bestehen beide nur aus Protonen, Neutronen und Elektronen – die eben unterschiedlich angeordnet sind. Aus diesen drei besteht die normale Materie und sie ist das Einzige, von dem wir sicher sind, dass es existiert (wenn überhaupt etwas existiert, siehe Grund Nr. 39). Das ist wahrscheinlich nichts bahnbrechend Neues für dich, denn solche Fakten bringen wir schon Kindern bei, aber es ist nicht wirklich die ganze Wahrheit. Es gibt da draußen noch anderes, was nicht aus Atomen besteht, und inzwischen weißt du: Wenn wir darüber schreiben, kann dieses andere nichts Gutes sein.

Weil man schon seit Langem keinen Wert mehr darauf legt, Kindern wissenschaftliche Fakten beizubringen, hat man dir in der Schule wahrscheinlich nicht verraten, dass Protonen und Neutronen noch weiter in drei separate Teile zerlegt werden können, die man Quarks nennt. Quarks sind die kleinsten Teile der

Materie, die wir kennen. Jetzt bist du auf dem Laufenden: Nicht alles besteht aus Atomen – alles besteht aus Quarks.

Es gibt sechs Arten von Quarks, die als Flavours bezeichnet werden. Warum Flavours? Nur so. Manchmal wird es Physikern zu viel, dann geben sie sich mit der Benennung von Dingen einfach gar keine Mühe mehr. Apropos, die Quark-Flavours heißen up, down, strange, charm, bottom und top. Auch für diese Namen gibt es keinen guten Grund. Aber wir haben sie in der Reihenfolge vom kleinsten zum größten Quark aufgelistet, was wichtig ist. Du kannst sie gerne mit Buntstift markieren. Weißt du, das Universum mag kleineres Zeug. Geringere Masse bedeutet weniger Energie und das Universum behält sein Zeug besser im Blick, wenn es sich in einem energiearmen Zustand befindet. Demnach dürfte das Universum den Geschmack »up« am liebsten mögen, also die Quarksorte mit der wenigsten Energie. So ist es auch, aber genau wie wir in der Eisdiele muss es hin und wieder eine Hipster-Geschmacksrichtung wie Kurkuma-Rosenwasser-Zitronenmohn probieren, um sich daran zu erinnern, dass Schokolade die einzig akzeptable Eissorte ist – oder eben Up-Quarks, wenn man auf so etwas steht.

Protonen und Neutronen bestehen jeweils aus drei Quarks. Das Proton besteht aus zwei Up-Quarks und einem Down-Quark, während das Neutron aus einem Up-Quark und zwei Down-Quarks besteht. Der obigen Reihenfolge entsprechend müssten dann Protonen leichter sein als Neutronen, und das ist auch so. Protonen haben also weniger Energie und dürften daher beliebter sein als Neutronen, richtig? Ja, auch das stimmt. Protonen sind im Universum siebenmal so zahlreich wie Neutronen. Es gibt jede Menge Protonen, die fröhlich durch die Gegend fliegen, aber ein Neutron verwandelt sich innerhalb von rund einer Viertelstunde in ein Proton (und sonstiges Zeug).

Dieser Energieabbau wird Zerfall genannt und ist ziemlich unvermeidlich (was auch wieder deprimierende Folgen hat – siehe Grund Nr. 35).

Es gibt keine freien Neutronen. Alle Neutronen im Universum bilden im Verbund mit Protonen größere Elemente – also das, was im Periodensystem erscheint. Erinnerst du dich an dieses komische Raster mit den wirren Buchstaben an der Wand im Chemiesaal? Das ist das Periodensystem der Elemente, und aus ihnen besteht alles, was du um dich herum siehst. Die Elemente befinden sich in einem Zustand lokaler Stabilität, was im wissenschaftlichen Sprachgebrauch bedeutet, dass sie sich nicht leicht aufspalten lassen und dass sie sich, wenn es doch geschieht, auf andere Weise wieder stabilisieren können. Die Spaltbarkeit kann man prüfen, indem man dem Element einen ausreichend großen Energiestoß versetzt, und dank Wissenschaft und Technik gelingen uns immer größere und geilere Energiestöße.

Die extremsten Versuchsanordnungen, die wir aufgebaut haben, heißen Teilchenbeschleuniger und natürlich wäre es unsinnig, irgendetwas zu beschleunigen, wenn man es nicht mit etwas anderem zusammenkrachen lassen will.

Indem wir Teilchen – beispielsweise Protonen – beschleunigen und zusammenkrachen lassen, finden wir nicht nur heraus, woraus sie bestehen, sondern können auch alles Mögliche erkennen – all die grausamen Zerstörungswerkzeuge, die das Universum gegen uns einsetzen kann. Auf diese Weise haben wir die Quarks überhaupt erst entdeckt. Zuerst entdeckten wir die Up- und Down-Quarks. Dann fanden wir das Strange-Quark, und zwar in großen Teilchen namens Kaonen und Mesonen und anderen »-onen«. Diese sind jedoch instabil und bestehen nur während winziger Sekundenbruchteile, bevor sie in normale Teilchen zerfallen.

So mächtig diese wissenschaftlichen Experimente von der Größe eines Kleinstaats auch sein mögen, sie haben ihre Grenzen. Die entscheidende Grenze ist hier die Energie. Je schneller die Teilchen beschleunigt werden können, desto mehr Energie haben sie und desto mehr können wir herausfinden. Vielleicht bringen wir irgendwann genug Energie auf, um große stabile Teilchen zu erzeugen, die schwerer sind als die gewöhnliche Materie aus Up- und Down-Quarks. Sollte diese schwerere Materie Strange-Quarks enthalten, was am ehesten zuträfe, da diese die nächstschwereren nach den Down-Quarks sind, dann würde es sich um seltsame Materie handeln. Die skurrile Bezeichnung »seltsam« ist durchaus angemessen, denn dieses Zeug wäre echt seltsam. Es wäre auch echt gefährlich, aber davon ahnst du wahrscheinlich nichts – vor allem, weil du bei der Arbeitsschutzeinweisung nicht aufgepasst hast, aber auch, weil es viel wichtiger ist, bei der Arbeit an stromführenden Leitungen nicht in einem Eimer Wasser zu stehen, auch wenn das vielleicht genauso unwahrscheinlich ist.

Die einfachste Form von seltsamer Materie besteht aus einer gleichen Anzahl von Up-, Down- und Strange-Quarks. Diese seltsame Materie könnte lokale Stabilität besitzen. Das wäre was. Aber dann wäre sie auch stabiler als normale Materie. Das wäre ein Problem. Genau wie bei Kristallisationsprozessen (etwa beim Vereisen des Gefrierschranks) könnte ein Stück seltsame Materie als Katalysator einer unaufhaltsamen Kettenreaktion die Umwandlung von normaler Materie in seltsame Materie anstoßen. Down-Quarks würden sich in Strange-Quarks verwandeln und zu einem immer dichter werdenden Schlamm aus sehr stabiler seltsamer Materie werden, bis der gesamte Planet ein einziger riesiger Klumpen aus seltsamer Materie ist. Na ja, man hat uns schon Schlimmeres geschimpft.

Aber warum wäre seltsame Materie überhaupt stabiler als normale? Sie wäre ja schwerer und müsste daher wieder in ein Proton oder Neutron zerfallen, oder? Ja und nein. Ja, irgendwann zerfällt alles. Aber »irgendwann« kann sehr lange dauern. Seltsame Materie ist potenziell stabiler als gewöhnliche Materie, weil sie mehr Spielraum hat. Protonen und Neutronen haben jeweils ein Paar gleicher Quarks, also gibt es weniger Möglichkeiten, wie sie entstehen können. Stell dir vor, du kaufst etwas mit Bargeld, so dubios das im Jahr 2025 auch klingen mag. Wenn du einen 10-Euro-Schein und zwei 5-Euro-Scheine hast, kannst du nur 5, 10, 15 oder 20 Euro ohne Wechselgeld bezahlen. Wenn du aber einen 10- und 5-Euro-Schein und eine 1-Euro-Münze hast, dann hast du 1, 5, 6, 10, 11, 15 und 16 Euro klein. Das ist zwar eine geringere Summe, aber dafür eine stabilere Wechselgeldauswahl und deutlich praktischer, wenn du einen Kauf in einer Seitengasse schnell abwickeln möchtest.

Seltsame Materie ist also ziemlich schwer herzustellen, aber sehr stabil, wenn sie einmal da ist. Das bedeutet, dass sie eine lange Zeit überdauern würde, und falls sie irgendwo im Universum entstanden ist, schwirrt sie wahrscheinlich immer noch durchs Weltall. Schlüge sie auf der Erde oder auf der Sonne ein, wäre das das Ende allen Lebens. Der wissenschaftlichen Korrektheit halber sollten wir also den Kindern nicht mehr erzählen, dass sie aus Atomen bestehen, und ihnen stattdessen sagen, dass sie aus Up- und Down-Quarks bestehen und dass sie, wenn noch etwas anderes dazukommt, zu seltsamer Materie verklumpen. Bei näherer Überlegung ist das mit den Atomen schon okay.

GRUND

Das Universum könnte im nächsten Augenblick weg sein

Alles verfällt – irgendwann wirst auch du gebrechlich, altersschwach, einsam, bleich und verschrumpelt sein, von verhärmten Nachkommen mit der Schnabeltasse gefüttert. Aber mach dir darüber keine Sorgen. Mach dir lieber Sorgen darum, dass das Universum selbst zerfällt und dich schneller auslöscht als dein Vater seinen Suchverlauf, nachdem er den Inkognito-Modus entdeckt hat.

Diese Hypothese nennt sich Vakuumzerfall und hat nichts mit dem schrottigen Handstaubsauger zu tun, den du vom Stand vor dem Einkaufszentrum mitgebracht hast, wo dir ein charmanter Verkäufer vorgeführt hat, wie leicht das Ding Backpulver von einer Fußmatte saugt. Beim Vakuumzerfall geht es um Energie und darum, dass alles seinem energieärmsten Zustand zustrebt. Dein Smartphone lädt sich nicht von selbst auf. Nein, wenn du dir blöde TikToks anguckst, verbrauchst du nur Akkuleistung, die dir dann für Nützliches fehlt, etwa für das Streamen von YouTube-Videos über Möbelrestaurierung.

Die beste Analogie für alles, was mit Energie zu tun hat, ist eine Kugel auf einem Hügel oberhalb eines Tals. Oben auf dem

Hügel besitzt sie hohe potenzielle Schwerkraftenergie. Und dort oben ist sie instabil – jede Erschütterung lässt die Kugel unweigerlich den Berg hinabkullern. Sie rollt auf der anderen Seite bis zur gleichen Höhe empor, dann aber wieder hinab und wieder hinauf – wie eine Schaukel, die nie zu schaukeln aufhört. Dieses Gedankenexperiment ohne Reibung ist bei Physikern sehr beliebt, weil sie damals keine Freunde hatten, die sie anschubsten. In der echten Welt gibt es jedoch einsame Kinder und Reibung, und eines davon sorgt dafür, dass die Kugel beim Rollen Energie verliert. Irgendwann bleibt sie im Tal liegen und hat keine Energie mehr, um sich zu bewegen. Das ist das Schicksal aller Dinge im Universum – sie verlieren Energie in Form von ungenutzter Wärme und streben unwiderruflich dem Zustand mit der niedrigsten Energie entgegen.

Lord Kelvin, ein sehr einflussreicher Physiker aus dem 19. Jahrhundert, hatte dafür einen wohlklingenden Namen: Wärmetod des Universums (klingt kuschelig, ist es aber nicht – siehe Grund Nr. 35). In diesem Kapitel lassen wir den Wärmetod des Universums wie ein ödes Wochenende im WLAN-freien Ferienhaus deiner Großeltern aussehen. Okay, jetzt kommt's: Bevor das Universum seinen letzten stabilen Zustand mit niedrigster Energie erreicht, könnte es zunächst einen metastabilen Zustand durchlaufen. Womöglich befindet sich das Universum sogar schon jetzt in einem metastabilen Zustand! Aber reg dich ab, denn wir haben dir noch gar nicht gesagt, was das ist. Ein metastabiler Zustand ist ein Zustand, der stabil zu sein scheint, es aber nicht ist. Er ist ein Zustand, bei dem alles in Ordnung zu sein scheint, sich aber jederzeit auflösen kann.

Die Kugel vom Hügel liegt nun für immer glücklich in ihrem Tal. Aber mal angenommen, das Tal liegt hoch oben in den Bergen. Erhält die Kugel nun eine katalytische Energiezufuhr, beispielsweise einen Windstoß, dann könnte sie es über die nächste Anhöhe schaffen, den Berg hinunterpurzeln und dabei die ganze potenzielle Energie freisetzen. Sie könnte sogar andere Kugeln rammen und sie aus ihren Tälern schubsen. Am Ende würde eine Masse von Kugeln den Berg hinunterdonnern und alles im Weg Stehende zerstören – ähnlich wie eine Lawine. Eigentlich ist es genau wie bei einer Lawine.

Ein metastabiler Zustand, der sich als Vakuumzustand ausgibt, wird als falsches Vakuum bezeichnet. Wenn etwas Energie verliert und von einem Zustand mit höherer Energie in einen Zustand mit niedrigerer Energie übergeht, nennt man diesen Prozess Zerfall. Wenn also ein falsches Vakuum zu einem echten Vakuum zerfällt, spricht man von Vakuumzerfall. Die Vorstellung einer hypothetischen Lawine von Kugeln ist zwar ziemlich beängstigend, aber nicht wirklich hollywoodreif. Der Vakuumzerfall ist der Stoff, aus dem existenzielle Albträume sind, und verdient auf jeden Fall eine Netflix-Serie – natürlich auf Koreanisch mit Untertiteln. [Lachgeräusche des Lesers.]

Bevor wir uns nun in aller Ruhe die vollständige Vernichtung des Universums, wie wir es kennen, ausmalen, bist du vielleicht schon skeptisch. Metastabil. Wirklich? Das klingt doch nach theoretischem Hokuspokus. Ist das nur irgendeine verrückte Idee eines schrulligen Physikers, der vielleicht doch keine Professur hätte bekommen sollen? Nun, eigentlich ist sie vertrauter, als du vielleicht erwartest. Um die totale Vernichtung des Universums maßstabsgetreu nachzustellen, brauchst du nur eine Flasche mit purem Wasser.

Das benötigte pure Wasser ist leicht zu beschaffen, was erstaunlich ist, weil Wasser eigentlich vieles auflöst. Natürlich ist es unmöglich, 100-prozentig reines, flüssiges H_2O zu finden, aber mit dem destillierten Zeug aus dem Drogeriemarkt kommt man dem schon nahe. Ach ja, glaub bloß nicht, was diese Jasmin auf Facebook über ihr handgeschöpftes Gletscher-Mineralwasser behauptet – es ist weder »rein« noch »natürlich«, genauso wenig wie das, was dir Gwyneth Paltrow für deine nächste Wassergeburt empfiehlt. Wasser will dich umbringen – mehr dazu unter Grund Nr. 23.

Sobald du die Flasche mit purem Wasser hast, stellst du sie in den Gefrierschrank. Dein Gefrierschrank sollte auf etwa minus 18 Grad eingestellt sein, es sei denn, du willst Leichen lagern, dafür sollte es nach unserer Erfahrung idealerweise etwas kälter sein. An dem ganzen steinharten Fertigfraß merkst du jedenfalls, dass die Temperatur weit unter dem Gefrierpunkt von Wasser liegt. Aber selbst nach mehreren Stunden wirst du feststellen, dass dein destilliertes Wasser nicht gefroren ist. Hä?! Du irrst dich nicht. Pures Wasser gefriert bei minus 18 Grad nicht, jedenfalls nicht ohne Katalysator.

Du solltest das übrigens unbedingt ausprobieren. Aber weil wir wissen, dass du dich nicht dazu aufraffen wirst, erklären wir dir, was passiert. Das reine, flüssige Wasser hat eine Temperatur von minus 18 Grad, genau wie alles andere im Gefrierschrank. Es ist jedoch nicht stabil, sondern befindet sich in einem metastabilen Zustand. Bekommt die Flasche einen Ruck – indem du dagegenschlägst oder sie gegen etwas stößt –, friert sie sofort durch! Das feste H_2O ist ein Zustand mit niedrigerer Energie, und das ist der Zustand, in dem das Wasser gerne sein möchte.

Der Gefriervorgang beginnt an einem einzigen Punkt, nämlich an der Keimstelle, und breitet sich schnell aus. Das Wasser würde nun fest durchfrieren, wenn es zum Erreichen dieses energieärmeren Zustands seine Energie nicht als Wärme abgeben müsste. Die freigesetzte Energie erhöht die Temperatur des Wassers. Es passieren also zwei Dinge gleichzeitig: Das

Wasser geht in den festen Zustand mit niedrigerer Energie über und gibt dabei Wärmeenergie ab. Am Ende ist die Flasche mit gefrorenem Wasser gefüllt, aber es ist eher Schneematsch als ein fester Eisklumpen.

So funktioniert auch der Vakuumzerfall, nur dass du dir statt des Wassers die Verwobenheit von Raum und Zeit vorstellen musst – von Einstein in all seiner Brillanz schlicht als Raumzeit bezeichnet – und den Schneematsch als totale Zerstörung des Universums. Die Analogie ist in vielerlei Hinsicht treffend. Fangen wir mit dem Ende an. Der Endzustand ist ein völlig anderer Zustand der Materie – Feststoffe haben schließlich ganz andere physikalische Eigenschaften als Flüssigkeiten. Es könnte sein, dass die physikalischen Eigenschaften des Universums nach Erreichen des echten Vakuumzustands komplett anders sind. Und wenn diese sich in irgendeiner Weise verändern, wird auch die Chemie anders sein. Und wenn die Chemie verändert ist, könnte die gesamte Materie im Universum, einschließlich der Sterne, Planeten und des Wassers, aufhören zu existieren.

Wir würden ungern am eigenen Leib erfahren, wie ein hypothetisches echtes Vakuum aussieht. Aber nicht, weil dann die Naturgesetze unseren Körper atomisieren könnten. Nein. Wir möchten das echte Vakuum lieber nicht kennenlernen, weil wir von der mit Lichtgeschwindigkeit heranrollenden Feuerwand zerblasen werden würden. Du weißt ja noch, wie das destillierte Wasser schnell in einen festen Zustand zerfallen ist. Es begann an einer Keimstelle und breitete sich in alle Richtungen aus. Jedes Wassermolekül senkte sich auf einen niedrigeren Energiezustand herab, kristallisierte mit dem vorigen Wassermolekül und gab Energie in Form von Wärme an seine Umgebung ab. Was also würde das noch nicht gefrorene Wasser sehen? Keinen Eisklumpen, der auf es zuwächst. Nein, es würde zuerst einen Hitzewall sehen, der sich wie ein Lauffeuer ausbreitet. Das Gleiche passiert beim Vakuumzerfall – nur dass man ihn nicht kommen sieht.

Sobald ein Teil des Universums zerfällt, katalysiert er den Zerfall rundherum, und das wiederum katalysiert den Zerfall in der weiteren Umgebung. Der Prozess setzt sich immer weiter fort und breitet sich aus, bis das gesamte Universum den echten Vakuumzustand erreicht hat. Aber der Zerfall geht mit einem Energieverlust einher, und die Energie muss ja irgendwohin – was uns zurück zur Lawine bringt. Anstelle eines Schwalls aus Eiseskälte ist am Rand des sich ausbreitenden Vakuumzerfalls ein Feuerwall aus intensiver Energie, die im Grunde alles im Weg Stehende auslöscht. Aber keine Sorge, da sie sich mit Lichtgeschwindigkeit bewegt, kann man sie unmöglich kommen se...

GRUND

Wir stecken in der beschissensten Version des Films »Matrix«

Hast du jemals »Die Sims« gespielt? Ja, wir auch nicht. Es sieht sehr lahm aus, und wir spielen nur coole Retro-Spiele auf Flohmarkt-Nintendos. Das Spielprinzip von »Die Sims« besteht darin, eine Welt mit virtuellen Menschen zu erschaffen, die »Sims« genannt werden, und ihnen bei ihrem Alltagskram zuzusehen. Es gibt kein »Ziel« des Spiels und keine Möglichkeit, zu »gewinnen«. Die Sims führen einfach ihr bescheidenes virtuelles Leben und tun Dinge, die nach normalem menschlichen Dasein aussehen. Wenn du natürlich ein pickeliger, notgeiler Teenager bist, zwingst du deine Sims wahrscheinlich zu ... nun ja ... gewissen Aktivitäten. Das ist ja alles schön und gut – bis auf eine Kleinigkeit: Wahrscheinlich bist du selbst ein Sim! Plottwist!

Auch wenn du nie »Die Sims« gespielt hast, kennst du wahrscheinlich den Science-Fiction-Film »Matrix« aus dem Jahr 1999, in dem die Darsteller so angezogen sind, als wären sie sich nicht sicher, ob sie zu einer Hochzeit oder einer BDSM-Party eingeladen sind. Im Film findet der Protagonist Neo heraus, dass die

Erde von intelligenten Maschinen erobert wurde (sehr plausibel – siehe Grund Nr. 10), die eine virtuelle Welt namens Matrix geschaffen haben, um die Menschen davon abzulenken, dass ihre Körper als Batterien benutzt werden. Ein bisschen wie bei »Die Sims«, nur mit der Düsternis der späten 1990er-Jahre – perfekt für die gestresste Generation X, die sich damals zufällig auch gerade zwischen Sex-Party und Hochzeit entscheiden musste. Allerdings ist es nicht nur Science-Fiction: Wahrscheinlich steckst du selbst in der Matrix! Doppelter Plottwist!

»Die Sims« und »Matrix« scheinen auf den ersten Blick völlig verschieden zu sein, aber sie haben etwas Wesentliches gemeinsam. Es gibt eine »echte« Welt mit intelligenten Wesen, die eine »virtuelle« Welt mit intelligenten Wesen kontrollieren, welche wiederum glauben, ihre virtuelle Welt sei die echte. Lies das noch einmal. Eine realistische Simulation der Welt würde voraussetzen, dass genau wie in »Matrix« alle Sinneseindrücke, alle empfundenen Gerüche und Gefühle in ein schlafendes Gehirn »hochgeladen« werden. Dadurch würde die Wahrnehmung entstehen, dass sich die Person in einer außerhalb des Denkens existierenden »echten« Welt bewegt. Irgendein armes Wesen musste dazu den Geschmack von Erbrochenem oder den Geruch von verbranntem Haar für unsere bewusstlosen Hirne digitalisieren.

Aus der Sicht derjenigen, die sich in der »echten« Welt befinden, also der Welt außerhalb der Matrix, ist es offensichtlich, dass die Menschen in der virtuellen Welt getäuscht werden. Aber was wäre, wenn die »virtuelle« Welt Computersimulationen von noch mehr virtuellen Welten enthalten würde? Stell dir vor: eine weitere Matrix in der Matrix. Die virtuellen Computerprogrammierer, also die in der Matrix, würden mit Blick auf ihre metavirtuellen Geschöpfe, also die in der Matrix in der Matrix, noch fester daran glauben, selbst in der »echten« Welt zu leben, obwohl sie doch in einer ebenfalls unechten virtuellen Welt leben. Was für eine verworrene Scheiße. Gehen wir das Ganze noch einmal durch, und zwar von einem äußerst hypothetischen Anfang aus.

Du bist ziemlich schlau – wie wir schon bemerkt haben. Und zwar so schlau, dass du ein Computerprogramm entwickelt hast, das ein menschliches Gehirn simulieren kann. Gut gemacht. In deiner Simulation hat dein virtuelles Gehirn alle Eigenschaften eines echten Gehirns, einschließlich der Illusion, dass es eine Welt voller Gegenstände wahrnimmt, die es anfassen und fühlen kann. Einer dieser Gegenstände ist vielleicht ein Computer. Nun hält sich dein Geschöpf vielleicht für ein schlaues Kerlchen und programmiert eine weitere Simulation – eine Simulation in einer Simulation, sozusagen. Und so geht es weiter: virtuelle Welten in virtuellen Welten, bevölkert mit simulierten Intelligenzen, die allesamt denken, sie stünden an der Spitze der Kette. Sie alle denken, sie seien du, der Ur-Schöpfer, der erste Programmierer in der einzig echten Realität. So wäre es, wenn Christopher Nolan im Universum Regie führen würde.

Niedlich, dass du glaubst, du wärst der Chef vom Ganzen, der erste Programmierer. Geh aber mal einen Schritt zurück. Wenn es Simulationen von Simulationen von Simulationen von Simulationen gibt, dann ... hmm ... gibt es jede Menge Porno. Aber wichtiger ist, dass es auch viel mehr simulierte Wesen gibt als nichtsimulierte. Die Chancen stehen also gut, dass du nicht die eine Person ganz oben auf der Leiter bist. Das ist einfach Statistik. Es gibt potenziell irrsinnig viele Menschen (oder Wesenheiten). Irgendeiner davon ist der Ur-Programmierer, der in der physischen Welt lebt. Unzählige andere existieren in virtuellen Welten. Wenn du dich in Bezug auf eine zufällig ausgewählte Wesenheit fragst: In welcher Welt lebt diese zufällig ausgewählte Wesenheit wohl?, lautet die Antwort: bestimmt in einer virtuellen. Mit anderen Worten, für jedes denkende Wesen lautet die logische Schlussfolgerung, dass es in einer Simulation existiert. Es befindet sich (mit sehr hoher Wahrscheinlichkeit) in einer Matrix, und du auch. In Philosophiekreisen – zu denen wir nicht mehr eingeladen werden – wird dies als das Simulationsargument bezeichnet.

Okay, wir leben also alle in einer Simulation. Das ist ja cool. Aber Moment: Wenn das wirklich wahr wäre, wäre es eine ziemlich beschissene Simulation. Diese Version der Realitätssimulationssoftware ist eindeutig Kacke. Sie ist wie eine Raubkopie von Windows 95, die auf einem iPhone 4 läuft. Keine Ahnung, wie Windows 95 auf einem iPhone 4 laufen würde, aber es wäre bestimmt extrem spackig. Aber vielleicht ist das ja so gewollt. Ein Universum in einem Universum zu simulieren, ist schwierig, zumindest wenn man es sehr detailliert haben will. Das ist aber gar nicht nötig, wenn man nur die Erfahrung von Realität simulieren möchte. Man braucht sich nur in diesem Drecksloch umzugucken, um das zu erkennen – oder besser gesagt: nicht zu erkennen.

Schau dich mal um. Was siehst du? Tische, Stühle, Türen, den Schrank voller Fummel von deiner Hochzeit – mit anderen Worten: Zeug. Aber du weißt ja, dass das eine Illusion ist. All das Zeug besteht aus Atomen, zwischen denen meist leerer Raum ist. Und diese Atome bestehen aus noch kleineren Teilchen und noch mehr leerem Raum. Das alles siehst du nicht. Sogar dein freier Wille ist eine Illusion, sagen jedenfalls die Hirnforschungsgurus. Die ganzen Details, die viel zu viel Rechenleistung erfordern würden, müssen gar nicht simuliert werden, wenn man nur einen Haufen Dummköpfe programmieren will. Wir sehen nur, was wir sehen müssen, um zu überleben und uns fortzupflanzen – oder was immer die Programmierer unserer Simulation uns zu sehen geben!

Kurze Pause – lass uns einen Schluck trinken und Bilanz ziehen. Klar, in einer zukünftigen, technologisch fortgeschrittenen

Zivilisation verfügt man vielleicht über die nötige Rechenleistung, um hyperrealistische Simulationen anderer intelligenter Wesen zu erstellen, wenn man das möchte. Aber vielleicht möchte man das gar nicht. Vielleicht hat man dort – statt beschissener Berufspolitiker oder korrupter Möchtegern-Demagogen – anständige Führungspersönlichkeiten gewählt, die Gesetze gegen das unethische Simulieren von Wesen mit Bewusstsein erlassen haben. Vielleicht hat man aber auch so oft für die üblichen Verdächtigen gestimmt, dass man den eigenen Untergang herbeigeführt hat. Eine dieser Möglichkeiten erscheint unwahrscheinlich, die andere ist einfach nur deprimierend. Es bleibt also dabei: Falls eine Zivilisation lange genug besteht, um Wesen mit Bewusstsein simulieren zu können, dann werden die meisten Leute, die zu irgendeinem Zeitpunkt irgendetwas bewusst erleben, dies in einer virtuellen Welt tun.

Und nein, das ist kein zukünftiges Problem. So wie dein Opa, der gar nicht genug von Weltkriegs-Dokus bekommen kann, könnte eine zukünftige Zivilisation ganz wild darauf sein, die Menschheitsgeschichte zu simulieren. Vielleicht existieren wir also nur zur Unterhaltung oder als Geschichtsreferat zukünftiger Achtklässler. Also lasst uns eine gute Show abliefern, liebe Mitspieler! Sonst ziehen uns unsere pickeligen Gebieter noch den Stecker. Wir holen schon mal den Fummel raus.

GRUND

Womöglich hast du gerade ein kleines schwarzes Loch in der Hose

Das Leben ist ziemlich komplex. Das ist nicht tiefsinnig gemeint oder so – es ist einfach ein kalter, harter Fakt. Aber die Komplexitäten des Lebens verwundern uns nicht, da wir mit ihnen so vertraut sind. Es gibt einige Seltsamkeiten im Universum, von deren Existenz wir zwar wissen, aber die wir nicht begreifen können. In gewisser Weise sind sie simpler als das Leben selbst, und doch würde man sie nicht anfassen wollen. Wir haben uns sogar schon ein paar Mal damit befasst (es gibt mehr als einen Grund, sie zu hassen – siehe Grund Nr. 34). Die Rede ist von »schwarzen Löchern«.

Schwarze Löcher sind seltsam. Erst im Jahr 2017 hat man eines mit dem Event Horizon Telescope direkt beobachtet. Dass sie existieren, hat man aber schon 1915 vermutet, als sie aus den Gleichungen in Einsteins allgemeiner Relativitätstheorie herauspurzelten. Einstein wird zwar immer als das Vorzeige-Genie mit wildem Haarschopf in Erinnerung bleiben, aber es gab eine Zeit, in der er ein Niemand war. Fast ein ganzes Jahrzehnt lang bastelte er an seiner Theorie und erlernte dazu eine völlig neue Form der

Mathematik, die noch nie zuvor in der Physik angewandt worden war. Dann kam er nach Amerika, und seine Karriere ging den Bach runter. Ach ja, der amerikanische Traum. Aber lass uns die rosarote Brille aufbehalten – das Buch soll ja optimistisch bleiben!

In der Newton'schen Physik, die jahrhundertelang als das wahre Modell der Realität galt, gehorchen alle Gegenstände den Bewegungsgesetzen, die vorschreiben, wie sie sich in den drei Dimensionen bewegen, die wir Raum nennen: auf, ab, links, rechts, vorwärts, rückwärts. Mit Raum sind nur die drei Koordinaten gemeint, anhand derer man Dinge lokalisieren kann, nicht der Weltraum, in den wir Astronauten und Milliardäre schießen – Letztere leider nicht für immer. Für Newton und alle Physiker bis zum 20. Jahrhundert war der Raum etwas Absolutes – eine feststehende Kulisse, vor der sich die Ereignisse des Universums abspielten. Auch die Zeit war absolut. Es gab eine (zumindest hypothetische) Uhr, auf die man sich von jedem Ort aus beziehen konnte und die eine universelle Zeit anzeigte. In der Tat wird Newtons Weltbild manchmal als Uhrwerk-Universum bezeichnet. Einstein nahm die Uhr und trampelte darauf herum.

Für Einstein sind Raum und Zeit nicht getrennt. Er wies nach, dass es ein einziges vierdimensionales Kontinuum namens Raumzeit gibt. Einsteins Raumzeit ist auch nicht absolut. Sie ist veränderlich, denn unter dem Einfluss von Energie und Materie biegt und krümmt sie sich. Vor allem aber ist die Raumzeit Einstein zufolge nicht für jeden Beobachter gleich. Raum und Zeit sind relativ. Letzteres ist ein Mindfuck. Zum Glück muss man nicht unbedingt verstehen, warum es schwarze Löcher gibt und warum sie einem den Tag versauen können. Also machen wir uns darüber keine Gedanken. Du fragst dich sicher, warum wir das erwähnen. Natürlich um schlau zu wirken.

Auf der Grundlage der oben genannten Erkenntnisse schrieb Einstein ein paar krasse Gleichungen auf, die die Krümmung der Raumzeit mit der Menge an Masse und Energie vor Ort in Beziehung setzen. Keinen Monat später errechnete Karl Schwarzschild mithilfe von Einsteins Gleichungen die Auswirkungen der Schwerkraft um eine vollkommen stationäre, perfekte Kugel herum. Zwar sind solche Objekte im Universum sehr selten, aber die Rechenaufgabe war wichtig, weil sie die Bahn für weitere Vorhersagen freimachte. Alles sah wirklich gut aus – allerdings nicht für Schwarzschild, denn er starb nicht mal ein Jahr später. Außerdem gab es ein Problem mit seiner Lösung. Lag nämlich die Größe des Objekts unter einer bestimmten Grenze, kam bei den Gleichungen eine Singularität heraus. Singularität ist nur das Streberwort für eine Division durch die Zahl Null, was bitte schön gar nicht geht, wie du noch aus der Grundschule weißt. Je nachdem, wie alt du bist, sind deine Eltern womöglich noch mit dem Stock geschlagen worden, wenn der Mathelehrer sie beim Teilen durch Null erwischte. Ja, das waren noch Zeiten ...

Wenn eine Singularität auftritt, bedeutet das normalerweise, dass etwas schiefgegangen ist. Die Division durch null ergibt unendlich. In der echten Welt gibt es aber nichts Unendliches, abgesehen von den Fake News in deiner Timeline. Schwarzschild stellte die Vermutung auf, dass eine Masse, die dicht genug ist, eine unendliche Krümmung der Raumzeit erzeugen würde. Daraus schlossen damals die meisten, dass Schwarzschilds Lösung in einem solchen Szenario nicht funktionieren würde. Infolgedessen wurde seine Vermutung von vielen Physikern nicht ernst genommen, auch nicht von Einstein selbst. Für ihre Skepsis sprach, dass die erforderliche Massendichte absurd hoch war. Die Sonne zum Beispiel wiegt zwei Quintillionen Kilo. Ja, Quintillion ist eine Zahl und kein Lehrer in Hogwarts. Einfacher, aber nicht leichter begreiflich ausgedrückt, sind es zweitausend Milliarden Milliarden Milliarden Kilogramm, und zwar hauptsächlich Wasserstoff und Helium. Außerdem ist sie echt alt, aber langsam wird's unhöflich. Andererseits beträgt der Radius der Sonne 700 000 Kilometer. Daraus ergibt sich eine Dichte von 1,4 Kilogramm pro Liter, das sind etwa anderthalb Ananas, in eine Weinflasche hineingequetscht.

Damit Schwarzschilds Lösung platzt, müsste der Radius der Sonne auf drei Kilometer sinken, sodass sie billiardenfach dichter wäre als der dichteste Stoff der Erde, der übrigens Osmium heißt und auch kein Hogwarts-Lehrer ist. Ein richtig großes schwarzes Loch hat übrigens eine geringere Dichte als Wasser, aber dafür eine Milliarde Mal mehr Masse als die Sonne. Jedenfalls glaubte damals niemand, dass solche Extreme möglich sind. Wie sich herausstellte, lagen alle falsch. Schwarze Löcher gibt es im Universum in Hülle und Fülle und mit unterschiedlichen Massen. Immerhin setzt sich das Universum für Diversität ein.

Der für eine bestimmte Masse errechnete Schwarzschild-Radius wird heute als »Ereignishorizont« bezeichnet (englisch »event horizon« – hey, genau wie das Teleskop, so ein Zufall!). Je mehr Masse in den durch diesen Radius definierten Bereich eindringt, desto größer wird das schwarze Loch. Lange dachte man, die Überquerung des Ereignishorizonts sei eine Einbahnstraße. Du hast vielleicht schon gehört, dass nichts – nicht einmal Licht – einem schwarzen Loch entrinnen kann (daher der Name). Doch in den 1970er-Jahren hat Stephen Hawking nachgewiesen, dass schwarze Löcher eine Temperatur haben und daher Wärme abstrahlen, die heute sogenannte *Hawking-Strahlung*.

Das Interessante an der Hawking-Strahlung ist, dass auch sie als sehr schwach angesehen wurde. So würde etwa die Temperatur eines schwarzen Lochs von der Masse der Sonne im Nanobereich liegen, was genauer gesagt saukalt wäre. Je größer das schwarze Loch ist, desto kälter ist es. Und bei schwarzen Löchern kann man davon ausgehen, dass sie groß sind. Grundsätzlich gibt es drei Arten von schwarzen Löchern. Ein supermassereiches schwarzes Loch kommt zustande, wenn ein kleineres schwarzes Loch Sterne verschluckt oder mit anderen schwarzen Löchern verschmilzt. Ein echtes Monster. Ein stellares schwarzes Loch entsteht, wenn ein Stern zur Supernova wird (klingt nach Spaß, ist aber keiner – siehe Grund Nr. 31). Diese häufigeren schwarzen Löcher können richtig scheiße drauf sein (siehe Grund Nr. 34). Und zu guter Letzt tritt der Held dieses Kapitels in die Startlöcher, er trägt den unangemessen niedlichen Namen schwarzes Mini-Loch. Es handelt sich um ein schwarzes Loch mit kleiner Masse, etwa so schwer wie eine Murmel. Dass es supermassereiche und stellare schwarze Löcher gibt, ist erwiesen. Ein schwarzes Mini-Loch ist dagegen noch nie beobachtet worden. Aber die Sache ist die: Du würdest wahrscheinlich auch keines beobachten wollen.

Wie könntest du ein schwarzes Mini-Loch überhaupt entdecken? Na, zunächst einmal sind die Dinger schwarz, also wirst du sie mit dem Teleskop nicht finden. Das gilt auch für normale schwarze Löcher – es sei denn, du hast ein Teleskop von der Größe der Erde und ein Heer von unterbezahlten Hiwis. Normalerweise findet man schwarze Löcher, indem man ihre Auswirkungen auf die Dinge um sie herum beobachtet. Schwarze Löcher haben in der Regel viel Masse – viel mehr als unsere Sonne – und werden daher von allem Möglichen umkreist. Entdeckt man einen Haufen Sterne im Orbit von etwas sehr Schwerem und Unsichtbarem, ist die Wahrscheinlichkeit hoch, dass es sich um ein schwarzes Loch handelt. Schwarze Mini-Löcher sind jedoch klein und haben daher keinen großen Einfluss auf ihre weitere

Umgebung – es sei denn, es befindet sich etwas ganz in der Nähe, womit wir beim Thema wären. Deine einzige Möglichkeit, ein schwarzes Mini-Loch zu finden, wäre, dass du eines in der Tasche hast. Aber in diesem Fall würdest du nicht mal einen Nobelpreis dafür bekommen, denn der wird nur an lebende Menschen verliehen – und die meisten Menschen überleben es nicht, wenn ihnen die Haut abgezogen und die Knochen zermalmt werden. Na, da hast du aber aufgehorcht.

Stell dir vor, du greifst in deine Hosentasche und ziehst ein schwarzes Loch heraus. Wenn es so groß wie eine Murmel wäre, hätte es das Gewicht der gesamten Erde. Gut, dass du beim Training nicht die Beinpresse ausgelassen hast. Aber wenn zwei Erdmassen an dir zerren, müsstest du dich doch nur doppelt schwer fühlen, oder? Falsch! Du musst bedenken, dass du vom größten Teil der Erdmasse sehr weit entfernt bist. Die Oberflächengravitation ist die Kraft, die auf oder nahe der Oberfläche eines Objekts wirkt. Die der Erdoberfläche ist auf rund 1 Gramm festgelegt und dient als Maßstab für andere Kräfte, die einem widerfahren könnten. Auf dem Mond spürt man zum Beispiel 0,16 Gramm oder 16 Prozent der Erdenschwere. Im freien Fall sind es 0 Gramm. Auf der »Oberfläche« der Sonne würde man 28 Gramm spüren, was definitiv unbequem wäre. Du fragst dich vielleicht: Wie viel würde ich wohl aushalten?

Ein Durchschnittsmensch – statistisch gesehen eine 31-jährige Frau namens Mohammed Wang – hält 5 Gramm höchstens zehn Sekunden lang aus, ohne in Ohnmacht zu fallen. Und das schwarze Loch? Die Schwerkraft an der Oberfläche unseres murmelgroßen schwarzen Lochs beträgt 5 Trillionen Gramm. Du würdest praktisch sofort in Stücke gerissen werden. Dann würde das schwarze Loch beginnen, die Erde von innen heraus zu verschlingen. Alles, was nicht von der Murmel verschluckt wird, würde in einem Ring aus Staub enden, weil die Gezeitenkräfte alles zerfetzen. Nichts würde überleben, außer natürlich Keith Richards und diese komischen Bärtierchen. Also bitte Vorsicht, wenn du in der Hosentasche eine Murmel findest.

Wie wäre es mit einem schwarzen Loch von der Masse einer Murmel? Zunächst einmal wäre es winzig – kleiner als ein Billionstel eines Elektrons. Es aus der Tasche zu ziehen, wäre also knifflig. Aber das macht nichts. Du wärst sofort tot, sobald es auftaucht. Erinnerst du dich an die Hawking-Strahlung? Was strahlt, setzt Energie frei. Was Energie freisetzt, verliert an Masse. Nach Hawkings Berechnungen müssten schwarze Löcher also Masse verlieren, solange sie keine verschlucken. Aber fast die gesamte Energie wird in den letzten Momenten freigesetzt. Mit anderen Worten: Winzige schwarze Löcher sind winzige Atombomben. Dein schwarzes Löchlein mit der Masse einer Murmel würde nur eine so kurze Zeitspanne überstehen, dass wir nicht einmal einen Namen dafür haben. Sagen wir einfach ASAP. Es würde mit der Macht von mehreren Atombomben explodieren. Du und alle um dich herum würden verdampfen (wie das wäre, steht bei Grund Nr. 8 – Spoiler: nicht gut).

Könnte also ein schwarzes Mini-Loch in deiner Hosentasche auftauchen, oder was? Wahrscheinlich nicht, denn die für seine Entstehung nötige Energie entspräche ja der, die bei seiner Explosion freigesetzt wird. Und diese Energie müsste auf eine unerhört kleine Größe zusammengepresst werden. Es gibt keine denkbare Technologie, mit der das möglich wäre, und es passiert auch nicht von selbst ... zumindest nicht heutzutage. Womöglich sind schwarze Mini-Löcher aus der fernen Vergangenheit im ganzen Universum verstreut. Wenn du von der Urknalltheorie gehört hast (beispielsweise im Vorspann der gleichnamigen Sitcom »Big Bang Theory«), dann weißt du, dass das Universum anfangs sehr heiß und sehr dicht war. Einigen Rechenmodellen zufolge könnten in dieser kurzen Zeit am Anfang des Universums kleine schwarze Löcher entstanden sein, sogenannte primordiale schwarze Löcher. Die, die zu Beginn die Masse eines Berges hatten, haben möglicherweise lange genug gehalten, um fast vierzehn Milliarden Jahre später noch da zu sein. Es könnte sogar sehr viele von ihnen geben. Wir könnten mit einem zusammenstoßen, oder eines könnte mit dir zusammenstoßen. Eines könnte sogar in deiner Tasche stecken!

GRUND

Dunkle Materie hat die Dinosaurier umgebracht und du bist als Nächstes dran

Bis zum vorletzten Grund, diesen gottverlassenen Ort zu hassen, haben wir ganz schön lange gebraucht, also lass uns gleich zur Sache kommen: Etwa 85 Prozent aller Materie im Universum sind unbekannten Ursprungs. Fünf. Und. Achtzig. Prozent. Stell dir vor, du machst als Lehrperson eine Klassenfahrt und kommst mit nur viereinhalb der dreißig Kinder zurück, mit denen du losgefahren bist. Ein Reinfall? Vielleicht. Aber 15 Prozent sind besser als nichts. Andererseits tauchen die anderen 85 Prozent, vielleicht auch weniger, irgendwann mit weniger erfreulichen Neuigkeiten auf.

Diese 85 Prozent der nichtregistrierten Materie werden einfallslos dunkle Materie genannt – dunkel, weil wir sie nicht sehen können. Wir wissen, dass sie da ist, weil sie schwer ist und mit ihrer Schwerkraft ganze Galaxien anzieht und zusammenhält, und wir mögen Galaxien. Sie sind große, helle, schöne Gebilde und an ihren mit Photoshop bearbeiteten Bildern erfreuen sich Generationen von Astronomen, Astronauten, Ingenieuren und größenwahnsinnigen Konzernchefs. Aber pass auf: Die Galaxien sind nicht hell genug. Die Anzahl ihrer Sterne reicht einfach nicht aus, um zu erklären, wie sie zusammenkleben. Du fragst dich vielleicht zu Recht: Woher zum Teufel wissen wir das?

Wir beobachten viele Sterne, die sich um das Gravitationszentrum von Galaxien drehen. Anhand dieser Beobachtungen können wir gut einschätzen, wie viel Masse eine Galaxie hat und wie stark die Gravitationskraft dort ist. Das Problem ist, dass die Masse aller sichtbaren Materie nicht ausreicht, um mit ihrer Gravitation die Galaxie zusammenzuhalten. Eigentlich müssten diese Sterne einfach hinaus ins Leere fliegen. Lägen die Rechenergebnisse nur um ein kleines bisschen daneben, könnten wir vielleicht hinnehmen, dass ein oder zwei Messfehler vorliegen. Aber uns fehlen 85 Prozent der Materie, die diese ganze Schwerkraft zu erzeugen scheint. Das ist ehrlich gesagt ziemlich peinlich.

Du Schlaumeier magst jetzt einwenden, dass es vieles gibt, was Masse hat, aber kein Licht abstrahlt. Was ist mit kalten Gaswolken, schwarzen Löchern oder sogar Antimateriehaufen? Nein, tut mir leid, die würde man natürlich entdecken können. Alle nach unserem derzeitigen Physikverständnis denkbaren Alternativen hat die Forschung bereits ausgeschlossen. Na schön. Aber wenn diese dunkle Materie die überwiegende Mehrheit aller Materie darstellt, dann müsste sie ja überall sein, oder? Also auch hier auf der Erde und sogar in unserem Körper. Und da bisher noch niemand mit Verletzungen durch dunkle Materie ins Krankenhaus eingeliefert wurde, dürfte sie einigermaßen ungefährlich sein, oder? Ähm, ja, das ist ein eindeutiges Vielleicht.

Zwar haben wir keine Ahnung, was dunkle Materie eigentlich ist, aber du kannst sie dir als riesige Staub- und Gaswolke vorstellen, die sich in der Gegend von Galaxien ansammelt. Sofern du nicht Kosmologie studierst, gehen wir jede Wette ein, dass das Bild, das du gerade im Kopf hast, falsch ist. Wahrscheinlich stellst du dir eine Gaswolke so dicht vor wie den Zigarettenqualm, der verschrumpelte Boomer nicht annähernd so cool aussehen lässt wie damals Keith Richards auf Dauersauftour. Das ist Unsinn. Die tatsächliche Dichte unserer Galaxie ist verschwindend gering und dementsprechend ist die Wolke aus dunkler Materie so dünn wie das, was an einem windigen Tag eine Stunde nach der ersten E-Zigarette eines Teenagers zurückbleibt. Um es auf den Punkt zu bringen: Würdest du mit einem Bierstiefel eine Probe aus der Milchstraße schöpfen, würde der Stiefel ein paar Tausend Atome enthalten. Ist er aber voller Bier, enthält er Milliarden Milliarden Milliarden Atome, und du solltest jetzt schon mal fragen, wo die Toilette ist.

Wie leer die Galaxie ist, sollte dir klar werden, wenn du bedenkst, dass die besten Vakuumkammern in den fortschrittlichsten Laboren der Welt immer noch das Zehnfache der durchschnittlichen Dichte der Milchstraße aufweisen. Selbst wenn also fünfmal so viel dunkle Materie existiert wie normale Materie, ist ihre Gesamtdichte ziemlich gering. Da brauchen wir uns vielleicht keine Sorgen zu machen. Allerdings ist die Dichte der normalen Materie an einigen Stellen in der Galaxie ziemlich hoch. Ein durchschnittlicher Fleck in der Galaxie mag öde sein, aber wir leben an einem bemerkenswerten Ort. Außer diejenigen von uns, die in Mecklenburg-Vorpommern wohnen. Was, wenn sich die dunkle Materie auf ähnliche Weise zusammenballt? Dies könnte auf mehrere Arten geschehen. Wie du dir vielleicht denken kannst, würde uns keine davon guttun. In einem extern begutachteten Artikel über Tod und schwere Verletzungen durch dunkle Materie (»Death and Serious Injury from Dark Matter«) kommen die Autoren zu dem kühnen Schluss: »Unsere Ergebnisse erlauben eine neue Sicht auf dunkle Materie: der menschliche Körper als Detektor für dunkle Materie.« Wer meldet sich freiwillig?

Eine Theorie über dunkle Materie besagt, dass sie aus sehr dichten und großen Objekten besteht, die mit normaler Materie interagieren können, auch mit dem Fleischsack, den dein Hirn durch die Gegend lenkt. Wie genau sie interagiert, interessiert uns gerade nicht. Wir müssen nur berücksichtigen, dass die Energie dabei erhalten bleibt, denn das lernt jedes Schulkind am Morgen vor dem Test bei YouTube, also muss es wahr sein. Falls du nicht gelikt und abonniert hast: Das Problem ist, dass die dunkle Materie durch die Kollision Energie verliert und dass diese Energie irgendwo hinmuss – im Zweifel in uns hinein.

Wie viel Energie in einen von dunkler Materie durchquerten Körper übertragen wird, ergibt sich nach einiger Rechnerei aus der Größe und der Geschwindigkeit der dunklen Materie. Aufgrund jahrelanger Experimente und Beobachtungen lassen sich viele Kombinationen von vornherein ausschließen. Aber für ein Stück dunkle Materie vom Gewicht eines dicken Kindes und der Größe einer Bakterie wäre der menschliche Körper ein hervorragender Detektor. Wir könnten auch sagen, das gibt eine fette Schusswunde, aber das wäre uns zu banal, wir sind Künstler.

Solange die dunkle Materie einfach nur in der Galaxie herumschwebt, wird sie schon nicht auf uns einprasseln. Aber Moment! Unser Sonnensystem kreist mit etwa 250 Kilometern in der Sekunde um das Zentrum der Galaxie. Das ist mehr als das Siebenhundertfache der Schallgeschwindigkeit und fünfmal schneller als alles, was je von Menschen gebaut wurde. Wenn wir uns selbst also als ruhend wahrnehmen, dann schießt der ganze tatsächlich ruhende Kram in der Galaxie auf uns zu wie das krasseste Lasergeschoss in einem Science-Fiction-Film. Noch mal ganz langsam: Es könnte sein, dass Klumpen aus dunkler Materie, die zu schwer fürs Handgepäck sind, mit kosmischer Geschwindigkeit auf uns zurasen. Wenn dir das Angst einjagt, dann entspann dich, es kommt noch schlimmer. So ein Geschoss aus dunkler Materie hinterlässt, wenn es dich durchdringt, genug Energie, um dein Fleisch auf über 10 Millionen Grad Celsius zu erhitzen. Dadurch würde sofort ein kokelndes Loch entstehen, durch das man hindurchsehen kann. Es gibt keine Studien zu den Auswirkungen solcher Temperaturextreme auf den menschlichen Körper, aber eine Folge davon wäre wahrscheinlich der Tod.

Natürlich ist die Wahrscheinlichkeit, dass du von Science-Fiction-Geschossen aus dunkler Materie zersiebt wirst, gering. Aber unwahrscheinlich ist auch ein Lottogewinn, und viele Leute scheinen davon auszugehen, dass sie mindestens einmal im Leben einen erhalten. Aber die dunkle Materie muss gar niemanden direkt töten, sie könnte auch etwas viel, viel Schlimmeres verursachen. Schon mal von Massenaussterben gehört? (Unter den Gründen Nr. 5 und 6 erfährst du, warum du wahrscheinlich gerade eines mitverursachst.)

Massenaussterben sind erstaunlich häufig – nicht nur die Dinosaurier sind spontan aus der Fossilüberlieferung verschwunden. Das Erstaunlichste ist jedoch, dass es dabei ein Muster von kosmischer Dimension zu geben scheint. Geologische Nachweise deuten darauf hin, dass alle dreißig Millionen Jahre ein massiver Abbau der Artenvielfalt stattfindet. Hier ein interessanter Nebenaspekt: Unser ganzes Sonnensystem taucht auf seiner Flugbahn durch die Galaxie auf und ab. Wie oft kreuzt es dabei die Ebene der Galaxie? Hmmm ... alle dreißig Millionen Jahre. Oh, und wie oft zeigt sich in den geologischen Zeitschichten eine Häufung der Kraterbildung? Nein, das kann nicht sein. Doch, kann es. Offenbar passieren Einschläge ebenfalls in regelmäßigen Abständen von dreißig Millionen Jahren. Natürlich könnte das alles Zufall sein, aber vielleicht auch nicht.

Unsere Galaxie ist groß und scheibenförmig und ihre Sterne befinden sich hauptsächlich in zwei Haupt-Spiralarmen. Sie ist bemerkenswert dünn – eine CD von kosmischem Ausmaß, falls sich noch jemand an CDs erinnert. Unser Sonnensystem mit Sonne, Erde und anderem kreiselt innerhalb der CD, als erklänge gute alte 1990er-Mucke von Soundgarden oder Celine Dion. Dabei trudelt das Sonnensystem auf und ab wie die Beulen in den Rillen der CD und schneidet mit seiner Flugbahn alle dreißig Millionen Jahre die Nullebene. Falls innerhalb der Scheibe auch die dunkle Materie zusammenklumpt, rüttelt diese womöglich die Billionen von Kometen auf, die in einer Wolke um unser Sonnensystem herumschweben. Das wäre so, als würdest du durch eine dünne Wand aus Druckluft laufen. Du siehst sie nicht. Du kommst zwar weitestgehend unbeschadet hindurch, aber sie bringt dir die Haare durcheinander. Dementsprechend könnte die dunkle Materie einen Kometen vom Kurs abbringen, der dann auf uns zurast. Auf diese Weise hat sie womöglich bereits die Dinosaurier umgebracht, wie es die Kosmologin Lisa Randall in einem Buch einmal verkaufsträchtig ausgemalt hat. Moment mal! War das vor ungefähr sechzig Millionen Jahren? Ach du Scheiße.

GRUND

Im kosmischen Maßstab sind wir ein Nichts

Das beobachtbare Universum hat einen Durchmesser von 100 Milliarden Lichtjahren. Es ist das größte uns bekannte Ding. Die kleinsten Dinge, von deren Existenz wir wissen, sind mit etwa 10 Milliardstel Nanometern die Quarks. Das sind aber nur Wörter, also lass uns versuchen, diesen Größenunterschied begreiflich zu machen.

Als du zum ersten Mal eine logarithmische Skala gesehen hast, war das wahrscheinlich im Naturkundeunterricht in der Grundschule, beim Experimentieren mit Lackmuspapier. Das Maß des Säuregrads wurde im frühen 20. Jahrhundert von Bierforschern aufgestellt. Nein, kein Tippfehler. Im Labor der Carlsberg-Brauerei entdeckte der dänische Chemiker Søren Sørenson Jr. das Geheimnis des Säuregrads und damit des guten Biers, und zwar in den Wasserstoffionen. So entstand der pH-Wert. Dabei steht pH für »Potenzial des Wasserstoffs« und ergibt eine Zahlenskala von null bis vierzehn, wobei ein kleinerer Wert für das Sauere steht. In der Mitte liegt die Sieben, der pH-Wert von reinem Wasser. Das Entscheidende an dieser Skala ist, dass sie logarithmisch ist, dass also jede Zahl eine zehnfache Veränderung darstellt. Dein

Pipi zum Beispiel ist mit seinem pH-Wert von 6 zehnmal so sauer wie Wasser, aber das ist nicht der Grund, warum du es nicht trinken solltest. Magensäure hat einen pH-Wert um die 3 und ist damit zehntausendmal so sauer wie Wasser. Und mit einem pH-Wert von 1 ist so was wie Batteriesäure eine Million Mal saurer als Wasser. So viel Wumms passt in eine kleine logarithmische Skala. Den Unterschied zwischen den Stufen einer logarithmischen Skala kann man auch netter ausdrücken, nämlich mit dem Begriff Größenordnung. Etwas, das eine Million Mal saurer ist als Wasser, wäre demnach sechs Größenordnungen saurer.

Okay, cool. Jetzt haben wir uns kalibriert und können zur Vermessung des Universums zurückkehren. Als Durchschnittsmensch kannst du mit ausgestrecktem Arm 1 Meter weit reichen. Das ist die Grenze deines unmittelbaren Einflussbereichs. Vielleicht liest du diese Zeilen in einer gemütlichen Einzimmerwohnung mit 10 Metern von Wand zu Wand. Das wäre etwa eine Größenordnung weiter, als du fuchteln kannst – ganz schön geräumig! Ein Fußballfeld ist 100 Meter lang und um zwei Größenordnungen länger als deine Greifer. Die texanische Gigafactory, in der Tesla Teslas baut, ist gut 1 Kilometer lang und damit um drei Größenordnungen länger als du. Das Längste, was Menschen je gebaut haben, ist die Chinesische Mauer. Mit über 20 000 Kilometern Länge übersteigt sie deine Reichweite um sieben Größenordnungen. Sie misst gerade mal ein Fünftel des gesamten Erdumfangs, der dann auch schon die Obergrenze dessen bildet, was wir mit unseren schwitzigen Pfoten errichten oder zerstören könnten. Aber um zu zerstören, sind wir schon viel weiter gereist.

Unsere weiteste Reise weg von zu Hause aus war die zum Mond, wo wir Autoscooter gefahren sind, Flaggen eingerammt und Golfbälle verschossen haben und am Ende Müllhaufen und Tüten mit Scheiße liegen ließen (echt wahr – siehe Grund

Nr. 29). Was also unser Zerstörungswerk angeht, scheint es auf etwa acht Größenordnungen über uns selbst beschränkt zu sein. Nicht schlecht. Aber da draußen gäbe es noch so viel mehr zu kontaminieren, das uns leider entgeht. Die Sonne zum Beispiel ist elf Größenordnungen außer Reichweite der schwitzigen, fünffingrigen Masturbationswerkzeuge am Ende deiner Arme. Wir haben schon das eine oder andere in die Sonne krachen lassen, ohne jemals eine Delle zu hinterlassen. Trotzdem ist ihre Rache wahrscheinlich schon im Gange (siehe Gründe Nr. 28 und 33).

Jenseits unseres Sonnensystems haben wir nur begrenzten Einfluss. Immerhin haben wir Sonden ins Weltall geschickt. Die Sonde Voyager 1 ist inzwischen dreizehn Größenordnungen weiter weg, als unsere ausgestreckten Arme reichen. Vielleicht knallt sie irgendwann gegen einen kleinen Felsen, dann können wir feiern, dass unser Vandalismus eine neue Grenze erreicht hat. Aber das war's dann auch schon. Jenseits unseres Sonnensystems gibt es erst mal nur leeren Raum, dessen Querung viele Menschenleben dauern würde. Der nächstgelegene Stern liegt mehr als sechzehn Größenordnungen außerhalb unserer Reichweite. Die nächstgelegene Galaxie ist zweiundzwanzig Größenordnungen weiter weg, als wir kitzeln können. Und schließlich und endlich ist das beobachtbare Universum siebenundzwanzig Größenordnungen größer als unsere mickrigen Fleischsäcke. Diese Tatsache musst du mal auf dich wirken lassen. Sie lässt sich in keiner Weise veranschaulichen. Im Vergleich zu den Weiten des Kosmos sind wir bedeutungslos. Aber lassen wir die Kalendersprüche, schauen wir lieber in die andere Richtung.

Am Ende deiner schlaksigen Gliedmaßen befinden sich deine Greiferchen. Diese Wunder der Evolution und der Geschicklichkeit, die die meisten von uns benutzen, um allerlei Sekrete aus Körperöffnungen zu pulen, sind um eine Größenordnung kleiner als der ganze Arm. Wenn wir an dieser Stelle mal die Peniswitze weglassen, liegt das Kleinste, was du mit bloßen Händen handhaben kannst, nur zwei Größenordnungen unter dir: etwa die Spitze eines winzigen Bleistifts. Apropos: Der Weltrekord für die kleinste Handschrift ist noch eine weitere Größenordnung kleiner und umfasst ein paar Buchstaben auf einem Reiskorn, die noch mit bloßem Auge lesbar sind. Gegenstände, die bis zu vier Größenordnungen kleiner sind als unser Körper, können wir noch erkennen. Schlechte Sicht ist also definitiv keine gute Ausrede, wenn du die Klitoris deiner Partnerin schon wieder nicht findest. Jenseits dessen brauchen wir optische Hilfsmittel. Mit einem Lichtmikroskop können wir einzelne Körperzellen und die winzigen Lebewesen sehen, mit denen sie sich im Krieg befinden (Neues von der Front unter Grund Nr. 15). Wo auch jede Sehhilfe an ihre Grenze kommt, ist alles sieben Größenordnungen kleiner als wir selbst. Wir können uns eine Handvoll Mondstaub besorgen und dann einzelne Körnchen unter den Fingernägeln erkennen. Das sind die Grenzen unseres Sehsinns, auch mit Unterstützung. Dieser Bereich erstreckt sich über fünfzehn Größenordnungen.

Computer ermöglichen es uns, noch näher hinzuschauen. Die kleinsten Transistoren sind heutzutage etwa neun Größenordnungen kleiner als unser Körper. Wenn wir ein paar dieser Teile an ein Elektronenmikroskop anschließen, können wir einzelne Atome erkennen, die fast zehn Größenordnungen unter uns liegen. Das Proton im Zentrum des Wasserstoffatoms ist fünfzehn Größenordnungen winziger, und das ist die Grenze dessen, was wir mit Sicherheit wissen. Na ja, ungefähr ... Wir sind ziemlich sicher, dass es Quarks gibt (was ungünstig sein könnte – siehe Grund Nr. 37), und die wären dann schätzungsweise zwanzig Größenordnungen kleiner. Ab da bleiben uns nur Spekulationen, von denen es in der theoretischen Physik eine ganze Menge gibt. Aber wir sind weit genug vorgedrungen, um einen Überblick zu haben.

Zweifellos sind wir von uns selbst beeindruckt. Wir haben viel erreicht und unseren Wirkungskreis um einige Größenordnungen in die eine oder andere Richtung vergrößert, unter anderem durch Erfindungen wie Politik und Krieg sowie mit den Mitteln der Wissenschaft. Aber das ist auch schon alles. Wenn man bedenkt, dass wir unsere ziemlich begrenzten Möglichkeiten größtenteils dazu nutzen, Zeug mit Zeug zusammenkrachen zu lassen, ist es vielleicht klug vom Universum, dass es uns an der kurzen Leine hält.

Das sind also wir: Säcke voller Grundschul-pH-Experimente, die, gestützt von brüchigen Kalziumstäbchen, mit ihren nudelartigen Auswüchsen vergeblich versuchen, ihren Dreck über ihre Grenzen hinweg zu verbreiten. Das uns bekannte Universum erstreckt sich von den Quarks bis hin zum ganz großen Ganzen über sechsundvierzig Größenordnungen, und es ist vermutlich noch viel größer. Nur auf einen winzigen Bruchteil davon haben wir direkten Zugriff mit unseren plumpen Wurstfingern. Zwar hat die Technologie unsere Reichweite vergrößert, aber dadurch hat sie uns bestenfalls unsere deprimierend engen Grenzen aufgezeigt.

DER EINZIGE GRUND, DAS UNIVERSUM NICHT ZU HASSEN

Herzlichen Glückwunsch! Wenn du diese Zeilen liest, hast du entweder das ganze Buch durchgelesen oder gleich hierher geblättert, um den einen Grund zu erfahren, warum man das Universum lieben sollte. So oder so hoffen wir, dass du in diesem Kapitel etwas Inspiration und Motivation findest und fortan beschwingter durchs Leben gehst. Auch wenn die vorangegangenen Kapitel es töricht erscheinen lassen, das Universum lieben zu wollen, vor allem angesichts der Flüchtigkeit alles Positiven inmitten des vielen Leids im Kosmos, der sozialen Ungleichheit und der allfälligen Engstirnigkeit. Aber aus der Düsternis wird ein einfacher Gedanke sichtbar. Setz dich lieber hin.

Wie dieses Buch bereits deutlich gemacht hat, geben uns die 42 Gründe, das Universum zu hassen, einen Einblick in die Rohheit des Kosmos. Wir möchten dich jedoch bitten, einen anderen Blickwinkel einzunehmen. Was wäre, wenn der Grund, das Universum zu lieben, aus genau den 42 Gründen besteht, es zu hassen? Nicht enttäuscht sein. Es tut uns leid, aber lies weiter. Du bist das Produkt von Milliarden von Jahren kosmischer und biologischer Evolution. Auch wenn du gerade mit aufgeknöpfter Hose dasitzt, dir Chips-Krümel vom Latz wischst und schon jetzt überhaupt keine Lust hast, dich nach beendeter Lektüre vom Sofa zu erheben – du bist ein Wunder der Existenz. Aus kosmischer Sicht steht das Sofa, von dem du nicht hochkommst, auf der Oberfläche eines Felsbrockens, der stetig um eine Kugel aus explodierenden Atombomben eiert. Diese Kugel ist gerade so weit von uns weg, dass ihr heller Schein und ihre sanfte Wärme unsere Erde seit Jahrmilliarden umfließen und hier Leben gedeihen lassen. Aber lass ruhig die Jalousien runter, wenn die Scheißsonne auf den Fernseher scheint und du nicht mehr erkennen kannst, welcher Star gerade aus dem *Dschungelcamp* gevotet wird.

All das ist verblüffend. Geradezu unglaublich ist hingegen die Kette von Ereignissen, die dich an diesen Punkt gebracht hat. Erst musste das Universum durch ein zufälliges Ereignis entstehen, das niemand erklären kann. Als das Universum dann vor vierzehn Milliarden Jahren so groß wie eine Erbse war, mussten Fluktuationen einen subtilen Unterschied in der Energiedichte herbeiführen, damit sich überhaupt eine Struktur bilden konnte. Erst Hunderte von Millionen Jahren später bequemte sich die Gravitation endlich dazu, aus Wasserstoff die ersten Sterne zusammenzuballen. Dann dauerte es noch länger, bis diese Sterne – zumindest die mit genug Masse – auf eine ganz bestimmte Art und Weise explodierten und Kohlenstoff und andere schwerere Elemente, die sie in ihren Herzen geschmiedet hatten, an die richtigen Stellen schleuderten, wo diese dann wieder zusammengeballt wurden. Dieser Zyklus musste mehrmals wiederholt werden, um genau das richtige Verhältnis der Elemente zu ergeben, sodass unser Sonnensystem entstehen und die perfekte Umgebung für das Aufkeimen von Leben ausbilden konnte.

Die Erde ist einer von mehreren Planeten in unserem System, und wir haben das Glück, dass sie mitten in der habitablen Zone unseres Sonnensystems liegt. Die Sonne wurde buchstäblich aus einem älteren, viel größeren Stern herausgesprengt, der zur Supernova wurde und dabei das supermassereiche schwarze Loch im Herzen unserer Galaxie sowie alle anderen Sterne der Milchstraße gebar. Unsere Galaxie ist Teil einer kleinen Ansammlung weiterer Galaxien, der sogenannten lokalen Gruppe, die wiederum Teil des Virgo-Superhaufens ist, zu dem noch Tausende anderer Galaxien gehören. Der Virgo-Superhaufen macht weniger als 1 Prozent des beobachtbaren Universums aus. Wir sind wirklich nur ein Staubkorn in einem leeren Universum.

Natürlich entstand unsere kostbare Erde nicht in einem einzigen glorreichen Schöpfungsakt. Anfangs war sie eine Höllenlandschaft aus Feuer und Tod. Tatsächlich stürzte ein anderer Planet namens Theia auf die junge Erde und schlug ein riesiges Stück mit genau der richtigen Geschwindigkeit und im richtigen Winkel heraus, sodass es in der Umlaufbahn hängen blieb und unseren Mond ergab, der wiederum die Gezeiten verursacht, die Nacht erhellt und vielen Arten eine Lebensgrundlage gibt. Auch in den Jahrmilliarden seit der Erschaffung von Erde und Mond sind exakt so viele Asteroiden auf unserem Planeten eingeschlagen, dass all deine Vorfahren mit dem Leben davonkamen, während gleichzeitig ein Großteil ihrer Konkurrenten ausgelöscht wurde. Trotzdem mussten diese Vorfahren noch unzählige Katastrophen und Beinahe-Unfälle überstehen.

Die Fragilität des Lebens auf der Erde ist unübersehbar, und sie betrifft auch uns Menschen. Vergiss nicht, dass vor fast einhunderttausend Jahren ein einziges geologisches Ereignis ausreichte, um die Menschheit auf ein paar Tausend Exemplare zu dezimieren. Nirgendwo sonst im Universum gibt es Anzeichen von Leben. Wir finden Trost in der Nähe zu geliebten und vertrauten Menschen, manchmal sogar im Kreis von Fremden. Unsere Einsamkeit hat uns dazu getrieben, weit jenseits unseres Sonnensystems auf die Suche zu gehen. Und immerhin haben uns die Nebenprodukte dieser Suche im Kosmos technische Erfindungen beschert, die uns näher zusammenbringen und uns ein viel längeres Leben ermöglichen. Alle heute lebenden Menschen verdanken die Erhaltung des eigenen Lebens oder des Lebens eines Vorfahren wahrscheinlich irgendeiner Form von Technologie.

In den Jahrzehnten vor deiner Geburt haben deine Großeltern und vielleicht sogar deine Eltern wahrscheinlich noch Kriege, Seuchen, Krankheiten, Hungersnöte und viele andere Gefahren überlebt, und du wirst bestimmt noch viele weitere Zwischenfälle überstehen. Vielleicht pflanzt du dich sogar fort und gibst einem weiteren Menschenwesen die Chance, die unvorstellbaren Schwierigkeiten zu überwinden, mit denen jeder Organismus zu kämpfen hat, der das Glück hat, auf diesem Planeten zu leben. Stell dir vor, ein einziges unbedeutendes Missgeschick im Leben eines entfernten Urahnen hätte dazu führen können, dass unsere Spezies für alle Ewigkeit der Vergessenheit anheimgefallen wäre. Was, wenn jene Katastrophen nie stattgefunden hätten, die unseren Vormietern auf der Erde zum Verhängnis wurden? Dann hätten unsere Urahnen nicht die Chance bekommen, sich durchzusetzen und einen dominanten Platz in der reichen Geschichte unseres Planeten einzunehmen. Die Menschheit hätte vielleicht nie die Gelegenheit bekommen, zu gedeihen, zu lernen und ihre Umwelt zu gestalten. Bedenke all die Unwahrscheinlichkeiten, die unterwegs zugunsten dieses jetzigen Augenblicks ausfielen – von zufälligen Begegnungen bis hin zur Vermeidung von Krankheit, Verletzung und Tod.

Und damit kommen wir wieder auf dich zurück: Du bist an zwei Orten entsprungen. An einem Ort hat eine Zelle in Konkurrenz mit einer halben Million anderer Zellen mehrere Entwicklungsstadien durchlaufen, um dann auf die andere Hälfte zu warten, die noch für deine einzigartige DNA-Bauanleitung fehlte. Deine andere Hälfte hat sich vielleicht erst Jahre später und wahrscheinlich Tausende von Kilometern weit weg gebildet. Dort teilte sich eine winzige Keimzelle und verwandelte sich in eine Art Kaulquappe. Dann wurde eine Hälfte von dir zusammen mit 500 Millionen anderen Kaulquappen durch einen halb erschlafften Penis gedrückt – wahrscheinlich zu früh. Für mindestens eine beteiligte Person war dies wohl ein Abtörner, für dich aber ein Wunder.

Du bist eine unwahrscheinliche Zusammensetzung aus Billionen von Zellen, die alle die gleiche einzigartige DNA-Bauanleitung enthalten. Dieselbe DNA bestimmt, welche Farbe deine Augen und welche Form deine Augenbrauen haben, wie du ein Glas Wein verstoffwechselst, wie du auf einen Bienenstich reagierst und ob du mit fünfundsechzig oder fünfundsiebzig Jahren an Alzheimer erkranken wirst. Dabei vergisst man leicht, dass diese Anleitung auch die Zellreaktionen steuert, die in dir Liebe, Trauer, Glück und Angst hervorrufen (sowie den Schrecken, der davon kommt, dass du dieses Buch in einem Rutsch durchgelesen hast). Du bist eine sich ständig wandelnde Mischung aus den Erinnerungen, Erfahrungen und Informationen, die du in deinem Leben gesammelt hast. Dieses Leben dauert im kosmischen Maßstab nur einen winzigen Moment lang, aber damit dieser Moment erreicht wurde, musste sich Sternenstaub über Milliarden von Jahren hinweg umformen und verwandeln. Zugegeben, diese Entstehungsprozesse haben sämtliche von uns beschriebenen Weltuntergangsszenarien hervorgebracht (und noch einige mehr), aber sie haben eben auch dich erschaffen. Du bist ein Teil des ganzen Schlamassels und solltest dazu stehen. Liebe dieses Universum, denn du bist es, und es ist du.

QUELLEN

GRUND NR. 1

Boeree, Liv. »Why Haven't We Found Aliens Yet?« Vox, 3. Juli 2018, zuletzt geändert am 13. April 2022. www.vox.com/science-and-health/2018/7/3/17522810/aliens-fermi-paradox-drake-equation.

Bryson, Steve, Michelle Kunimoto, Ravi K. Kopparapu, Jeffrey L. Coughlin, William J. Borucki, David Koch et al. »The Occurrence of Rocky Habitable Zone Planets around Solar-Like Stars from Kepler Data.« *The Astronomical Journal* 161, Nr. 1 (2021): 36. https://doi.org/10.3847/1538-3881/abc418.

Hanson, Robin. »The Great Filter – Are We Almost Past It?« 15. September 1998, zuletzt geändert am 17. April 2017. https://mason.gmu.edu/~rhanson/greatfilter.html.

Martin, William F., Sriram Garg, Verena Zimorski. »Endosymbiotic Theories for Eukaryote Origin.« *Philosophical Transactions of the Royal Society B: Biological Sciences* 370, Nr. 1678 (2015): 20 140 330. https://doi.org/10.1098/rstb.2014.0330.

Sheikh, Sofia. »Nine Axes of Merit for Technosignature Searches.« *International Journal of Astrobiology* 19, Nr. 3 (2020): 237–243. https://doi.org/10.1017/S1473550419000284.

GRUND NR. 2

American Chemical Society. »Joseph Priestley and the Discovery of Oxygen.« o. J. Zuletzt geändert am 20. Januar 2022. www.acs.org/content/acs/en/education/whatischemistry/landmarks/josephpriestleyoxygen.html.

Bjelakovic, Goran, Dimitrinka Nikolova, Lise Lotte Gluud, Rosa G. Simonetti, Christian Gluud. »Antioxidant Supplements for Prevention of Mortality in Healthy Participants and Patients with Various Diseases.« *Cochrane Database of Systematic Reviews*, Nr. 3 (2012): CD007176. https://doi.org/10.1002/14651858.CD007176.pub2.

Gray, Michael W., Gertraud Burger, B. Franz Lang. »The Origin and Early Evolution of Mitochondria.« *Genome Biology* 2, Nr. 6 (2001): REVIEWS1018. https://doi.org/10.1186/gb-2001-2-6-reviews1018.

Harrison, Jon F., Alexander Kaiser, John M. VandenBrooks. »Atmospheric Oxygen Level and the Evolution of Insect Body Size.« *Proceedings of the Royal Society B: Biological Sciences* 277, Nr. 1690 (2010): 1937–1946. https://doi.org/10.1098/rspb.2010.0001.

Pham-Huy, Lien Ai, Hua He, Chuong Pham-Huy. »Free Radicals, Antioxidants in Disease and Health.« *International Journal of Biomedical Science* 4, Nr. 2 (2008): 89–96. www.ncbi.nlm.nih.gov/pmc/articles/PMC3614697/.

Serafini, Mauro. »The Role of Antioxidants in Disease Prevention.« *Medicine* 34, Nr. 12 (2006): 533–535. https://doi.org/10.1053/j.mpmed.2006.09.007.

Stephens, Tim. »Reign of the Giant Insects Ended with the Evolution of Birds.« 4. Juni 2021. https://news.ucsc.edu/2012/06/giant-insects.html.

GRUND NR. 3

Enquist, Brian J., Xiao Feng, Brad Boyle, Brian Maitner, Erica A. Newman, Peter Møller Jørgensen, Patrick R. Roehrdanz et al. »The Commonness of Rarity: Global and Future Distribution of Rarity across Land Plants.« *Science Advances* 5, Nr. 11 (2019): eaaz0414. https://doi.org/10.1126/sciadv.aaz0414.

Intergovernmental Panel on Climate Change. »Authors.« o. J. Zuletzt abgerufen am 27. September 2022. www.ipcc.ch/report/ar6/wg2/about/authors/.

Intergovernmental Panel on Climate Change. »Climate Change 2022: Impacts, Adaptation and Vulnerability.« Zuletzt geändert am 7. November 2022. www.ipcc.ch/report/ar6/wg2/.

Logan, David C. »Known Knowns, Known Unknowns, Unknown Unknowns and the Propagation of Scientific Enquiry.« *Journal of Experimental Botany* 60, Nr. 3 (2009): 712–714. https://doi.org/10.1093/jxb/erp043.

Newburger, Emma. »Climate Change Could Cost U.S. $2 Trillion Each Year by the End of the Century, White House Says.« CNBC. 4. April 2022. www.cnbc.com/2022/04/04/climate-change-could-cost-us-2-trillion-each-year-by-2100-omb.html.

Schultz, Emily L., Lisa Hülsmann, Michiel D. Pillet, Florian Hartig, David D. Breshears, Sydne Record, John D. Shaw et al. »Climate-Driven, but Dynamic and Complex? A Reconciliation of Competing Hypotheses for

Species' Distributions.« *Ecology Letters* 25 (2022): 38–51. https://doi.org/10.1111/ele.13902.

GRUND NR. 4

Bradshaw, Corey J. A. »Little Left to Lose: Deforestation and Forest Degradation in Australia Since European Colonization.« *Journal of Plant Ecology* 5, Nr. 1 (2012): 109–120. https://doi.org/10.1093/jpe/rtr038.

Eddy, Tyler D., Vicky W. Y. Lam, Gabriel Reygondeau, Andrés M. Cisneros-Montemayor, Krista Greer, Maria Lourdes D. Palomares, John F. Bruno et al. »Global Decline in Capacity of Coral Reefs to Provide Ecosystem Services.« *One Earth* 4, Nr. 9 (2021): 1278–1285. https://doi.org/10.1016/j.oneear.2021.08.016.

Farquhar, Brodie. »Wolf Reintroduction Changes Ecosystem in Yellowstone.« Yellowstone National Park Trips. 30. Juni 2021. www.yellowstonepark.com/things-to-do/wildlife/wolf-reintroduction-changes-ecosystem/.

Feng, Song, Q. Fu. »Expansion of Global Drylands under a Warming Climate.« *Atmospheric Chemistry and Physics* 13, Nr. 6 (2013): 14637–14665. https://doi.org/10.5194/acpd-13-14637-2013.

Gauthier, Sylvie, Pierre Bernier, Timo Kuuluvainen, Anatoly Z. Shvidenko, Dmitry G. Shchepaschenko. »Boreal Forest Health and Global Change.« *Science* 349, Nr. 6250 (2015): 819–822. https://doi.org/10.1126/science.aaa9092.

Huang, Jianping, Haipeng Yu, Xiadon Guan, Guoyin Wang, Ruixia Guo. »Accelerated Dryland Expansion under Climate Change.« *Nature Climate Change* 6 (2016): 166–171. https://doi.org/10.1038/nclimate2837.

Jones, Holly P., Peter C. Jones, Edward B. Barbier, Ryan C. Blackburn, Jose M. Rey Benayas, Karen D. Holl, Michelle McCrackin et al. »Restoration and Repair of Earth's Damaged Ecosystems.« *Royal Society Proceedings in Biological Science* 285, Nr. 1873 (2018): 20 172 577. https://doi.org/10.1098/rspb.2017.2577.

Krogh, Anders. »State of the Tropical Rainforest.« o. J. Zuletzt geändert am 5. Mai 2021. https://d5i6is0eze552.cloudfront.net/documents/Publikasjoner/Andre-rapporter/RF_StateOfTheRainforest_2020.pdf?mtime=20210505115205.

Mayor, Ángeles G., Sonia Kéfi, Susana Bautista, Francisco Rodríguez, Fabrizio Carteni, Max Reitkerk. »Feedbacks between Vegetation Pattern and Resource Loss Dramatically Decrease Ecosystem Resilience and Restoration Potential in a Simple Dryland Model.« *Landscape Ecology* 28 (2013): 931–942. https://doi.org/10.1007/s10980-013-9870-4.

Roberts, Caleb P., Dirac Twidwell, David G. Angeler, Craig R. Allen. »How Do Ecological Resilience Metrics Relate to Community Stability and Collapse?« *Ecological Indicators* 107 (2019): 105 552. https://doi.org/10.1016/j.ecolind.2019.105552.

GRUND NR. 5

Gray, James L., Leslie K. Kanagy, Edward T. Furlong, Chris J. Kanagy, Jeff W. McCoy, Andrew Mason, Gunnar Lauenstein. »Presence of the Corexit Component Dioctyl Sodium Sulfosuccinate in Gulf of Mexico Waters after the 2010 Deepwater Horizon Oil Spill.« *Chemosphere* 95 (2014): 124–130. https://doi.org/10.1016/j.chemosphere.2013.08.049.

Gyo Lee, Yong, Xavier Garza-Gomez, Rose M. Lee. »Ultimate Costs of the Disaster: Seven Years after the Deepwater Horizon Oil Spill.« *Journal of Corporate Accounting & Finance* 29, Nr. 1 (2018): 69–79. https://doi.org/10.1002/jcaf.22306.

Ishihara, Akiko. »Conflict Transformation Practice for Fukushima: The Past Encounters the Future through a Transformative Tour to Minamata.« In *Philosophy and Practice of Bioethics Across and Between Cultures*, herausgegeben von Takao Takahashi, Nader Ghotbi, Darryl R.J. Macer, 11. Christchurch, NZ: Eubios Ethics Institute, 2019.

Jha, Prabhat, Mary MacLennan, Frank J. Chaloupka, Ayda Yurekli, Chintanie Ramasundarahettige, Krishna Palipudi, Witold Zatoński et al. »Global Hazards of Tobacco and the Benefits of Smoking Cessation and Tobacco Taxes.« In *Cancer: Disease Control Priorities*, 3. Aufl., herausgegeben von Dean T. Jamison, Rachel Nugent, Hellen Gelband, Susan Horton, Prabhat Jha, Ramanan Laxminarayan. Washington, D. C.: World Bank Publications, 2015.

Kuehn, Bridget M. »WHO: More than 7 Million Air Pollution Deaths Each Year.« *JAMA* 311, Nr. 15 (2014): 1486. https://doi.org/10.1001/jama.2014.4031.

Levy, Jason K., Chennat Gopalakrishnan. »Promoting Ecological Sustainability and Community Resilience in the U.S. Gulf Coast after the 2010 Deepwater Horizon Oil Spill.« *Journal of Natural Resources Policy Research* 2, Nr. 3 (2010): 297–315. https://doi.org/10.1080/19390459.2010.500462.

Macallister, Terry. »BP Executives Awarded Bonuses despite Deepwater Horizon Disaster.« *The Guardian*. 3. März 2011. www.theguardian.com/business/2011/mar/03/bp-executives-bonuses-deepwater-horizon.

Margaritis, Efstathios, Jian Kang. »Relationship between Green Space-Related Morphology and Noise Pollution.« *Ecological Indicators* 72 (2017): 921–933. https://doi.org/10.1016/j.ecolind.2016.09.032.

Miller, Rossina. *Orbital Debris Quarterly News* 25, Nr. 4 (2021): 1–10. https://ntrs.nasa.gov/citations/20210025555.

Mimura, Nobuo, Kazuya Yasuhara, Seiki Kawagoe, Hiromune Yokoki, So Kazama. »Damage from the Great East Japan Earthquake and Tsunami – A Quick Report.« *Mitigation and Adaptation Strategies for Global Change* 16 (2011): 803–818. https://doi.org/10.1007/s11027-011-9297-7.

Orru, Hans, Kristie Ebi, Bertil Forsberg. »The Interplay of Climate Change and Air Pollution on Health.« *Current Environmental Health Reports* 4, Nr. 5 (2017): 504–513. https://doi.org/10.1007/s40572-017-0168-6.

Papastefanou, Constantin. »Escaping Radioactivity from Coal-Fired Power Plants (CPPs) Due to Coal Burning and the Associated Hazards: A Review.« *Journal of Environmental Radioactivity* 101, Nr. 3 (2010): 191–200. https://doi.org/10.1016/j.jenvrad.2009.11.006.

Papp, Z., Z. Dezsö, S. Daroczy. »Significant Radioactive Contamination of Soil around a Coal-Fired Thermal Power Plant.« *Journal of Environmental Radioactivity* 59, Nr. 2 (2002): 191–205. https://doi.org/10.1016/S0265-931X(01)00071-6.

Siqueira, Diana Silva, Josué de Almeida Meystre, Maicon Quieroz Hilário, Danilo Henrique Donato Rocha, Genésio José Menon, Rogério José da Silva. »Current Perspectives on Nuclear Energy as a Global Climate Change Mitigation Option.« *Mitigation and Adaptation Strategies for Global Change* 24 (2019): 749–777. https://doi.org/10.1007/s11027-018-9829-5.

U.S. Census Bureau. »Real Median Personal Income in the United States.« FRED Economic Data. o. J. Letzte Änderung am 13. September 2022. https://fred.stlouisfed.org/series/MEPAINUSA672N.

Wong, Kaufui V., Andrew Paddon, Alfredo Jimenez. »Review of World Urban Heat Islands: Many Linked to Increased Mortality.« *Journal of Energy Resources Technology* 135, Nr. 2 (2013): 022 101–022112. https://doi.org/10.1115/1.4023176.

GRUND NR. 6

Cascio, Jessica, E. Ashby Plant. »Prospective Moral Licensing: Does Anticipating Doing Good Later Allow You to Be Bad Now?« *Journal of Experimental Social Psychology* 56 (2015): 110–116. https://doi.org/10.1016/j.jesp.2014.09.009.

Darwin, Charles, Leonard Kebler. *On the Origin of Species by Means of Natural Selection, or The Preservation of Favored Races in the Struggle for Life.* London: J. Murray, 1859.

Ghosh, Pallab. »Sex Robots May Cause Psychological Damage.« BBC News. 15. Februar 2020. www.bbc.com/news/science-environment-51330261.

Kaas, Jon H. »The Evolution of Brains from Early Mammals to Humans.« Wiley Interdisciplinary Reviews: *Cognitive Science* 4, Nr. 1 (2012): 33–45. https://doi.org/10.1002/wcs.1206.

Krockow, Eva M. »Is a Zero-Risk Bias Impairing Your Crisis Response?« *Psychology Today*. 19. März 2020. www.psychologytoday.com/au/blog/stretching-theory/202003/is-zero-risk-bias-impairing-your-crisis-response.

Merritt, Anna, Daniel Effron, Benoît Monin. »Moral Self-Licensing: When Being Good Frees Us to Be Bad.« *Social and Personality Psychology Compass* 4, Nr. 5 (2010): 344–357. https://doi.org/10.1111/j.1751-9004.2010.00263.x.

GRUND NR. 7

Drexler, K. Eric. *Engines of Creation*. New York: Anchor Books, 1986.

Ogas, Ogi, Sai Gaddam. *A Billion Wicked Thoughts: What the Internet Tells Us About Sexual Relationships*. New York: Penguin Books, 2011.

Thompson, Avery. »Scientists Have Made Transistors Smaller Than We Thought Possible.« *Popular Mechanics*. 12. Oktober 2016. www.popularmechanics.com/technology/a23353/1nm-transistor-gate/.

Zafar, Ramish. »Apple A13 for iPhone 11 Has 8.5 Billion Transistors, Quad-Core GPU.« *Wccftech*. 10. September 2019. https://wccftech.com/apple-a13-iphone-11-transistors-gpu/.

GRUND NR. 8

BBC News. »Hiroshima and Nagasaki: 75th Anniversary of Atomic Bombings.« 9. August 2020. www.bbc.com/news/in-pictures-53648572.

Brode, Harold L. »Review of Nuclear Weapons Effects.« *Annual Review of Nuclear Science* 18, Nr. 1 (1986): 153–202. https://doi.org/10.1146/annurev.ns.18.120168.001101.

Kolb, W. M., P. G. Carlock. »Trinitite.« ORAU: Museum of Radiation and Radioactivity. o. J. Letzte Änderung am 18. April 2022. www.orau.org/health-physics-museum/collection/nuclear-weapons/trinity/trinitite.html.

Kurzgesagt – In a Nutshell. »What If We Detonated All Nuclear Bombs at Once?« YouTube. 31. März 2019. https://youtu.be/JyECrGp-Sw8.

National Archives. »The Atomic Bombing of Hiroshima and Nagasaki, August 1945.« Letzte Änderung am 25. Oktober 2022. www.archives.gov/news/topics/hiroshima-nagasaki-75.

Office of Legacy Management. »Trinity Site—World's First Nuclear Explosion.« U.S. Department of Energy. o. J. Letzte Änderung am 29. Dezember 2021. www.energy.gov/lm/doe-history/manhattan-project-background-information-and-preservation-work/manhattan-project-1.

O'Hagan, Sean. »Armed to the Milk Teeth: America's Gun-Toting Kids.« *The Guardian.* 29. April 2014. www.theguardian.com/artanddesign/2014/apr/29/armed-to-the-milk-teeth-america-gun-toting-kids.

PlenilunePictures. »J. Robert Oppenheimer: ›I Am Become Death, the Destroyer of Worlds.‹« YouTube. 6. August 2021. https://youtu.be/lb13ynu3Iac.

Reisner, Jon, Gennaro D'Angelo, Eunmo Koo, Wesley Even, Matthew Hecht, Elizabeth Hunke, Darin Comeau et al. »Climate Impact of a Regional Nuclear Weapons Exchange: An Improved Assessment Based on Detailed Source Calculations.« *Journal of Geophysical Research: Atmospheres* 123, Nr. 5 (2018): 2752–2772. https://doi.org/10.1002/2017jd027331.

Robock, Alan, Owen Brian Toon. »Self-assured Destruction: The Climate Impacts of Nuclear War.« *Bulletin of the Atomic Scientists* 68, Nr. 5 (2015): 66–74. https://doi.org/10.1177/0096340212459127.

Roser, Max, Bastian Herre, Joe Hasell. »Nuclear Weapons.« Our World in Data. o. J. Letzte Änderung am 18. September 2022. https://ourworldindata.org/nuclear-weapons.

Toon, Owen Brian, Alan Robock, Rich P. Turco. »Environmental Consequences of Nuclear War.« *Physics Today* 61, Nr. 12 (2008): 37–42. https://doi.org/10.1063/1.3047679.

World Population Review. »Nuclear Weapons by Country 2022.« Letzte Änderung am 23. Oktober 2022. https://worldpopulationreview.com/country-rankings/nuclear-weapons-by-country.

GRUND NR. 9

Foster, Timothy J. »Antibiotic Resistance in Staphylococcus aureus.« *FEMS Microbiology Reviews* 41, Nr. 3 (2017): 430–449. https://doi.org/10.1093/femsre/fux007.

Grand View Research. »Alcoholic Drinks Market Size, Share and Trends Analysis Report by Type (Beer, Spirits, Wine, Cider, Perry and Rice Wine, Hard Seltzer), by Distribution Channel, by Region, and Segment Forecasts, 2022–2028.« Letzte Änderung am 4. Juni 2022. www.grandviewresearch.com/industry-analysis/alcoholic-drinks-market-report.

IPCC. *Climate Change 2022: Synthesis Report. Contribution of Working Groups I, II and III to the Sixth Assessment Report of the Intergovernmental Panel on Climate Change.* Geneva, Switzerland: IPCC, 2022.

Llor, Carl, Lars Bjerrum. »Antimicrobial Resistance: Risk Associated with Antibiotic Overuse and Initiatives to Reduce the Problem.« *Thera-*

peutic Advances in Drug Safety 5, Nr. 6 (2014): 229–241. https://doi.org/10.1177/2042098614554919.

Lowy, Franklin D. »Antimicrobial Resistance: The Example of Staphylococcus aureus.« Journal of Clinical Investigation 111, Nr. 9 (2003): 1265–1273. https://doi.org/10.1172/JCI18535.

Manyi-Loh, Christy, Sampson Mamphweli, Edson Meyer, Anthony Okoh. »Antibiotic Use in Agriculture and Its Consequential Resistance in Environmental Sources: Potential Public Health Implications.« Molecules 23, Nr. 4 (2018): 795. https://doi.org/10.3390/molecules23040795.

Omulo, Sylvia, Samuel M. Thumbi, M. Kariuki Njenga, Douglas R. Call. »A Review of 40 Years of Enteric Antimicrobial Resistance Research in Eastern Africa: What Can Be Done Better?« Antimicrobial Resistance and Infection Control 4, Nr. 1 (2015). https://doi.org/10.1186/s13756-014-0041-4.

Taveira, Iasmin Cartaxo, Karoline Maria Vieira Nogueira, Débora Lemos Gadelha De Oliveira, Roberto Do Nascimento Silva. »Fermentation: Humanity's Oldest Biotechnological Tool.« Frontiers for Young Minds 9 (2021): 568 656. https://doi.org/10.3389/frym.2021.568656.

GRUND NR. 10

Bostrom, Nick. »Ethical Issues in Advanced Artificial Intelligence.« Zuletzt geändert am 1. Juni 2022. https://nickbostrom.com/ethics/ai.

Bostrom, Nick. Superintelligence: Paths, Dangers, Strategies. Oxford: Oxford University Press.

Hern, Alex. »Experts Including Elon Musk Call for Research to Avoid AI ›Pitfalls.‹« The Guardian. 12. Januar 2015. www.theguardian.com/technology/2015/jan/12/elon-musk-ai-artificial-intelligence-pitfalls.

NOVA. »What's the Next Big Thing?« Zuletzt geändert am 13. Mai 2022. www.pbs.org/wgbh/nova/video/whats-the-next-big-thing/.

Schwartz, Oscar. »In 2016, Microsoft's Racist Chatbot Revealed the Dangers of Online Conversation.« IEEE Spectrum. 25. November 2019. https://spectrum.ieee.org/in-2016-microsofts-racist-chatbot-revealed-the-dangers-of-online-conversation.

Turing, Alan M. »I.—Computing Machinery and Intelligence.« Mind 59, Nr. 236 (195): 433–460. https://doi.org/10.1093/mind/LIX.236.433.

GRUND NR. 11

Blanchett, Amy, Laurie Abadie. »Space Radiation Is Risky Business for the Human Body.« NASA. Zuletzt geändert am 16. August 2018. www.nasa.gov/feature/space-radiation-is-risky-business-for-the-human-body.

Chakraborty, Ranjani, Melissa Hirsch. »The Biggest Radioactive Spill in U.S. History Never Ended.« Vox, 13. Oktober 2020. www.vox.com/21514587/navajo-nation-new-mexico-radioactive-uranium-spill.

Cucinotta, Francis A., Marco Durante. »Cancer Risk from Exposure to Galactic Cosmic Rays: Implications for Space Exploration by Human Beings.« Lancet Oncology 7, Nr. 5 (2006): 431–435. https://doi.org/10.1016/S1470-2045(06)70695-7.

Goldsmith, R., J. D. Boice Jr., Z. Hrubec, P. E. Hurwitz, T. E. Goff, J. Wilson. »Mortality and Career Radiation Doses for Workers at a Commercial Nuclear Power Plant: Feasibility Study.« Health Physics 56, Nr. 2 (1989): 139–150. https://doi.org/10.1097/00004032-198902000-00001.

Hahn, Trish. »I Fell on It: Tales from the Dirt Track.« Interview von Byrne LaGinestra und Wade Fariclough. Sci-gasm. Podcast. 18. April 2019. https://omny.fm/shows/sci-gasm/i-fell-on-it-tales-from-the-dirt-track.

ICRP. »The 2007 Recommendations of the International Commission on Radiological Protection.« ICRP Publication 103. Annals of the ICRP 37 (2007): 2–4.

Lee, Stan, Jack Kirby. The Incredible Hulk. New York: Marvel Comics, 1963.

Lundin, Frank E. Jr., William J. Lloyd, Elizabeth M. Smith. »Mortality of Uranium Miners in Relation to Radiation Exposure, Hard-Rock Mining and Cigarette Smoking—1950 through September 1967.« Health Physics 16, Nr. 5 (1969): 571–578. https://doi.org/10.1097/00004032-196905000-00004.

Matanoski G. M., R. Seltser, P. E. Sartwell, E. L. Diamond, E. A. Elliott. »The Current Mortality Rates of Radiologists and Other Physician Specialists: Specific Causes of Death.« American Journal of Epidemiology 101, Nr. 3 (1975): 199–210. https://doi.org/10.1093/oxfordjournals.aje.a112087.

Matthews, Natalie H., Wen-Qing Li, Abrar A. Qureshi, Martin A. Weinstock, Eunyoung Choo. »Epidemiology of Melanoma.« In Cutaneous Melanoma: Etiology and Therapy, herausgegeben von William H. Ward und Jeffrey M. Farma. Brisbane: Codon Publications, 2017. https://doi.org/10.15586/codon.cutaneousmelanoma.2017.ch1.

Mohler, Stanley R. »Galactic Radiation Exposure during Commercial Flights: Is There a Risk?« Canadian Medical Association Journal 168, Nr. 9 (2003): 1157–1158.

Moore, Kate. The Radium Girls: The Dark Story of America's Shining Women. Naperville, IL: Sourcebooks, 2017.

Papastefanou, C. »Radiation Dose from Cigarette Tobacco.« Radiation Protection Dosimetry 123, Nr. 1 (2007): 68–73. https://doi.org/10.1093/rpd/ncl033.

United States Nuclear Regulatory Commission. »High Radiation Doses.« Zuletzt geändert am 20. März 2020. www.nrc.gov/about-nrc/radiation/health-effects/high-rad-doses.html.

GRUND NR. 12

Abumrad, Nada A. »CD36 May Determine Our Desire for Dietary Fats.« *Journal of Clinical Investigation* 115, Nr. 11 (2005): 2965–2967. https://doi.org/10.1172/jci26955.

Forouhi, Nita G., Nigel Unwin. »Global Diet and Health: Old Questions, Fresh Evidence, and New Horizons.« *The Lancet* 393, Nr. 10184 (2019): 1916–1918. https://doi.org/10.1016/S0140-6736(19)30500-8.

GBD 2017 Diet Collaborators. »Health Effects of Dietary Risks in 195 Countries, 1990–2017: A Systematic Analysis for the Global Burden of Disease Study 2017.« *The Lancet* 393, Nr. 10184 (2019): 1958–1972. https://doi.org/10.1016/S0140-6736(19)30041-8.

Hewings-Martin, Yella. »This Is How Taste Keeps Us Safe.« *Medical News Today*. 10. August 2017. www.medicalnewstoday.com/articles/318874.

Keller, Kathleen L., Lisa C. H. Liang, Johannah Sakimura, Daniel May, Christopher van Belle, Cameron Breen, Elissa Driggin et al. »Common Variants in the CD36 Gene Are Associated with Oral Fat Perception, Fat Preferences, and Obesity in African Americans.« *Obesity* 20, Nr. 5 (2012): 1066–1073. https://doi.org/10.1038/oby.2011.374.

Li, Feng. »Taste Perception: From the Tongue to the Testis.« *Molecular Human Reproduction* 19, Nr. 6 (2013): 349–360. https://doi.org/10.1093/molehr/gat009.

Moffat, Tina, Shanti Morell-Hart. »How the Mediterranean Diet Became No. 1—and Why That's a Problem.« *The Conversation*. 24. Februar 2020. https://theconversation.com/how-the-mediterranean-diet-became-no-1-and-why-thats-a-problem-131771.

Roxby, Philippa. »What Leonardo Taught Us about the Heart.« BBC News. 28. Juni 2014. www.bbc.com/news/health-28054468.

Running, Cordelia A., Bruce A. Craig, Richard D. Mattes. »Oleogustus: The Unique Taste of Fat.« *Chemical Senses* 40, Nr. 7 (2015): 507–516. https://doi.org/10.1093/chemse/bjv036.

GRUND NR. 13

Goronzy, Jörg J., Cornelia M. Weyand. »Immune Aging and Autoimmunity.« *Cellular and Molecular Life Sciences* 69 (2012): 1615–1623. https://doi.org/10.1007/s00018-012-0970-0.

Hayter, Scott M., Matthew C. Cook. »Updated Assessment of the Prevalence, Spectrum and Case Definition of Autoimmune Disease.« *Autoimmunity Reviews* 11, Nr. 10 (2012): 754–765. https://doi.org/10.1016/j.autrev.2012.02.001.

Hepworth, Matthew R., Laurel A. Monticelli, Thomas C. Fung, Carly G. K. Ziegler, Stephanie Grunberg, Rohini Sinha, Adriena R. Mantegazza et al. »Innate Lymphoid Cells Regulate CD4 T-cell Responses to Intestinal Commensal Bacteria.« *Nature* 498 (2013): 113–117. https://doi.org/10.1038/nature12240.

Orbai, Ana-Maria. »What Are Common Symptoms of Autoimmune Disease?« Johns Hopkins Medicine. Zuletzt geändert am 26. September 2022. www.hopkinsmedicine.org/health/wellness-and-prevention/what-are-common-symptoms-of-autoimmune-disease.

Watson, Stephanie. »Autoimmune Diseases: Types, Symptoms, Causes, and More.« Healthline. Zuletzt geändert am 15. Juli 2022. www.healthline.com/health/autoimmune-disorders.

GRUND NR. 14

Aubert, Geraldine, Peter M. Lansdorp. »Telomeres and Aging.« *Physiological Reviews* 88, Nr. 2 (2008): 557–579. https://doi.org/10.1152/physrev.00026.2007.

Bartels, Meike. »Genetics of Wellbeing and Its Components Satisfaction with Life, Happiness, and Quality of Life: A Review and Meta-analysis of Heritability Studies.« *Behavior Genetics* 45, Nr. 2: 137–156. https://doi.org/10.1007/s10519-015-9713-y.

Chetty, Raj, Michael Stepner, Sarah Abraham, Shelby Lin, Benjamin Scuderi, Nicholas Turner, Augustin Bergeron et al. »The Association Between Income and Life Expectancy in the United States, 2001–2014.« *JAMA* 315, Nr. 16 (2016): 1750–1766. https://doi.org/10.1001/jama.2016.4226.

Edenberg, Howard J., Tatiana Foroud. »Genetics and Alcoholism.« *Nature Reviews Gastroenterology & Hepatology* 10, Nr. 8 (2013): 487–494. https://doi.org/10.1038/nrgastro.2013.86.

Fan, Yuxin, Elena Linardopoulou, Cynthia Friedman, Eleanor Williams, Barbara J. Trask. »Genomic Structure and Evolution of the Ancestral Chromosome Fusion Site in 2q13–2q14.1 and Paralogous Regions on Other Human Chromosomes.« *Genome Research* 12, Nr. 11 (2002): 1651–1662. https://doi.org/10.1101/gr.337602.

Haldeman-Englert, Chad, Donna Freeborn, Raymond Kent Turley. o. J. »Autosomal Recessive: Cystic Fibrosis, Sickle Cell Anemia, Tay Sachs Disease—Health Encyclopedia.« University of Rochester Medical Center. Zuletzt geändert am 1. Juli 2022. www.urmc.rochester.

edu/encyclopedia/content.aspx?ContentID=P02142&ContentTypeID=90#:~:text=Sickle%20cell%20anemia%20is%20another.

Learn.Genetics. »Are Telomeres the Key to Aging and Cancer.« o. J. Zuletzt geändert am 9. Oktober 2022. https://learn.genetics.utah.edu/content/basics/telomeres/#:~:text=Cawthon.

National Library of Medicine—Profiles in Science. »The Discovery of the Double Helix, 1951–1953.« Zuletzt geändert am 14. Februar 2022. https://profiles.nlm.nih.gov/spotlight/sc/feature/doublehelix.

GRUND NR. 15

Bruce-Keller, Annadora J., J. Michael Salbaum, Hans-Rudolf Berthoud. »Harnessing Gut Microbes for Mental Health: Getting from Here to There.« *Biological Psychiatry* 83, Nr. 3 (2018): 214–223. https://doi.org/10.1016/j.biopsych.2017.08.014.

Kaneda, Toshiko, Carl Haub. »How Many People Have Ever Lived on Earth?« Population Reference Bureau. Zuletzt geändert am 8. November 2022. www.prb.org/articles/how-many-people-have-ever-lived-on-earth/.

Schloss, Patrick D., Jo Handelsman. »Status of the Microbial Census.« *Microbiology and Molecular Biology Reviews* 68, Nr. 4 (2004): 686–691. https://doi.org/10.1128/MMBR.68.4.686-691.2004.

Sender, Ron, Shai Fuchs, Ron Milo. »Revised Estimates for the Number of Human and Bacteria Cells in the Body.« *PLOS Biology* 14, Nr. 8 (2016): 1–14. https://doi.org/10.1371/journal.pbio.1002533.

Spyrou, Maria A. et al. »The Source of the Black Death in Fourteenth-Century Central Eurasia.« *Nature* 606, Nr. 7915 (2022): 718–724. https://doi.org/10.1038/s41586-022-04800-3.

Von Wintersdorff, Christian J. et al. »Dissemination of Antimicrobial Resistance in Microbial Ecosystems through Horizontal Gene Transfer.« *Frontiers in Microbiology* 7 (2016): 173. https://doi.org/10.3389/fmicb.2016.00173.

GRUND NR. 16

Amazonas, Diana R. et al. »Molecular Mechanisms Underlying Intraspecific Variation in Snake Venom.« *Journal of Proteomics* 181 (2018): 60–72. https://doi.org/10.1016/j.jprot.2018.03.032.

Barazzone, Constance et al. »Oxygen Toxicity in Mouse Lung: Pathways to Cell Death.« *American Journal of Respiratory Cell and Molecular Biology* 19, Nr. 4 (1998): 573–581. https://doi.org/10.1165/ajrcmb.19.4.3173.

Bloch, Harry. »Poisons and Poisoning: Implication of Physicians with Man and Nations.« *Journal of the National Medical Association* 79, Nr. 7 (1987): 761–764. www.ncbi.nlm.nih.gov/pmc/articles/PMC2625561/pdf/jnma00922-0097.pdf.

Centers for Disease Control and Prevention. »Facts about Cyanide.« o. J. Zuletzt geändert am 4. April 2018. https://emergency.cdc.gov/agent/cyanide/basics/facts.asp.

Clarke, Suzan, Rich McHugh. »Jury Rules against Radio Station after Water-Drinking Contest Kills Calif. Mom.« ABC News. 2. November 2009. https://abcnews.go.com/GMA/jury-rules-radio-station-jennifer-strange-water-drinking/story?id=8970712.

Cotton, Simon. »Handle with Care—The World's Five Deadliest Poisons.« *The Conversation*. 12. April 2016. https://theconversation.com/handle-with-care-the-worlds-five-deadliest-poisons-56089.

Mach, William J. et al. »Consequences of Hyperoxia and the Toxicity of Oxygen in the Lung.« *Nursing Research and Practice* 2011. https://doi.org/10.1155/2011/260482.

GRUND NR. 17

Cooper, Geoffrey M. »The Origin and Evolution of Cells.« In *The Cell: A Molecular Approach*, 2. Auflage. Sunderland, MA: Sinauer Associates, 2000. www.ncbi.nlm.nih.gov/books/NBK9841/.

Englar, Ryane E. »Spines along the Feline Penis.« In *Common Clinical Presentations in Dogs and Cats*, herausgegeben von Ryane E. Englar. New York: John Wiley & Sons, 2019. https://doi.org/10.1002/9781119414612.

Fisher, Diana O. et al. »Sperm Competition Drives the Evolution of Suicidal Reproduction in Mammals.« *Proceedings of the National Academy of Sciences* 110, Nr. 44 (2013): 17910–17914. https://doi.org/10.1073/pnas.1310691110.

Girard, Madeline B. et al. »Female Preference for Multi-modal Courtship: Multiple Signals Are Important for Male Mating Success in Peacock Spiders.« *Proceedings of the Royal Society B: Biological Sciences* 282, Nr. 1820 (2015): 20 152 222. https://doi.org/10.1098/rspb.2015.2222.

Kristan, William B. »Early Evolution of Neurons.« *Current Biology* 26, Nr. 20 (2016): R949–R954. https://doi.org/10.1016/j.cub.2016.05.030.

Morrow, Edward H., Göran Arnqvist. »Costly Traumatic Insemination and a Female Counter-adaptation in Bed Bugs.« *Proceedings of the Royal Society of London. Series B: Biological Sciences* 270, Nr. 1531 (2003): 2377–2381. https://doi.org/10.1098/rspb.2003.2514.

Naylor, Ryan, Samantha J. Richardson, Bronwyn M. McAllan. »Boom and Bust: A Review of the Physiology of the Marsupial Genus Antechinus.«

Journal of Comparative Physiology B 178, Nr. 5 (2008): 545–562. https://doi.org/10.1007/s00360-007-0250-8.

GRUND NR. 18

Eckhardt, William. »Probability Theory and the Doomsday Argument.« *Mind* 102, Nr. 407 (1993): 483–488. https://doi.org/10.1093/mind/102.407.483.

Gott, J. Richard. »Implications of the Copernican Principle for Our Future Prospects.« *Nature* 363: 315–319. https://doi.org/10.1038/363315a0.

Richmond, Alasdair. »The Doomsday Argument.« *Philosophical Books* 47, Nr. 2 (2006): 129–142. https://doi.org/10.1111/j.1468-0149.2006.00392.x.

United Nations. »World Population Prospects 2022.« Zuletzt geändert am 29. September 2022. https://population.un.org/wpp/.

GRUND NR. 19

Australian Institute of Health and Welfare. »Venomous Bites and Stings, 2017–18.« Australian Government 2021. Zuletzt geändert am 9. März 2021. www.aihw.gov.au/getmedia/78b416bf-0250-4368-89d6-81e2d9f32528/aihw-injcat-215.pdf.aspx.

Berns, Gregory S., Andrew M. Brooks, Mark Spivak. »Functional MRI in Awake Unrestrained Dogs.« *PLOS One* 7, Nr. 5 (2012): e38027. https://doi.org/10.1371/journal.pone.0038027.

Centers for Disease Control and Prevention. »Nonfatal Dog Bite-Related Injuries Treated in Hospital Emergency Departments—United States, 2001.« *Morbidity and Mortality Weekly Report* 52, Nr. 26 (2003): 605–610. www.cdc.gov/mmwr/preview/mmwrhtml/mm5226a1.htm.

Growth from Knowledge. »Man's Best Friend: Global Pet Ownership and Feeding Trends.« 11. November 2016, zuletzt geändert am 6. Mai 2022. www.gfk.com/insights/mans-best-friend-global-pet-ownership-and-feeding-trends.

Hui Gan, Genieve Z. et al. »Pet Ownership and Its Influence on Mental Health in Older Adults.« *Aging & Mental Health* 24, Nr. 10 (2020): 1605–1612. https://doi.org/10.1080/13607863.2019.1633620.

Johnson, Murray. »›Feathered Foes‹: Soldier Settlers and Western Australia's ›Emu War‹ of 1932.« *Journal of Australian Studies* 30, Nr. 88 (2006): 147–157. https://doi.org/10.1080/14443050609388083.

Jones, Kate E. et al. »Global Trends in Emerging Infectious Diseases.« *Nature* 451, Nr. 7181 (2008): 990–993. https://doi.org/10.1038/nature06536.

Karl, Sabrina et al. »Exploring the Dog-Human Relationship by Combining f MRI, Eye-Tracking and Behavioral Measures.« *Scientific Reports* 10, Nr. 1 (2003): 1–15. https://doi.org/10.1038/s41598-020-79247-5.

Mubanga, Mwenya et al. »Dog Ownership and Survival after a Major Cardiovascular Event: A Register-Based Prospective Study.« *Circulation: Cardiovascular Quality and Outcomes* 12, Nr. 10 (2019): e005342. https://doi.org/10.1161/CIRCOUTCOMES.118.005342.

National Institutes of Health. »Infectious Disease Emergence: Past, Present, and Future.« In *Microbial Evolution and Co-Adaptation: A Tribute to the Life and Scientific Legacies of Joshua Lederberg: Workshop Summary*. Washington, D.C.: National Academies Press, 2009. www.ncbi.nlm.nih.gov/books/NBK45714/.

Newgate Research. »Pets in Australia: A National Survey of Pets and People.« Animal Medicines Australia. Zuletzt geändert am 21. Oktober 2022. https://animalmedicinesaustralia.org.au/wp-content/uploads/2019/10/ANIM001-Pet-Survey-Report19_v1.7_WEB_high-res.pdf.

Tuckel, Peter S., William Milczarski. »The Changing Epidemiology of Dog Bite Injuries in the United States, 2005–2018.« *Injury Epidemiology* 7, Nr. 1 (2020): 57. https://doi.org/10.1186/s40621-020-00281-y.

Wanshel, Elyse. »Who Loves Their Humans More—Cats or Dogs? Here's the Answer.« *Huff Post*. 1. Februar 2016, zuletzt geändert am 12. März 2016. www.huffpost.com/entry/cat-vs-dog-who-loves-humans-more_n_56af85a4e4b077d4fe8ed1ed.

GRUND NR. 20

Geller, Robert J. »Earthquake Prediction: A Critical Review.« *Geophysical Journal International* 131, Nr. 3 (1997): 425–450, https://doi.org/10.1111/j.1365-246X.1997.tb06588.x.

Kanamori, Hiroo. »Earthquake Prediction: An Overview.« *International Geophysics* 81, Teil B (2003): 1205–1216. https://doi.org/10.1016/S0074-6142(03)80186-9.

GRUND NR. 21

Bye, Bente L. »Volcanic Eruptions: Science and Risk Management.« Science 2.0. 27. Mai 2011. Zuletzt geändert am 4. November 2022. www.science20.com/planetbye/volcanic_eruptions_science_and_risk_management-79456.

Ferracane, Jessica. »Visitation to Hawai'i Volcanoes National Park Creates $94.1 Million in Economic Benefits.« National Parks Service. 24. Mai 2019. www.nps.gov/havo/learn/news/20190524_hvnpeconbenefits.htm.

Gibbons, Ann. »Pleistocene Population Explosions: A Controversial Method of Reconstructing Prehistorical Populations Indicates That Separate Modern Human Groups – and Not a Single Group from Africa – Suddenly Expanded about 50,000 Years Ago.« *Science* 262, Nr. 5130 (1993): 27–28. https://doi.org/10.1126/science.262.5130.27.

Green, Theodore, Paul R. Renne und C. Brenhin Keller. »Continental Flood Basalts Drive Phanerozoic Extinctions.« *Proceedings of the National Academy of Sciences* 119, Nr. 38 (2022): e2120441119. https://doi.org/10.1073/pnas.2120441119.

Grisham, Lori. »›I'm Going to Stay Right Here.‹ Lives Lost in Mount St. Helens Eruption.« *USA Today*. 17. Mai 2015. www.usatoday.com/story/news/nation-now/2015/05/17/mount-st-helens-people-stayed/27311467/.

Mastin, Larry G., Alexa R. Van Eaton, Jacob B. Lowenstern. »Modeling Ash Fall Distribution from a Yellowstone Supereruption.« *Geochemistry, Geophysics, Geosystems* 15, Nr. 8 (2014): 3459–3475. https://doi.org/10.1002/2014GC005469.

Rampino, Michael R., Stephen Self. »Climate-Volcanism Feedback and the Toba Eruption of 74,000 Years Ago.« *Quaternary Research* 40, Nr. 3 (1993): 269–280. https://doi.org/10.1006/qres.1993.1081.

Warthin, Morgan. »Tourism to Yellowstone Creates $560 Million in Economic Benefits.« *National Parks Service*. 15. Juni 2021. www.nps.gov/yell/learn/news/21016.htm.

GRUND NR. 22

Chaudhary, Chhaya, Mark J. Costello. »Species Richness Decreases with Depth in the Ocean.« *Deep-Sea Life* 10 (2017): 11–12.

Costello, Mark J., Chhaya Chaudhary. »Marine Biodiversity, Biogeography, Deep-Sea Gradients, and Conservation.« *Current Biology* 27, Nr. 11 (2017): R511–R527. https://doi.org/10.1016/j.cub.2017.04.060.

Earle, Steven. »The Temperature of Earth's Interior.« In *Physical Geography*, 2. Aufl., herausgegeben von Steven Earle. BC Campus OpenEd. 2019. https://opentextbc.ca/geology/chapter/9-2-the-temperature-of-earths-interior/.

Kidder, Stanley Q., Thomas H. Vonder Haar. »Winds.« In *Satellite Meteorology*, herausgegeben von Stanley Q. Kidder und Thomas H. Vonder Haar. Cambridge, MA: Academic Press, 1995, 233–258. https://doi.org/10.1016/B978-0-08-057200-0.50011-0.

Newcastle University. »New Species Discovered in the Ultra Deep.« Newcastle University. 10. September 2018. www.ncl.ac.uk/press/articles/archive/2018/09/threenewspecies/.

GRUND NR. 23

Associated Press. »Local Officials Nearly Fall for H_2O Hoax.« NBC News. 16. März 2004. www.nbcnews.com/id/wbna4534017.

Gnad, Megan. »MP Tries to Ban Water.« NZ Herald. 14. September 2007. www.nzherald.co.nz/nz/mp-tries-to-ban-water/XM4GJ7XG3WC4AN-BIFP2IVFNANE/?c_id=1&objectid=10463579.

New Zealand National Party. »Greens Support Ban on Water!« Scoop Independent News. 25. Oktober 2001. www.scoop.co.nz/stories/PA0110/S00440.htm.

Treacy, Josephine. »Drinking Water Treatment and Challenges in Developing Countries.« In The Relevance of Hygiene to Health in Developing Countries, herausgegeben von Natasha Potgieter und Afsatou Ndama Traore Hoffman. London: InTech Open, 2019, 55–77. https://doi.org/10.5772/intechopen.80780.

Weeks, W. F., W. Campbell. »Icebergs as a Fresh-Water Source: An Appraisal.« Journal of Glaciology 12, Nr. 65 (1973): 207–233. https://doi.org/10.3189/S0022143000032044.

GRUND NR. 24

Benton, Michael J. »Palaeontological Data and Identifying Mass Extinctions.« Trends in Ecology & Evolution 9, Nr. 5 (1994): 181–185. https://doi.org/10.1016/0169-5347(94)90083-3.

Berkner, L. V., L. C. Marshall. »On the Origin and Rise of Oxygen Concentration in the Earth's Atmosphere.« Journal of Atmospheric Sciences 22, Nr. 3 (1965): 225–261. https://doi.org/10.1175/1520-0469(1965)022<0225:OTOARO>2.0.CO;2.

Darwin, Charles, Leonard Kebler. On the Origin of Species by Means of Natural Selection, or The Preservation of Favored Races in the Struggle for Life. London: John Murray, 1869.

Goodenough, Anne E., Natasha Little, William S. Carpenter, Adam G. Hart. »Birds of a Feather Flock Together: Insights into Starling Murmuration Behavior Revealed Using Citizen Science.« PLOS One 12, Nr. 6 (2017): e0179277. https://doi.org/10.1371/journal.pone.0179277.

Hamer, Ashley. »99 Percent of the Earth's Species Are Extinct – But That's Not the Worst of It.« Discovery. 1. August 2019. www.discovery.com/nature/99-Percent-Of-The-Earths-Species-Are-Extinct.

Hedges, S. Blair. »The Origin and Evolution of Model Organisms.« Nature Reviews Genetics 3, Nr. 11 (2002): 838–849. https://doi.org/10.1038/nrg929.

Poynton, Howard. »Pondering Petrichor: The Smell of Rain: How CSIRO Invented a New Word.« Chemistry in Australia, September 2015: 34–35. https://search.informit.org/doi/10.3316/informit.464822231422788.

Raup, David M., J. John Sepkoski Jr. »Mass Extinctions in the Marine Fossil Record.« *Science* 215, Nr. 4539 (1982): 1501–1503. https://doi.org/10.1126/science.215.4539.1501.

GRUND NR. 25

Abe, Y. »A Proto-atmosphere and the Environment of the Earth During Accretion.« *American Geophysical Union*, Dezember 2001. https://ui.adsabs.harvard.edu/abs/2001AGUFM.U51A..09A/abstract.

Björn, Lars Olof, Govindjee. »The Evolution of Photosynthesis and Its Environmental Impact.« In *Photobiology*, herausgegeben von Lars Olof Björn. New York: Springer, 2008. https://doi.org/10.1007/978-0-387-72655-7_12.

Cardona, Tanai, A. William Rutherford. »Evolution of Photochemical Reaction Centers: More Twists?« *Trends in Plant Science* 24, Nr. 11 (2019): 1008–1021. https://doi.org/10.1016/j.tplants.2019.06.016.

He, Tianchen, Maoyan Zhu, Benjamin J. W. Mills, Peter M. Wynn, Andrey Yu. Zhuravlev, Rosalie Tostevin, Philip A.E. Pogge von Strandmann et al. »Possible Links between Extreme Oxygen Perturbations and the Cambrian Radiation of Animals.« *Nature Geoscience* 12, Nr. 6 (2019): 468–474. https://doi.org/10.1038/s41561-019-0357-z.

Kopp, Robert E., Joseph L. Kirschvink, Isaac A. Hilburn, Cody Z. Nash. »The Paleoproterozoic Snowball Earth: A Climate Disaster Triggered by the evolution of Oxygenic Photosynthesis.« *Proceedings of the National Academy of Sciences* 102, Nr. 32 (2005): 11131–11136. https://doi.org/10.1073/pnas.0504878102.

Olson, Kenneth R., Karl D. Straub. »The Role of Hydrogen Sulfide in Evolution and the Evolution of Hydrogen Sulfide in Metabolism and Signaling.« *Physiology* 31, Nr. 1 (2016): 60–72. https://doi.org/10.1152/physiol.00024.2015.

Orme, A. R. »Early Earth.« ScienceDirect. Zuletzt geändert am 17. April 2022. www.sciencedirect.com/topics/earth-and-planetary-sciences/early-earth.

Plain, Charlie. »NASA Finds Evidence Two Early Planets Collided to Form Moon.« NASA. Zuletzt geändert am 17. September 2020. www.nasa.gov/feature/nasa-finds-evidence-two-early-planets-collided-to-form-moon.

Smithsonian. »A Collection of Cambrian Fossils.« Zuletzt geändert am 1. November 2022, https://ocean.si.edu/through-time/ancient-seas/collection-cambrian-fossils.

Wolpert, Stuart. »Moon Was Produced by a Head-on Collision between Earth and a Forming Planet.« UCLA. 28. Januar 2016. https://newsroom.ucla.edu/releases/moon-was-produced-by-a-head-on-collision-between-earth-and-a-forming-planet.

Zahnle, Kevin, Laura Schaefer, Bruce Fegley. »Earth's Earliest Atmospheres.« *Cold Spring Harbor Perspectives in Biology* 2, Nr. 10 (2010): a004895. https://doi.org/10.1101/cshperspect.a004895.

GRUND NR. 26

Fernández, Lucia Ayala, Carsten Wiedemann, Vitali Braun. »Analysis of Space Launch Vehicle Failures and Post-Mission Disposal Statistics.« *Aerotecnica Missili & Spazio* 2022. https://doi.org/10.1007/s42496-022-00118-5.

Gant, Phylindia, Amy J. Williams. »Could People Breathe the Air on Mars?« *The Conversation*. 16. Mai 2022. https://theconversation.com/could-people-breathe-the-air-on-mars-180504.

IMDb. »A Trip to Mars.« Zuletzt geändert am 28. Oktober 2022. www.imdb.com/title/tt0008100/.

James, Chris. »How to Get People from Earth to Mars and Safely Back Again.« *The Conversation*. 20. Dezember 2020. https://theconversation.com/how-to-get-people-from-earth-to-mars-and-safely-back-again-150167.

NASA. »How Long Would a Trip to Mars Take?« Zuletzt geändert am 4. April 2022. https://image.gsfc.nasa.gov/poetry/venus/q2811.html.

NASA. »Mars Climate Orbiter.« NASA Solar System Exploration. Zuletzt geändert am 25. Juli 2019. https://solarsystem.nasa.gov/missions/mars-climate-orbiter/in-depth/.

NASA. »Mars Exploration Program.« NASA Science. Zuletzt geändert am 13. Januar 2022. https://mars.nasa.gov/.

Newman, Dava J. »Life in Extreme Environments: How Will Humans Perform on Mars?« *Gravitational and Space Biology* 12, Nr. 2 (2007): 35. http://gravitationalandspaceresearch.org/index.php/journal/article/view/243/242.

Ojha, Lujendra, Mary Beth Wilhelm, Scott L. Murchie, Alfred S. McEwen, James J. Wray, Jennifer Hanley, Marion Massé et al. »Spectral Evidence for Hydrated Salts in Recurring Slope Lineae on Mars.« *Nature Geoscience* 8 (2015): 829–832. https://doi.org/10.1038/ngeo2546.

Sheetz, Michael. »Elon Musk Is ›Highly Confident‹ SpaceX Will Land Humans on Mars by 2026.« CNBC. 1. Dezember 2020. www.cnbc.com/2020/12/01/elon-musk-highly-confident-spacex-will-land-humans-on-mars-by-2026.html.

Welch, Richard, Daniel Limonadi, Robert Manning. »Systems Engineering the Curiosity Rover: A Retrospective.« *2013 8th International Conference* on System of Systems Engineering (2013): 70–75. https://doi.org/10.1109/sysose.2013.6575245.

Yamashita, Masamichi, Yoji Ishikawa, Yoshiaki Kitaya, Eiji Goto, Mayumi Arai, Hirofumi Hashimoto, Kaori Tomita-Yokotani et al. »An Overview of Challenges in Modeling Heat and Mass Transfer for Living on Mars.« *Annals of the New York Academy of Sciences* 1077, Nr. 1 (2006): 232–243, https://doi.org/10.1196/annals.1362.012.

GRUND NR. 27

Alekhova, T. A., L. M. Zakharchuk, N. Y. Tatarinova, V. V. Kadnikov, A. V. Mardanov, N. V. Ravin, K. G. Skryabin. »Diversity of Bacteria of the Genus Bacillus on Board of International Space Station.« *Doklady Biochemistry and Biophysics* 465, Nr. 1 (2015): 347–350. https://doi.org/10.1134/s1607672915060010.

Bishop, Forrest. »Open Air Space Habitats.« Institute of Atomic-Scale Engineering, 1997. Zuletzt geändert am 25. Juli 2018. www.iase.cc/openair.htm.

Demontis, Gian C., Marco M. Germani, Enrico G. Caiani, Ivana Barravecchia, Claudio Passino, Debora Angeloni. »Human Pathophysiological Adaptations to the Space Environment.« *Frontiers in Physiology* 8 (2017): 547. https://doi.org/10.3389/fphys.2017.00547.

Ferl, Jinny, L. Hewes, D. Cadogan, David Graziosi, Keith Splawn. »System Considerations for an Exploration Spacesuit Upper Torso Architecture.« *SAE Technical Paper* (2006): https://doi.org/10.4271/2006-01-2141.

Fisher, Nick. »Space Science 2001: Some Problems with Artificial Gravity.« *Physics Education* 36, Nr. 3 (2001): 193–201. https://doi.org/10.1088/0031-9120/36/3/303.

Starr, Michelle. »What Happens to the Unprotected Human Body in Space?« CNET. 27. Juli 2014. www.cnet.com/culture/what-happens-to-the-unprotected-human-body-in-space/.

Vernikos, J., V. S. Schneider. »Space, Gravity and the Physiology of Aging: Parallel or Convergent Disciplines? A Mini-review.« *Gerontology* 56, Nr. 2 (2010): 157–166. https://doi.org/10.1159/000252852.

Williams, David, Andre Kuipers, Chiaki Mukai, Robert Thirsk. »Acclimation During Space Flight: Effects on Human Physiology.« *Canadian Medical Association Journal* 180, Nr. 13 (2009): 1317–1323. https://doi.org/10.1503/cmaj.090628.

Wilson, J. W., B. M. Anderson, F. A. Cucinotta, J. Ware, C. J. Zeitlin. »Spacesuit Radiation Shield Design Methods.« *SAE Transactions* 115, Nr. 1 (2006): 277–293. www.jstor.org/stable/44657683.

GRUND NR. 28

Baker, Daniel N., Roberta Balstad, Michael Bodeau. Eugene Cameron. *Severe Space Weather Events: Understanding Societal and Economic Impacts: A Workshop Report*. Washington, D.C.: National Academies Press, 2008. https://doi.org/10.17226/12507.

Chapman, S. C., R. B. Horne, N. W. Watkins. »Using the aa Index over the Last 14 Solar Cycles to Characterize Extreme Geomagnetic Activity.« *Geophysical Research Letters* 47, Nr. 3 (2020): e2019GL086524. https://doi.org/10.1029/2019GL086524.

Dyer, C. S., P. R. Truscott. »Cosmic Radiation Effects on Avionics.« *Microprocessors and Microsystems* 22, Nr. 8 (1999): 477–483. https://doi.org/10.1016/S0141-9331(98)00106-9.

Fujita, Moe, Tatsuhiko Sato, Susumu Saito, Yosuke Yamashiki. »Probabilistic Risk Assessment of Solar Particle Events Considering the Cost of Countermeasures to Reduce the Aviation Radiation Dose.« *Scientific Reports* 11, Nr. 1 (2021): 17091. https://doi.org/10.1038/s41598-021-95235-9.

Giegengack, Robert. »The Carrington Coronal Mass Ejection of 1859.« *Proceedings of the American Philosophical Society* 159, Nr. 4 (2015): 421–433. www.jstor.org/stable/26159195.

Hellerstedt, John. »February 2021 Winter Storm-Related Deaths – Texas.« Texas Department of State Health Services. 31. Dezember 2021. Zuletzt geändert am 13. Mai 2022. www.dshs.texas.gov/news/updates/SMOC_FebWinterStorm_MortalitySurvReport_12-30-21.pdf.

Kappenman, John, William Radasky. »Geomagnetic Field Impacts on Ground Systems.« In *Space Weather Effects and Applications*, herausgegeben von Anthea J. Coster, Philip J. Erikson, Louis J. Lanzerotti, Yongliang Zhang, Larry J. Paxton. Washington, D.C.: American Geophysical Union, 2021, 183–213. https://doi.org/10.1002/9781119815570.ch9.

Schieb, Pierre-Alain, Anita Gibson. »Geomagnetic Storms.« Office of Risk Management and Analysis, United States Department of Homeland Security. 14. Januar 2011. Zuletzt geändert am 25. April 2021. www.oecd.org/gov/risk/46891645.pdf.

Shibata, Kazunari, Hiroaki Isobe, Andrew Hillier, Arnab Rai Choudhuri, Hiroyuki Maehara, Takako T. Ishii, Takuya Shibayama et al. »Can Superflares Occur on Our Sun?« *Publications of the Astronomical Society of Japan* 65, Nr. 3 (2013): 49. https://doi.org/10.1093/pasj/65.3.49.

Yates, Athol. »Death Modes from a Loss of Energy Infrastructure Continuity in a Community Setting.« *Journal of Homeland Security and Emergency Management* 10, Nr. 2 (2013): 587–608. https://doi.org/10.1515/jhsem-2012-0048.

GRUND NR. 29

Costello, Mark J., Robert M. May, Nigel E. Stork. »Can We Name Earth's Species Before They Go Extinct?« *Science* 339, Nr. 6118 (2013): 413–416. https://doi.org/10.1126/science.1230318.

Lasher, Larry, John Dyer. »Pioneer Missions.« In *Encyclopedia of Astronomy & Astrophysics*, herausgegeben von P. Murdin. Boca Raton, FL: CRC Press, 2000, 1–4.

Lopez, Hugo. »The Protection of Cultural Heritage Sites on the Moon: The Poo Bags Paradox.« In *Protection of Cultural Heritage Sites on the Moon*, herausgegeben von Annette Froehlich. Cham, Schweiz: Springer, 2020, 131–143. https://doi.org/10.1007/978-3-030-38403-6_11.

Mayer, Larry, Martin Jakobsson, Graham Allen, Boris Dorschel, Robin Falconer, Vicki Ferrini, Geoffrey Lamarche et al. »The Nippon Foundation—GEBCO Seabed 2030 Project: The Quest to See the World's Oceans Completely Mapped by 2030.« *Geosciences* 8, Nr. 2 (2018): 63. https://doi.org/10.3390/geosciences8020063.

Schwieterman, Edward W., Nancy Y. Kiang, Mary N. Parenteau, Chester E. Harman, Shiladitya DasSarma, Thresa M. Fisher, Giad N. Arney et al. »Exoplanet Biosignatures: A Review of Remotely Detectable Signs of Life.« *Astrobiology* 18, Nr. 6 (2018): 663–708. https://doi.org/10.1089/ast.2017.1729.

Socas-Navarro, Hector, Jacob Haqq-Misra, Jason T. Wright, Ravi Kopparapu, James Benford, Ross Davis. »Concepts for Future Missions to Search for Technosignatures.« *Acta Astronautica* 182 (2021): 446–453. https://doi.org/10.1016/j.actaastro.2021.02.029.

Sparks, W. B., K. P. Hand, M. A. McGrath, E. Bergeron, M. Cracraft, S. E. Deustua. »Probing for Evidence of Plumes on Europa with HST/STIS.« *The Astrophysical Journal* 829, Nr. 2 (2016): 121. https://doi.org/10.3847/0004-637X/829/2/121.

GRUND NR. 30

Cox, T. J., Abraham Loeb. »The Collision between the Milky Way and Andromeda.« *Monthly Notices of the Royal Astronomical Society* 386, Nr. 1 (2008): 461–474. https://doi.org/10.1111/j.1365-2966.2008.13048.x.

Dar, Arnon, Ari Laor, Nir J. Shaviv. »Life Extinctions by Cosmic Ray Jets.« *Physical Review Letters* 80, Nr. 26: 5813–5816. https://doi.org/10.1103/PhysRevLett.80.5813.

Elvis, Martin. »A Structure for Quasars.« *The Astrophysical Journal* 545, Nr. 1 (2000): 63–76. https://doi.org/10.1086/317778.

Giommi, Paolo. »Multi-frequency, Multi-messenger Astrophysics with Swift. The Case of blazars.« *Journal of High Energy Astrophysics* 7 (2015): 173–179. https://doi.org/10.1016/j.jheap.2015.06.001.

Hardcastle, Torrie. »Texas Town Named Most Boring city in America.« *Houston Chronicle*, 29. September 2014. www.mysanantonio.com/homes/article/Texas-town-named-most-boring-city-in-America-5789043.php#photo-5300446.

NASA. »Spitzer Captures Messier 87.« NASA Jet Propulsion Laboratory. 25. April 2019. www.jpl.nasa.gov/images/pia23122-spitzer-captures-messier-87.

GRUND NR. 31

Al Kharusi, S., S. Y. Benzvi, J. S. Bobowski, W. Bonivento, V. Brdar, T. Brunnar, E. Caden et al. »SNEWS 2.0: A Next-Generation Supernova Early Warning System for Multi-messenger Astronomy.« *New Journal of Physics* 23 (2021): 031 201. https://doi.org/10.1088/1367-2630/abde33.

Cannon, Annie Jump, Edward Charles Pickering. »Classification of 1,688 Southern Stars by Means of Their Spectra.« *Annals of the Astronomical Observatory of Harvard College* 56, Nr. 5 (1912): 115. https://ui.adsabs.harvard.edu/abs/1912AnHar..56..115C.

Meynet, G., L. Haemmerlé, S. Ekström, C. Georgy, J. Groh, A. Maeder. »The Past and Future Evolution of a Star Like Betelgeuse.« *EAS Publications Series* 60 (2013): 17–28. https://doi.org/10.1051/eas/1360 002.

Tokovinin, A. A. »MSC – A Catalogue of Physical Multiple Stars.« *Astronomy and Astrophysics Supplement Series* 124, Nr. 1 (1997): 75. https://doi.org/10.1051/aas:1997181.

GRUND NR. 32

Alexander, Conel M.O'D, George W. Wetherill. »Meteor and Meteoroid.« Encyclopedia Britannica. Letzte Änderung am 27. September 2022. www.britannica.com/science/meteor.

Bostrom, Nick. »Existential Risks: Analyzing Human Extinction Scenarios and Related Hazards.« *Journal of Evolution and Technology* 9, Nr. 1 (2002). https://nickbostrom.com/existential/risks.

Dinosaurs: A Children's Encyclopedia, 2. Aufl. London: Dorling Kindersley Limited, 2019.

IMDb. »The Violent Past.« IMDb. Letzte Änderung am 28. Oktober 2022. www.imdb.com/title/tt2255057/.

NASA. »Discovery Statistics.« Center for Near Earth Object Studies. Letzte Änderung am 3. November 2022. https://cneos.jpl.nasa.gov/stats/site_140.html.

Pravec, Petr, Alan W. Harris, Peter Kušnirák, Adrián Galád, Kamil Hornoch. »Absolute Magnitudes of Asteroids and a Revision of Asteroid Albedo Estimates from WISE Thermal Observations.« Icarus 221, Nr. 1 (2012): 365–387, https://doi.org/10.1016/j.icaru s.2012.07.026.

GRUND NR. 33

Hoffman, Ashley. »Paul Rudd Reveals the Secret Behind Being an Ageless Baby-Faced Adult Man.« TIME. 25. März 2019. https://time.com/5558046/paul-rudd-age-clueless/.

Schröder, K.-P., Robert Connon Smith. »Distant Future of the Sun and Earth Revisited.« Monthly Notices of the Royal Astronomical Society 386, Nr. 1 (2008): 155–163. https://doi.org/10.1111/j.1365-2966.2008.13022.x.

Wolf, E. T., O. B. Toon. »Delayed Onset of Runaway and Moist Greenhouse Climates for Earth.« Geophysical Research Letters 41 (2013): 167–172. https://doi.org/10.1002/2013GL058376.

GRUND NR. 34

Novikov, Igor. »Black Holes.« In Stellar Remnants. Berlin: Springer, 1997. https://doi.org/10.1007/3-540-31628-0_3.

Pinochet, Jorge. »The Little Robot, Black Holes, and Spaghettification.« Physics Education 57, Nr. 4 (2022): 045 008. https://doi.org/10.1088/1361-6552/ac5727.

The Event Horizon Telescope Collaboration, Kazunori Akiyama, Antxon Alberdi, Walter Alef, Keiichi Asada, Rebecca Azulay, Anne-Kathrin Baczko et al. »First M87 Event Horizon Telescope Results. I. The Shadow of the Supermassive Black Hole.« The Astrophysical Journal Letters 875, Nr. 1 (2019): L1. https://doi.org/10.3847/2041-8213/ab0ec7.

GRUND NR. 35

Carnot, Sadi. Reflections on the Motive Power of Heat, herausgegeben von R. Henry Thurston. New York: J. Wiley & Sons, 1890. https://openlibrary.org/books/OL14037447M.

Thomson, Sir William. »On the Age of the Sun's Heat.« Macmillan's Magazine 5 (1862): 388–392.

GRUND NR. 36

Caldwell, Robert R., Marc Kamionkowski, Nevin N. Weinberg. »Phantom Energy: Dark Energy with w<−1 Causes a Cosmic Doomsday.« *Physical Review Letters* 91, Nr. 7 (2003): 071 301. https://doi.org/10.1103/PhysRevLett.91.071301.

Eicher, David J. »How Many Galaxies Are There? Astronomers Are Revealing the Enormity of the Universe.« *Discover*, 19. Mai 2020. www.discovermagazine.com/the-sciences/how-many-galaxies-are-there-astronomers-are-revealing-the-enormity-of-the.

GRUND NR. 37

Madsen, Jes. »Physics and Astrophysics of Strange Quark Matter.« In *Hadrons in Dense Matter and Hadrosynthesis*, herausgegeben von J. Cleymans, H. B. Geyer, F. G. Scholz. Berlin: Springer. https://doi.org/10.1007/BFb0107314.

Weber, F. »Strange Quark Matter and Compact Stars.« *Progress in Particle and Nuclear Physics* 54, Nr. 1 (2005): 193. https://doi.org/10.1016/j.ppnp.2004.07.001.

GRUND NR. 38

Callan, Curtis G., Sidney Coleman. »Fate of the False Vacuum. II. First Quantum corrections.« *Physical Review D* 16, Nr. 6 (1977): 1762. https://doi.org/10.1103/PhysRevD.16.1762.

Mack, Katie. »Vacuum Decay: The Ultimate Catastrophe.« *Cosmos*, 14. September 2015. https://cosmosmagazine.com/science/physics/vacuum-decay-the-ultimate-catastrophe/.

GRUND NR. 39

Bostrom, Nick. »Are We Living in a Computer Simulation?« *Philosophical Quarterly* 53, Nr. 211 (2003): 243–255. https://doi.org/10.1111/1467-9213.00309.

Kelly, Stephen. »The Matrix: Are We Living in a Simulation?« BBC Science Focus, 18. Januar 2022. www.sciencefocus.com/future-technology/the-matrix-simulation/.

GRUND NR. 40

Carr, Bernard J., Steven B. Giddings. »Quantum Black Holes.« *Scientific American* 292, Nr. 5 (2022): 48–55. https://doi.org/10.1038/scientificamerican0505-48.

Hawking, Stephen W. »Gravitationally Collapsed Objects of Very Low Mass.« *Monthly Notices of the Royal Astronomical Society* 152, Nr. 1 (1971): 75. https://doi.org/10.1093/mnras/152.1.75.

Sokol, Joshua. »Physicists Argue That Black Holes from the Big Bang Could Be the Dark Matter.« *Quanta Magazine.* 23. September 2020. www.quantamagazine.org/black-holes-from-the-big-bang-could-be-the-dark-matter-20200923/.

GRUND NR. 41

Randall, Lisa. *Dark Matter and the Dinosaurs: The Astounding Interconnectedness of the Universe.* London: Random House, 2016.

GRUND NR. 42

Aghanim, N., Y. Akrami, M. Ashdown, J. Aumont, C. Baccigalupi, M. Ballardini, A. J. Banday et al. »Planck 2018 Results: VI. Cosmological Parameters.« *Astronomy & Astrophysics* 641 (2020): A6. https://doi.org/10.1051/0004-6361/201833910.

ÜBER DIE AUTOREN

Chris Ferrie ist Professor an der University of Technology Sydney, wo er über Quantenphysik, Informatik und Ingenieurwesen forscht und lehrt. Er ist der Autor von »Quantum Bullshit: How to Ruin Your Life with Quantum Physics« und ist außerdem einer der meistverkauften Wissenschaftsautoren für Kinder. Allerdings enthalten diese Bücher deutlich weniger schlimme Wörter.

Wade David Fairclough ist ein australischer Autor, Illustrator und Pädagoge. Seine Arbeit wurde mehrfach für Preise nominiert, etwa für den australischen Podcast des Jahres in der Kategorie Wissenschaft und Technik. Sein Podcast ist in der englischsprachigen Welt in den Comedy-Charts ganz oben. Er ist Mitautor von »Pranklab: 25 Hilarious Scientific Practical Jokes for Kids«.

Byrne LaGinestra ist als Wissenschaftskommunikator für seinen einzigartigen pädagogischen Ansatz bekannt. Sein Werk umfasst Lehrbücher und Kinderbücher, aber auch Vorträge und Podcasts. Er lebt in Australien und hat dort und weltweit mit seiner Arbeit viel Anerkennung gefunden. Er hat Lehrenden, Lernenden und Interessierten die Liebe zur Wissenschaft vermittelt. Bis jetzt.

Wer mehr über die mörderischen Umtriebe des Universums (und anderen Wissenschaftskram) lernen möchte, besuche bitte www.42reasonstohatetheuniverse.com.